中等职业学校教学用书（计算机应用专业）

汉字录入与编辑技术

（第6版）

主　编　邢小茹

電子工業出版社
Publishing House of Electronics Industry
北京·BEIJING

内 容 简 介

本书是集汉字录入与编辑为一体的中等职业教育计算机技术专业的系列教材之一，是根据当前职业学校计算机课程的需要和常用软件的现行版本编写的。本书介绍了当前最流行的输入法，以及 Office 2010 套装中 Word 和 Excel 的使用方法。本书采用案例教学，内容通俗易懂，语言流畅，而且作者在编写过程中注重实际操作技能的培养，符合现代职业教育的特点。

本书可作为各类中等职业学校计算机专业的通用教材，也可以作为各类培训班的授课教材及广大计算机应用人员的自学用书。

图书在版编目（CIP）数据

汉字录入与编辑技术 / 邢小茹主编. —6 版. —北京：电子工业出版社，2015.8
中等职业学校教学用书. 计算机应用专业

ISBN 978-7-121-23757-7

Ⅰ. ①汉… Ⅱ. ①邢… Ⅲ. ①汉字信息处理—中等专业学校—教材 Ⅳ. ①TP391.12

中国版本图书馆 CIP 数据核字（2014）第 146606 号

策划编辑：关雅莉
责任编辑：柴 灿　　文字编辑：邱 烨
印　　刷：三河市华成印务有限公司
装　　订：三河市华成印务有限公司
出版发行：电子工业出版社
　　　　　北京市海淀区万寿路 173 信箱　邮编　100036
开　　本：787×1 092　1/16　印张：15.75　字数：403.2 千字
版　　次：1996 年 9 月第 1 版
　　　　　2015 年 8 月第 6 版
印　　次：2024 年 6 月第 18 次印刷
定　　价：29.80 元

凡所购买电子工业出版社图书有缺损问题，请向购买书店调换。若书店售缺，请与本社发行部联系，联系及邮购电话：（010）88254888，88258888。

质量投诉请发邮件至 zlts@phei.com.cn，盗版侵权举报请发邮件至 dbqq@phei.com.cn。

本书咨询联系方式：（010）88254617，luomn@phei.com.cn。

本书是集汉字录入与编辑为一体的中等职业学校计算机技术专业的系列教材之一，是根据当前职业学校计算机课程的需要和常用软件的现行版本编写的。

全书共分为 8 章，第 1 章介绍了当前最实用和最先进的汉字输入法；第 2 章～第 6 章采用案例教学，详细介绍了 Word 2010 中文版的功能和使用技巧，第 7、8 章采用案例教学，详细介绍了 Excel 2010 中文版的功能和使用方法。

本书在编写过程中，力求在内容方面做到新颖、实用，编排上做到合理、紧凑。本书本着“学以致用”的原则，自始至终贯彻“由浅入深、实践为主”的指导思想，内容通俗易懂，语言流畅，而且更注重实际操作技能的培养，符合现代职业教育的特点。

对于中等职业学校的学生来说，计算机课程是一门实践性很强的课程，汉字录入与编辑正是这样一门课程，它也是计算机中文应用的基础课程和基本技能之一，每一名学生都应该熟练地掌握它。

建议本课程至少使用 72 课时，按每学期 18 周计算，可安排每周 4 个课时，应在一个学期内完成教学。在教学过程中应相对集中地进行汉字录入的训练，以求快速地让学生把录入速度提到较高的水平。

本书由邢小茹担任主编，史文、王红、张东菊、张佩枞任副主编，参加编写的还有马莹、段霞、王帅、郭军平。第 1 章由邢小茹、王红编写，第 2 章由史文、张东菊编写，第 3 章由邢小茹、王红编写，第 4 章由史文、张佩枞编写，第 5 章由马莹、段霞编写，第 6 章由王帅、郭军平编写，第 7、8 章由邢小茹编写。

由于编者水平所限，加之编写时间仓促，书中难免存在疏漏、错误之处，敬请广大师生和读者予以批评、指正，以便及时修订和完善。

编　者

2015 年 8 月

CONTENTS
目
录

第 1 章

中英文输入法

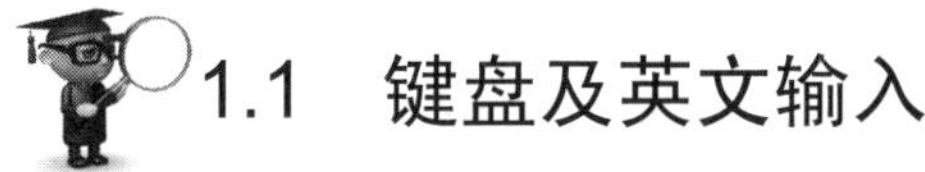

1.1 键盘及英文输入

1.1.1 键盘的组成和布局

键盘是计算机最常用的输入设备,各种数据、程序及操作命令都是通过键盘输入的。操作键盘的熟练程度直接影响着工作效率。各种键盘的键位分布大致相同，字母键是按国际惯例统一排列的，其他键位的安排略有区别。目前常用的是 101、102 或 104 键键盘，104 键键盘是随着 Windows 系统的普及而出现的新型键盘，如图 1.1 所示。现以 104 键键盘为例介绍计算机键盘的组成和布局。

图 1.1　标准 104 键键盘

无论是 102 键键盘还是 104 键键盘（Windows 键盘），都可把键盘分为四个区域，即功能键区、主键盘区、编辑控制键区和副键盘区。此外，在键盘的右上方还有 3 个指示灯。

1．功能键区

功能键区是位于键盘上部的一排按键，从左到右分别是：Esc 键（一般起到退出或取消作用），F1～F12 共 12 个功能键（一般是作为“快捷键”使用），Print/Screen 键（在 DOS 环境下，其功能是打印屏幕信息，在 Windows 环境下，其功能是把屏幕上显示的信息作为图形存放在剪贴板中，以供处理），Scroll Lock 键（在某些环境下可以锁定滚动条，在右边有一盏 Scroll Lock 指示灯，亮着表示锁定），Pause/Break 键（用以暂停程序或命令的执行）。

2．主键盘区

主键盘区主要由字母键（A～Z）、数字键（0～9）、符号键（!、*、#、？和空格键等）和其他功能键（Tab、Caps Lock、Shift、Ctrl、Alt、Enter、Backspace）组成，它的按键数目及排列顺序与标准英文打字机基本一致。通过此键盘区可以输入各种命令，通常情况下是和编辑控制键区的按键共同完成文字的录入和编辑。

【Tab】键制表位键：每按一次【Tab】键，光标向右移动 8 个字符位置。

【Caps Lock】键：大/小写字母转换键。

【Shift】键：上档键，【Shift+字母】组合键，可实现大小写字母转换；Shift+数字/字符键输入双符号键上方的符号。

【Enter】键：回车键，用以确认输入的信息或换行。

【Backspace】键：退格键，删除光标左边的字符。

【Ctrl】和【Alt】组合键：一般情况下单独使用无意义。

3. 编辑控制键区

编辑控制键区主要用以控制光标的移动，主要包括以下这些按键。

【Insert】键：插入键，用于“插入”与“改写”状态之间的转换。

【Delete】键：删除键，删除紧跟着光标的一个字符。

【Home】键：行首键，把光标快速移到行首位置。

【End】键：行尾键，把光标快速移到行尾位置。

【Page Up】键：向前翻页键。

【Page Down】键：向后翻页键。

【←、↑、→、↓】键：四个方向光标移动键。

4. 副键盘区

副键盘区是为提高数字输入速度而增设的，由打字键区和编辑控制键区中最常用的一些按键组合而成，一般被编制成适合右手单独操作的布局，只有一个【Num Lock】键是特别的，它是数字输入和编辑控制状态之间的切换键。在【Num Lock】键正上方的指示灯指出了当前所处的状态，当指示灯亮时，表示副键盘区处于数字输入状态，反之则处于编辑控制状态。

1.1.2 键盘操作及英文输入方法

1. 正确的姿势

初学者在进行键盘操作时，首先要注意击键的姿势。如果姿势不当，就无法准确，快速地从键盘上输入信息，也容易感到疲劳。正确的姿势是：

（1）身体保持端正，稍偏于键盘右方；

（2）选择高度适当的座椅，将全身质量置于椅子上，两脚自然平放于地，肩部要放松，上臂自然下垂；

（3）两肘轻轻贴于腋下，手指轻轻地放在规定的键位上，手腕平直，手腕和手指不要压在键盘上；

（4）显示器宜放在键盘的正后方，将原稿紧靠键盘左侧放置以便阅读。

2. 手指分工

将键位合理地分配给双手各手指，每个手指负责击打固定的几个键位，即手指分工。手指分工如图 1.2 所示。

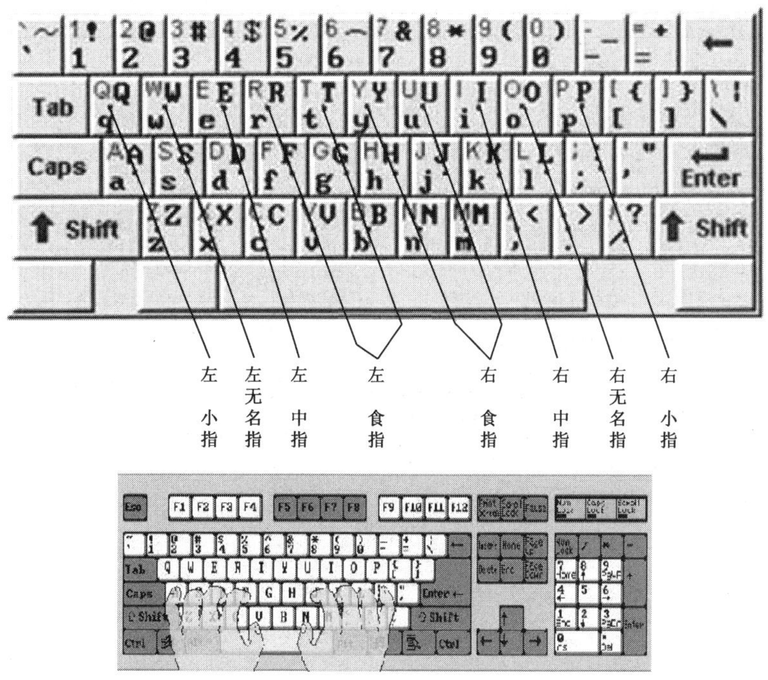

图 1.2　手指分工图

在图 1.2 中，两条斜线范围内的键，都必须由规定的同一手指进行操作。

两个大姆指专门负责空格键，当左手打完字符需按空格键时，用右手大姆指击空格键；反之，当右手打完字符需按空格键时，则用左手大姆指击空格键。

主键盘中，第三排字符键 A、S、D、F、J、K、L 和；8 个字符键称为基准键，如图 1.3 所示。基准键是左右手的常驻位置，对于其他字母、数字和符号都是通过与八个基准键的相对位置来记忆的。在基准键 F 和 J 上分别有个小凸点，可用左右手食指触摸凸点来确定基准键位置。

图 1.3　基准健位图

3. 正确的击键指法

（1）首先将手指按规定轻轻地放在基准键上，各手指必须各司其职，不能“越权”操作。

（2）手指要保持弯曲，稍微拱起，以触觉和感觉熟悉每个键位，眼睛要看着稿件。

（3）手腕要平直，手臂要保持静止，全部动作仅限于手指部分，上身其他部位不得接触工作台或键盘。

（4）输入时手抬起，需要击键时手指才能伸出去击键，击键完毕后立即收回到基准键位，不能用力按住某键不放。

（5）输入过程中要用相同的节拍轻轻地击键，不可用力过猛。

（6）需要换行时，抬起右手小指击一次【Enter】键。

（7）右手（或左手）小拇指按住【Shift】键，用左手（或右手）击键可实现英文字母的大小写转换输入，或双符号键上排字符的输入。

（8）严格按照盲打要求练习。

4．键盘练习及英文输入

任何击键练习都应在正确的击键指法的基础上，经过反复地训练才能掌握盲打技巧，练习的初期应先追求打字的准确度，再追求速度，直至准确度、速度和盲打达到较高的程度为止。

在练习时要掌握一定的规律，首先应进行基准键 A、S、D、F、J、K、L 和；的练习，然后再进行其他按键的练习。

基准键的练习，首先把手指按规定放在基准键位上，采用正确的击键指法，从左手小指到右手小指，每个手指连击五次指下的按键，然后拇指击一次空格键，直到把八个字符都击一遍，屏幕上显示如下。

AAAAA　SSSSS　DDDDD　FFFFF　JJJJJ　KKKKK　LLLLL　;;;;;

要求：击完一遍后，将屏幕上每组字符对着八个手指默念数遍，然后按照屏幕上的字符，依照相应的指法去击键。击键时，禁止看键盘，字字校对，直到八个字符都能正确地输入为止。如果有错，要找出原因，重复练习直至正确为止。最后以任意顺序击键练习，直至正确且熟练为止。

其他键的练习与基准键的练习要求基本相同。当把主键盘上的所有键位都练习至盲打的程度后，再找一篇英文文章来练习英文的输入。

1.1.3 数字录入技术

输入数字前要按下数字锁定键【Num Lock】。Num Lock 指示灯亮时，小键盘用于输入数字或运算符号。小键盘区一般用右手操作。

食指掌管键位：0、1、4、7、Num lock

中指掌管键位：2、5、8、/

无名指掌管键位：.、3、6、9、*

小指掌管键位：Enter、+、−、

其中“4、5、6”为基本键位。操作时右手轻放在基本键位上，手指上下移动可击打相应的键位。与标准英文键指法相同，手指必须各司其职，分工明确，击键后及时归位，坚持盲打。击键用力要均匀，手指不可离键太高，保持一定的击键节奏。

1.2 汉字输入方法

近年来，汉字输入技术有了很大的发展，除传统的键盘输入方法外，又逐步开发了手写、语音等多种非键盘输入方法。这些方法具有输入速度快、易学易用等特点，适应不同层次用户的需求。

1.2.1 键盘编码输入

英文输入是依照稿件直接击打英文键盘，不存在编码问题。利用英文键盘输入汉字就存在编码问题，所谓编码就是把每个汉字都用英文键盘上的按键依照一定方法顺序地表示出来。要想完成某个汉字的输入必须经过“看稿→编码→击键”这样的过程。尽管汉字的编码方案种类繁多，但就其特征不同可分为以下四类。

1. 数字编码

以数字编码来表示汉字，如区位码、国标码和电报码等。这种编码方式无重码（所谓重码，即一个编码对应多个汉字），但与汉字的音、形、义等特征没有直接联系，必须依靠记忆，不便于输入且难以掌握。

2. 字音编码

根据汉字的读音来编码，如全拼输入法、双拼输入法、智能ABC输入法和微软拼音输入法等。这种编码方法简单易学，只需要掌握汉语拼音用法即可，但重码较多，不利于提高输入速度。

3. 字型编码

根据汉字的字型来编码，分为字根编码和笔画编码。

字根编码输入法是先把汉字分解成字根，然后按一定规则进行组合输入，如五笔字型输入法。该方法的特点是直观、重码少、效率高，但需要记忆的内容多，学习时相对困难些，不过，一旦掌握便能很快提高输入速度。

笔画编码输入法是先将汉字用笔画表示，再按规则组合输入，如五笔画输入法。此方法简单易学，但重码多，输入速度低。

4. 音型结合码

即兼顾汉字语音和字型特点构成的汉字输入码，如自然码等。音型码吸取了字音码和字型码的长处，重码率低且有较高的输入速度，但规则较复杂且难学、难记忆。

各种汉字编码方案各有千秋，就一般使用情况来看，需要记忆的编码符号和规则越多，学起来就越困难，但输入速度较高。反之学起来越容易，输入速度越低。

对于专业打字人员来说，输入速度是第一位的。为了达到较高的输入速度，采用的输入方法可能要复杂些，需要经过一段时间的学习和训练才能熟练掌握，这类用户多采用五笔字型输入法。对那些不常使用计算机输入汉字的用户，可以掌握一种简单易学的输入法，这类方法很多，如全拼输入法、智能 ABC 输入法和微软拼音输入法等。

1.2.2 非键盘输入

非键盘输入是指通过手写、语音和光学识别手段来实现汉字的输入。非键盘输入是自 1997 年形成和发展起来的，到 1998 年已经形成了蓬勃发展的非键盘输入市场。目前，市场上流行的非键盘输入产品有：汉王笔、慧笔、蒙恬笔、文通笔、紫光笔、IBM ViaVoice 等。

1.2.3 选择汉字输入法

1. 输入状态选择

在 Windows 中按【Ctrl+Shift】组合键可以在英文输入状态和各种已安装的中文输入法之间逐一切换，也可以通过单击 Windows 任务栏右下角的输入法指示器En来设置。

2. 输入法状态框

选择了某种中文输入法后，屏幕下方会显示一个输入法状态框，如图 1.4 所示。从左到右分别为搜狗拼音输入法、全拼输入法、智能 ABC 输入法和微软拼音输入法。

S中 全拼 标准 中 简

图 1.4 输入法状态框

通过图 1.4 可知，输入法不同则输入法状态框的组成按钮也不同，但是，每种输入法状态框上的第一个按钮总是中英文切换按钮，单击该按钮可在中文输入法和英文输入法之间进行切换。另外，以上三种方法均使用以下三个按钮。

（1）全角（ ）/半角（ ）切换按钮。单击该按钮可在全、半角之间切换。全角方式下输入的西文字符均以汉字的大小出现，即每个字符占一个汉字（两个字节）位置；半角方式下输入的西文字符只占一个字节位置。

（2）中（ ）/英（ ）文标点切换按钮。单击该按钮可切换中/英文标点状态。在中文标点状态下，从键盘输入的标点转换为中文标点，例如“.”变为“。”，“<”变为“《”等。

（3）软键盘按钮（ ）。单击该按钮，可以打开或关闭如图 1.5 所示的软键盘。利用鼠标单击软键盘上的按键，可以输入一些特殊符号。Windows 在中文输入法状态下提供了 13 种软键盘，默认的为 PC 键盘，用户可以在软键盘按钮上单击鼠标右键，从弹出的快捷菜单中选择软键盘的类型，如图 1.6 所示。

图 1.5 软键盘

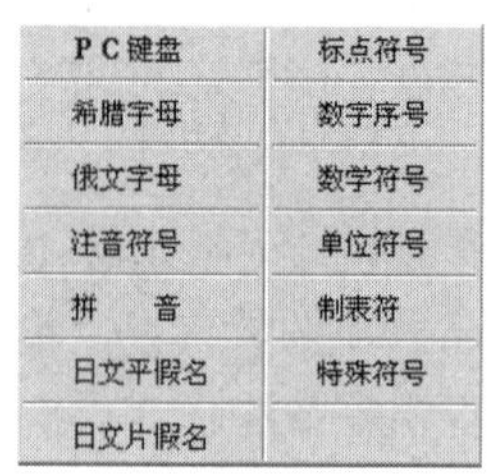

图 1.6 软键盘类型

3. 输入法的属性设置

在输入法状态框上（除软键盘按钮外）单击鼠标右键，从弹出的快捷菜单中选择“属性”（或“属性设置”或“设置”）命令项，打开“输入法属性/设置”对话框，该对话框的内容随使用的输入法不同而有所区别，图 1.7 给出的是“微软拼音输入法 属性”

对话框，图 1.8 给出的是“智能 ABC 输入法设置”对话框，而图 1.9 给出的是“搜狗拼音输入法设置”对话框。用户可以通过单击其中的单选项或复选框定义输入法的风格及功能。

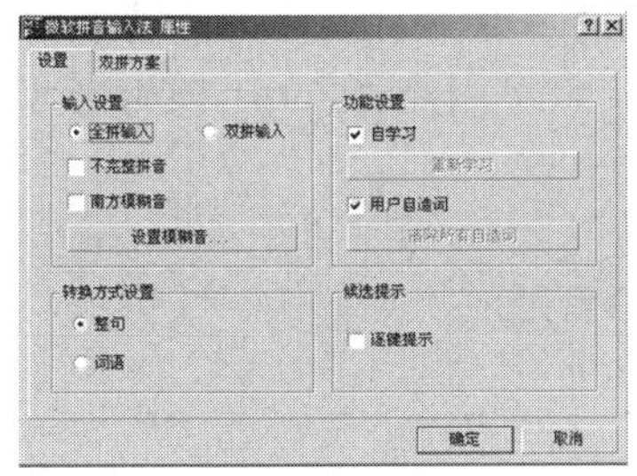

图 1.7 “微软拼音输入法 属性”对话框

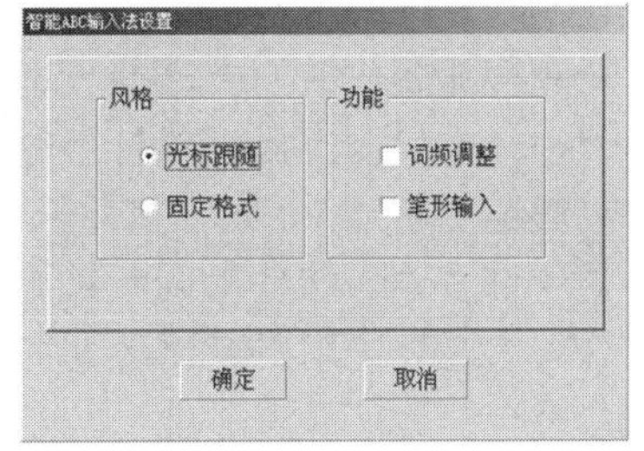

图 1.8 “智能 ABC 输入法设置”对话框

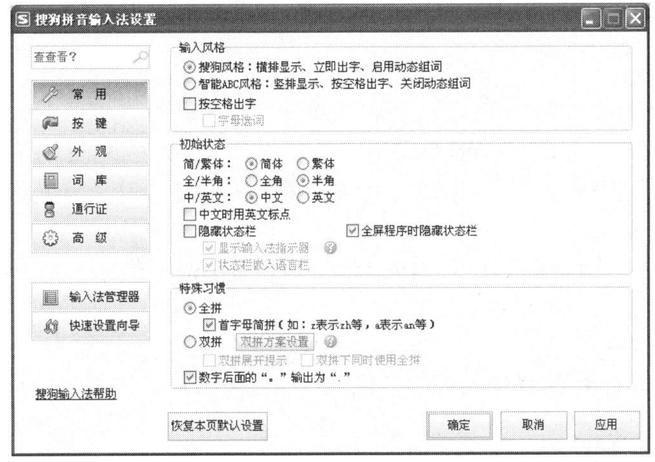

图 1.9 “搜狗拼音输入法设置”对话框

1.3 拼音输入法

拼音输入法是以我国标准汉语拼音为基础的汉字输入方法。这种编码方案简单易学，拥有着广泛的用户，但重码较多，不易提高输入速度。

常见的拼音输入法有全拼输入法、智能 ABC 输入法、微软拼音输入法和搜狗拼音输入法等。

1.3.1 搜狗拼音输入法

搜狗拼音输入法是 2006 年 6 月由搜狐公司推出的一款汉字拼音输入法。这是一款免费提供下载使用的软件。该输入法是搜狗推出的一款基于搜索引擎技术的，特别适合网民使用的新一代输入法产品。用户可以通过互联网备份自己的个性化词库和配置信息。

1. 搜狗拼音输入法的主要特点

（1）网络新词

搜狐公司将此作为搜狗拼音最大的优势之一。鉴于搜狐公司同时开发搜索引擎的优势，在软件开发过程中分析了40亿网页，将字、词组按照使用频率重新排列。在官方首页上还有搜狐制作的同类产品首选字准确率对比。许多用户都表示，搜狗拼音的这一设计的确在一定程度上提高了打字的速度。

（2）快速更新

不同于许多输入法依靠升级来更新词库，搜狗拼音通过不定时的在线更新及时更新词库。这大大减少了用户自己造词的时间。

（3）整合符号

搜狗拼音将许多表情符号也整合进词库中，如输入“haha”可显示出“^_^”符号。另外还可以提供一些用户自定义的缩写，如输入“QQ”后，会显示“我的QQ号是××××××”等。

（4）笔画输入

输入时，以“u”做引导可以以“h”（横）、“s”（竖）、“p”（撇）、“d”（点）、“z”（折）等笔画结构输入字符，同时小键盘上的1、2、3、4、5也可代表h、s、p、d、z。例如要输入“⺗”，则应输入“udddd”。但要注意的是，竖心的笔顺是点、点、竖（dds），而不是竖、点、点。

由于双拼占用了U键，智能ABC的笔画规则不是五笔画，所以双拼和智能ABC下都没有U键模式。

（5）输入统计

搜狗拼音提供用户每分钟输入字数的统计，方便用户了解自己的打字速度。但每次更新后都会清零。

（6）个性输入

用户可以到官方网站根据自己喜好下载各种精彩好看的输入界面，除此之外，还可以设置每天自动更换一款皮肤的功能。

2. 搜狗拼音输入法中英文切换输入

输入法默认的是按下【Shift】键就切换到英文输入状态，再按一下【Shift】键就会返回中文输入状态。用鼠标单击状态栏上的“中”字图标也可以进行切换。

除了通过【Shift】键切换以外，搜狗输入法还支持回车输入英文和V模式输入英文。在输入较短的英文时使用该方法，可以省去切换到英文状态的麻烦。

回车输入英文：输入英文，直接敲击回车键即可。

V模式输入英文：先输入“V”，然后再输入你要输入的英文，可以包含@、+、*/-等符号，然后敲空格键即可。

3. 输入单字或词组

搜狗拼音输入法输入单字，如图1.10所示。

图1.10 搜狗输入法输入的单字或词组

搜狗输入法的输入窗口很简洁，上面的一排是所输入的拼音，下一排是候选字，输入所需候选字对应的数字，即可输入该字或词组。第一个词默认为红色，直接敲下空格键即可输入第一个字或词组。

4. 翻页选字

搜狗拼音输入法默认的翻页键是逗号（，）、句号（。），即输入拼音后，按句号（。）向下翻页选字，相当于【PageDown】键，找到所选的字后，按其相对应的数字键即可完成输入。向用户推荐使用这两个翻页键，因为用“逗号”、“句号”时手不用离开键盘主操作区，效率高，也不容易出错。输入法默认的翻页键还有减号（-）、等号（=）、左右方括号（[ ]），可以通过在输入法状态框上（除软键盘按钮外）单击鼠标右键，在弹出的快捷菜单中选择“属性”（或“属性设置”或“设置”）命令项，打开“输入法属性/设置”对话框，【设置属性】→【按键】→【翻页键】来进行设定。

5. 切换出搜狗输入法

将鼠标光标移到要输入文字的地方，单击该处，使系统进入到输入状态，然后按【Ctrl+Shift】组合键切换输入法，直至搜狗拼音输入法状态框弹出即可。当系统仅有一个输入法或者搜狗输入法为默认的输入法时，按下【Ctrl+空格】组合键即可切换出搜狗输入法。

由于大多数用户只用一个输入法，为了方便、高效起见，可以将自己不常用的输入法删除，只保留一个自己最常用的输入法即可。可以通过系统中的“语言文字”右键的“设置”选项把自己从不使用的输入法删除掉（这里的删除并不是卸载，若以后还有需要可以通过“添加”选项重新添加）。

6. 在搜狗输入法中使用简拼

简拼是通过输入声母或声母的首字母来进行输入的一种方式。有效地利用简拼可以大大提高输入的效率。搜狗输入法现在支持的是声母简拼和声母的首字母简拼。例如：想输入“张靓颖”，你只要输入“zhly”或者“zly”都可以得到“张靓颖”。同时，搜狗输入法支持简拼、全拼的混合输入，例如：输入“srf”“sruf”“shrfa”都是可以得到“输入法”。

请注意：这里的声母的首字母简拼的作用和模糊音中的“z，s，c”相同。但是，这属于两回事，即使没有选择设置中的模糊音，同样可以用“zly”输入“张靓颖”。有效地使用声母的首字母简拼可以提高输入效率，减少误打，例如，输入“指示精神”这几个字，如果输入传统的声母简拼“zhshjsh”，需要输入的字母很多而且输入多个h也容易造成误打，而输入声母的首字母简拼，“zsjs”能很快得到想要的词，如图1.11所示。

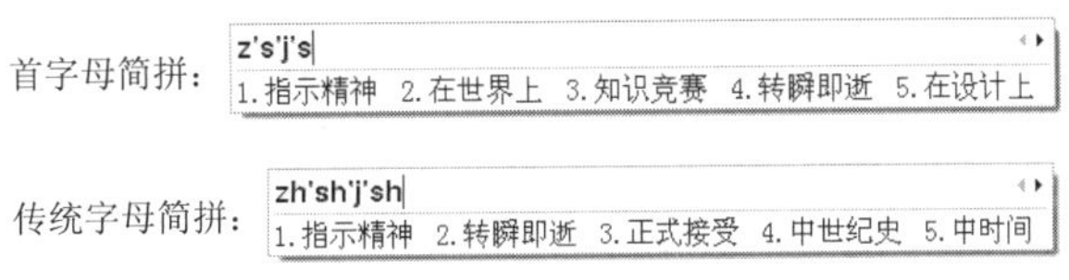

图1.11　搜狗输入法中使用简拼

还有，使用简拼时，由于候选词过多，可以采用简拼和全拼混用的模式，这样能够兼顾最少输入字母和较高的输入效率。例如，想输入“指示精神”时输入“zhishijs”、“zsjingshen”、“zsjingsh”、“zsjingsh”、“zsjings”都是可以的。打字熟练的人会经常使用全拼和简拼的混用方式。

7. 修改候选词的个数

通过在状态栏右键菜单里的【设置属性】→【外观】→【候选词个数】来修改，选择范围是 3～9 个，如图 1.12 所示。

图 1.12 搜狗输入法中修改候选词的个数

输入法默认的是 5 个候选词，搜狗的首词命中率和传统的输入法相比已经大大提高，第一页的 5 个候选词能够满足绝大多数时的输入。推荐选用默认的 5 个候选词。如果候选词太多会造成查找时的困难，导致输入效率下降。

8. 修改输入法外观

目前，搜狗输入法支持的外观修改包括输入框的大小、状态栏的大小两种。用户可以通过在状态栏中右键选择菜单里的【设置属性】→【显示设置】进行修改。修改输入法外观，如图 1.13 所示。

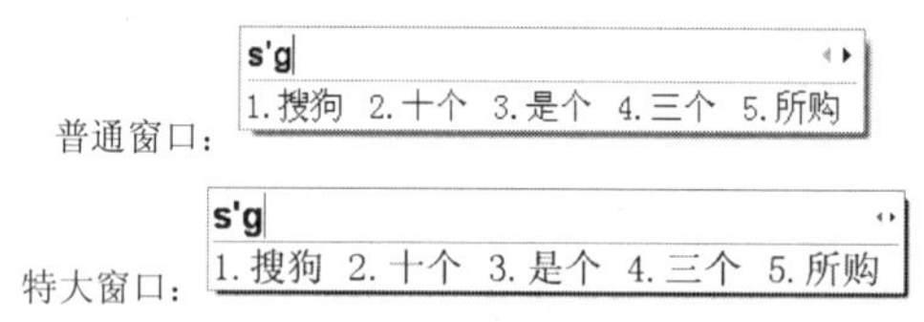

图 1.13 搜狗输入法普通窗口和特大窗口

9. 在输入法中输入网址

搜狗拼音特别设计了多种方便的网址输入模式，让用户能够在中文输入状态下迅速输入网址。输入方法有以下几种。

输入以“www. http:”、“ftp:、telnet:”、“mailto:”等开头时，自动识别进入到英文输入状态，后面可以直接输入网址，例如输入 www.sogou.com，先输入 www.输入法会自动识别用户将要输入网址，然后直接输入 sogou.com 即可，如图 1.14 所示。

图 1.14 输入以 www.为开头的网址

输入非 www.为开头的网址时，可以直接输入例如 abc.abc 就可以了，如图 1.15 所示。但是不能输入 abc123.abc 类型的网址，因为句号还被当作默认的翻页键。

图 1.15 输入非 www.开头的网址

输入邮箱时，可以输入前缀不含数字的邮箱，例如 leilei@sogou.com，如图 1.16 所示。

图 1.16　输入邮箱地址

10．使用自定义短语

自定义短语是通过特定的字符串来输入自定义好的文本，可以通过输入框拼音串上的“添加短语”，或者候选项中短语项的“编辑短语”/“编辑短语”来进行短语的添加、编辑和删除，如图 1.17 所示。

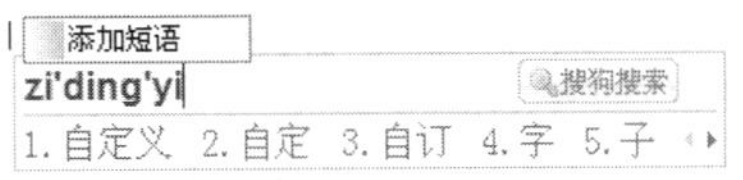

图 1.17　设置自定义短语

设置自己常用的自定义短语可以提高输入效率，例如使用 yx，1=wangshi@sogou. com，输入了 yx，然后按下空格键就输入了 wangshi@sogou.com。使用 sfz，1=130123456789，输入了 sfz，然后按下空格键就可以输入 130123456789。

自定义短语在设置选项的“高级”选项卡中默认开启。单击“自定义短语设置”即可，其界面如图 1.18 所示。

在选项框中可以进行添加、删除、修改自定义短语，经过改进后的自定义短语支持多行、空格，以及指定位置。

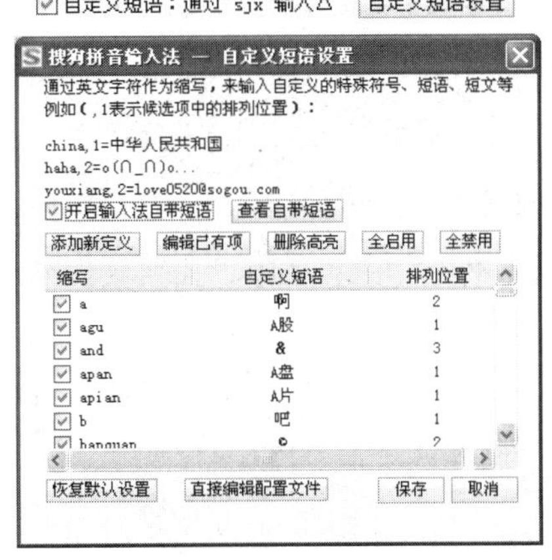

图 1.18　自定义短语设置

11．设置固定首字

搜狗可以帮助您实现把某一拼音下的某一候选项固定在第一位，即固定首字功能。输入拼音，找到要固定在首位的候选项，将鼠标悬浮在候选字词上后，固定首位的菜单选项即会出现，如图 1.19 所示。通过自定义短语功能可以进行修改。

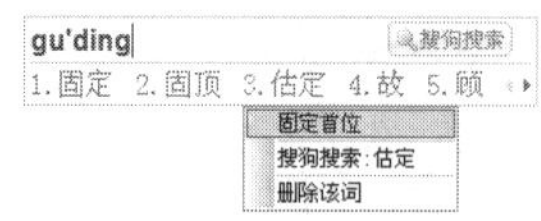

图 1.19　设置固定首字

12．快速输入人名——人名智能组词模式

输入想要输入的人名的拼音，如果搜狗输入法识别人名可能性较大时，会有带“N”标记的候选人名出现，这就是人名智能组词给出的其中一个人名，此时，输入框出现“按逗号进入人名组词模式”的提示，如果提供的人名选项不是想要的，就可以按下逗号进入人名组词模式，选择想要的人名，如图 1.20 所示。

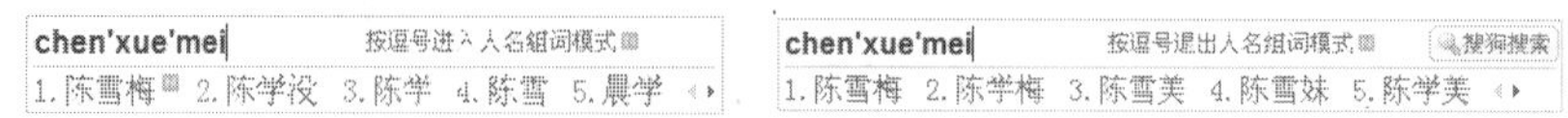

图 1.20　人名智能组词

搜狗拼音输入法的人名智能组词模式，并非是搜集了整个中国人名库所获得的，而是通过智能分析，计算出合适的人名组合结果，可组出的人名逾十亿，从而实现“十亿中国人名，一次拼写成功”。

13．快速进行关键字搜索——搜狗输入法搜索

搜狗拼音输入法在输入栏上提供了搜索按钮，候选项悬浮菜单上也提供了搜索选项，如图 1.21 所示。输入搜索关键字后，按【↑】【↓】键选择想要搜索的词条之后，单击搜索按钮，即可获得搜索结果。

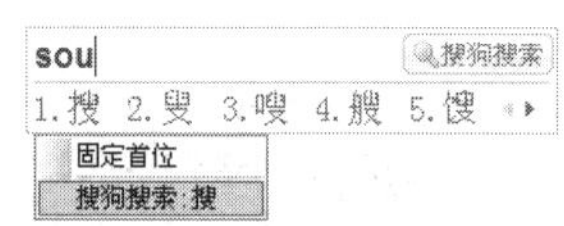

图 1.21　快速搜索关键字

14．快速进行生僻字的输入——拆分输入

如果遇到类似于靐、嫑、犇这样的生僻字，虽然认识组成这个文字的部分，却不知道这个字的读音，只能通过笔画完成输入，可是笔画输入又较为烦琐，因此搜狗输入法提供了便捷的拆分输入，化繁为简，轻松地完成生僻汉字的输入，通过直接输入生僻字的组成部分的拼音，此时候选项菜单上即可出现该文字，如图 1.22 所示。

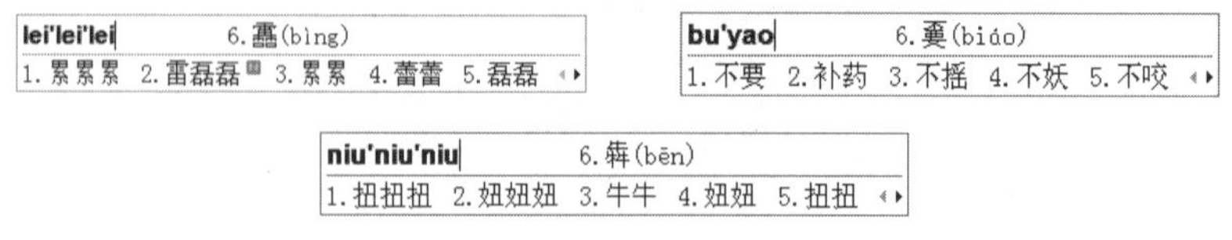

图 1.22　快速输入生僻字

您是否喜欢输入类似于 o(∩_∩)o 这样的表情符号呢？搜狗输入法提供了丰富的表情、特殊符号库，不仅可以在候选菜单上进行选择，还可以单击上方的提示，进入“表情&符号”输入专用面板，随意选择自己喜欢的表情、符号和字符画，如图 1.23 所示。

ha'ha	6. 更多搜狗表情...
1.哈哈 2.^_^ 3.哈 4.蛤 5.O(∩_∩)O哈哈~	

ji'fen	6. 更多特殊符号...
1.积分 2.几分 3.几份 4.计分 5.∫	

图 1.23 快速输入表情及特殊符号

15. 转换繁体

在状态栏中右键单击菜单里的“简->繁”按钮，选中后即可进入到繁体中文状态。再单击一下可返回到简体中文状态。

16. V 模式中文数字（包括金额大写）

V 模式中文数字是一个功能组合，包含多种中文数字功能。它只能在全拼状态下使用。

（1）中文数字金额大小写。输入：“v424.52”，输出为“肆佰贰拾肆元伍角贰分”。

（2）罗马数字。输入 99 以内的数字，例如输入：“v12”，输出为“XII”。

（3）年份自动转换。输入：“v2008.8.8”或“v2008-8-8”或“v2008/8/8”，输出为“2008 年 8 月 8 日”。

（4）年份快捷输入。输入：“v2006n12y25r”，输出为“2006 年 12 月 25 日”。

17. 插入当前日期时间

插入当前日期时间功能可以方便地输入当前的系统日期、时间、星期等，用户还可以通过插入函数自己构造动态的时间。例如，可以在回信的模版中使用。此功能是用输入法内置的时间函数通过自定义短语功能来实现的。由于输入法的自定义短语默认不会覆盖用户已有的配置文件，所以用户要想使用下面的功能，需要恢复【自定义短语】的默认配置（如果输入了 rq 而没有输出系统日期，请打开【设置属性】→【高级】→【自定义短语设置】→选择恢复默认配置即可）。注意：恢复默认配置将丢失自己已有的配置，请手动编辑自行保存。输入法内置的插入项有：

（1）输入“rq”（日期的首字母），输出系统日期“2006 年 12 月 28 日”；

（2）输入“sj”（时间的首字母），输出系统时间“2006 年 12 月 28 日 19:19:04”；

（3）输入“xq”（星期的首字母），输出系统星期“2006 年 12 月 28 日星期四。

18. 拆字辅助码（3.0Beta1）

拆字辅助码可以快速的定位到一个单字，使用方法如下。

想输入汉字“娴”，但是非常靠后，不方便查找，那么输入“xian”，然后按下【tab】键，再输入“娴”的两部分“女”“闲”的首字母 nx，就只剩下“娴”字了。输入的顺序为“xian+tab+nx”。

独体字由于不能被拆成两部分，所以独体字是没有拆字辅助码的。

1.3.2 全拼输入法

全拼输入法是把汉字的汉语拼音作为输入编码，编码长度随着汉字读音的不同而不同。Windows 中内置的全拼输入法完全符合《汉语拼音方案》，不但可以进行单字输入，还支持 48000 条词汇的输入。用户只要按照汉语拼音规则输入汉字的拼音，再用相应的数字键选字就可达到输入汉字的目的。

1. 单字输入

在 Windows 操作系统中，单击“任务栏”右下角的输入法指示器，选择“全拼输入法”。

以下是输入汉字“桥”的过程。

（1）输入全拼音码

输入“桥”字的全拼音码“qiao”，屏幕显示如图 1.24 所示。按数字键“1” 即选择了候选框中的“桥”字。

（2）选择所需汉字

若候选框中没有显示出所需要的汉字，可按键盘上的【－】、【＝】键前后翻页查找，直到候选框中出现了所需的汉字，再按对应的数字键即可输入该汉字，也可用候选框右上角的一组按钮前后翻页查找。

2. 词组输入

由于汉语表达中经常用到词组，在全拼输入法中也设置了词组输入，利用词组输入方法，可极大地提高汉字输入速度。因此，在汉字输入方案中，都以词组输入作为重要的输入手段。

例如，输入词组“计算机”，只须输入其拼音码“jisuanji”即可。

如果设置该输入法带有“逐渐提示”功能，则输入了“jisu”后“计算机”已出现在候选框中，如图 1.25 所示，此时，用户直接选择“5”即可。

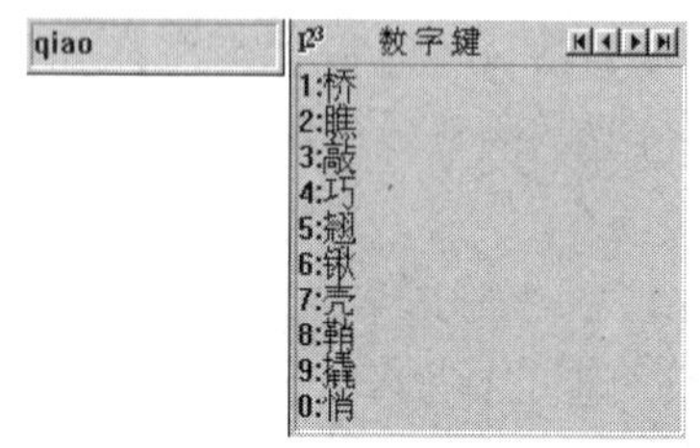

图 1.24　输入单字

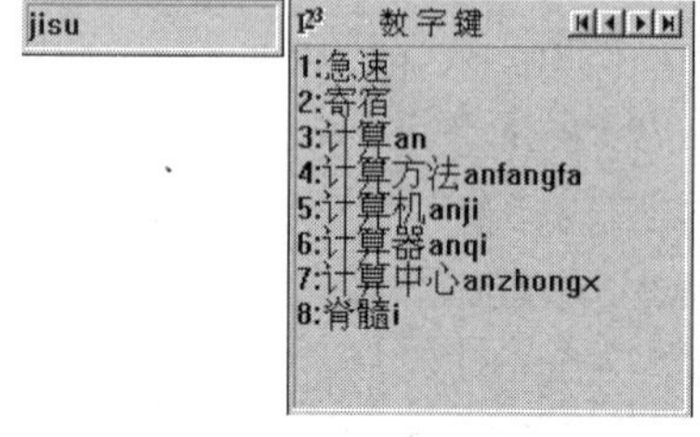

图 1.25　输入词组

1.3.3 智能 ABC 输入法

Windows 中的智能 ABC 输入法是一种以拼音为基础，以词组输入为主的汉字输入方法。

1. 全拼输入方式

对于汉语拼音的使用较为熟悉且发音较准确的用户，可以使用全拼输入方式，其取码规则是：按规范的汉语拼音输入，输入过程和书写汉语拼音的过程完全一致。所有的字和词都使用其完整的拼音。

输入单字或词语的基本操作方法如下。

（1）输入小写字母组成的拼音码。

（2）用空格键表示拼音码结束。

（3）通过键盘上的【=】键或【－】键进行上 / 下翻页查找重码字或词。
（4）选择相应单字或词前面的数字完成输入。

➢ 单字输入方法

例如，计 ji 算 suan 机 ji 程 cheng 序 xu 设 she 计 ji

➢ 词语输入方法

例如，计算机 jisuanji 程序设计 chengxusheji 西安 xi' an
上例中使用了隔音符号“'”，它有助于进行音节划分，以避免二义性，如“西安 xi' an”不应理解成为“献 xian”。

➢ 句子输入方法

当句子按词输入时，词与词之间用空格隔开，并可以一直写下去。
例如，计算机程序设计的应用
编码：jisuanji chengxusheji de yingyong

2．简拼输入方式

对于汉语拼音拼写不甚准确的用户，可以使用简拼输入方式，但它只适合输入词组。

取码规则：依次取组成词组的各个单字音节的第一个字母组成的简拼码，对于包含 zh、ch、sh 等音节，可以取前两个字母。

例如，计算机 jsj 西安 x' a 知识 zs /zhsh/ zsh/ zhs

3．混拼输入方式

在输入词语时，如果对词语中某个字的拼音拿不准，只能确定它的声母时，建议采用混拼输入法。

所谓混拼输入方式是指在输入词组时，根据组成词组的每个单字音节进行编码，有的字是取其全拼音码，而有的字则取其拼音的第一个字母或完整的声母。

例如，计算机 jisj/jsuanj/jsji 西安 xi' a/x' an 知识 zhis/zshi

4．智能 ABC 的自动构词和记忆

所谓自动构词就是把若干个字或词组组合成一个新词组的过程。

例如，在“标准”方式下，要把“伟人评语”构成一个新词组，而“伟人”和“评语”本身都是词组，所以首先输入“wrpy”按空格键分词，因为智能 ABC 输入法系统中没有“伟人评语”一词，所以先分出一组由“wr”拼出的词组，并等待选择，如图 1.26 所示，按数字键“9”选择“伟人”（按空格键默认第一个，即“围绕”）。这时出现一组由“py”拼出的词组，同样等待选择，如图 1.27 所示，按数字键“8”选择“评语”（按空格键默认第一个，即“朋友”），则分词、构词过程完成，一个新的词组“伟人评语”被存入暂存区并完成一次输入。在下次输入“wrpy”并按空格键时，即可出现“伟人评语”词组，这就是它的自动记忆功能。

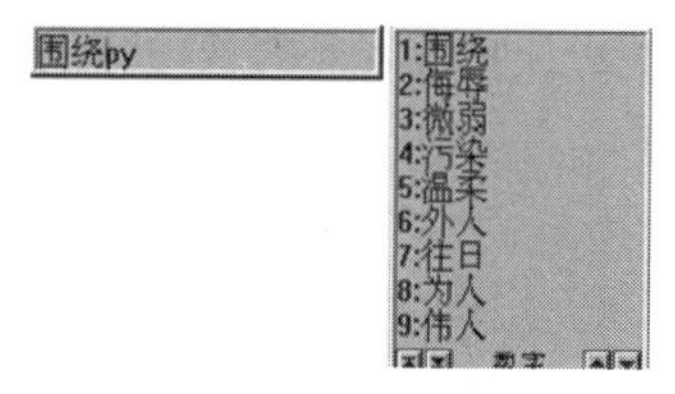

图 1.26　分词

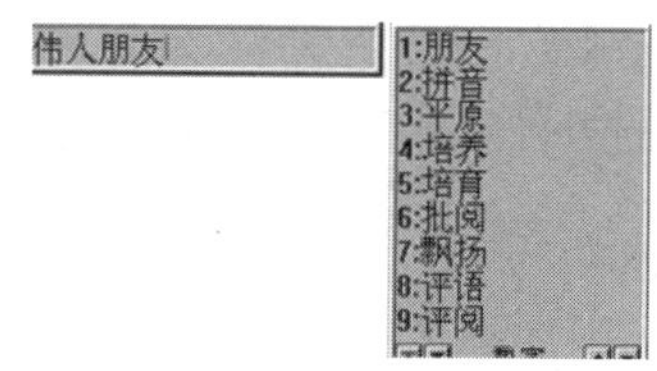
图 1.27　构词

例如，在“标准”方式下，要把“夕阳无限好”构成一个新词组，首先输入“xiyangwu xianhao”，而后，经过分词、选择和构词就构成了一个新词组，下次只要输入“xywxh”就可以完成“夕阳无限好”这一词组的输入。

1.3.4 微软拼音输入法

微软拼音输入法是一个汉语拼音语句输入法，用户可以连续输入汉语语句的拼音，系统会自动选出拼音所对应的最有可能的汉字，免去逐字逐词进行同音选择的麻烦。经过短时间与用户的交互，微软拼音输入法会适应用户的专业术语和语法习惯，这样，就越来越容易一次输入正确的语句，从而大大提高了输入效率。输入的各汉字拼音之间无须用空格隔开，输入法将自动分割相邻汉字的拼音。当然，对于有些音节歧义，目前系统还不能完全识别，此时需用音节分割键（空格键）来断开。微软拼音输入法还支持南方模糊音输入、不完整输入等，以满足不同用户的需求。

微软拼音输入法支持两种拼音输入方式，全拼输入和双拼输入，用户可以在“属性设置”对话框中设置输入方式，此处只介绍全拼输入。

1．输入一个句子

在完成一个句子的输入前，输入法“转换出”的结果下面有一条虚线，表示当前句子还未经确认，处于句子编辑状态，称此窗口为组字窗口，如图 1.28 所示。用户按下确认键（【Enter】键或空格键）使当前语句结束并进入组字窗口，对输入错误、音字转换错误进行修改，最后再敲击确认键（【Enter】键）完成一个句子的输入。

目前系统定义的确认键是【Enter】键。此外，当输入“，”、“、”、“。”、“；”、“？”和“！”等标点符号之后，系统在下一句的第一个声母输入时，自动确认该标点符号之前的句子，完成输入。

2．修改错字/词

当用户连续输入一串汉语拼音时，微软拼音输入法根据语句的上下文自动选取最优的输出结果。当输入法输出的结果与用户希望的有所不同时，用户可以通过输入法提供的“候选字/词”窗口修改输入法的输出结果。

微软拼音输入法的基本输入单位为语句，这是它区别于其他输入法的显著特点，因此在输入语句时，发现有错别字不用急于修改，最好是在确认语句之前对整句一起修改。在输入过程中，微软拼音输入法会自动根据上下文做出调整，将语句修改为它认为最有可能的结果。往往经过它的调整，很多错误会自动消失。

如果确实需要用户修改，则最好从句首开始。输入完一个句子，按键盘上的右方向键【→】可以快速回到句首。具体修改步骤如下：

（1）按键盘上的右方向键（→）快速回到句首；

（2）“候选字/词”窗口自动打开，如图 1.29 所示；

计算机应用几 chu_

计算机应用基础
1.计算机 2.计算 3.几 4.寄 5.击 6.机 7.吉 8.及

图 1.28　组字窗口 　　　　图 1.29　“候选字/词”窗口

（3）用鼠标或键盘上的方向键（【←】、【→】）移动光标到错字/词处；

（4）用鼠标或键盘从“候选字/词”窗口中选出正确的字或词。

教你一招

微软拼音输入法也定义了标点符号的“候选符号”窗口，错误的符号也可以用相同的方法从“候选符号”窗口中更正。

3. 拼音错误修改

在微软拼音输入法中，用户可以修改已转换汉字的拼音。当输入的中文语句还未被确认以前，用户可以用键盘上的【←】或【→】键移动光标到拼音有误的汉字前，按下【`】键（在【Tab】键上方），此时，弹出拼音窗口，用户可以在此窗口中重新输入汉字的正确拼音。

教你一招

只有在“候选字/词”窗口被激活的情况下，【`】才做激活拼音窗口之用，否则，将直接插入字符“`”。

4. 不完整输入

本系统支持拼音的不完整输入。用户可以只输入拼音的声母，从而减少击键的次数。设置不完整拼音的方法非常简单，只需在“微软拼音输入法属性”对话框（见图 1.7）中选中“不完整拼音”选项即可。此时用户可以输入不完整的拼音，例如，用户输入“zhhrmghg”，系统拼出“中华人民共和国”。

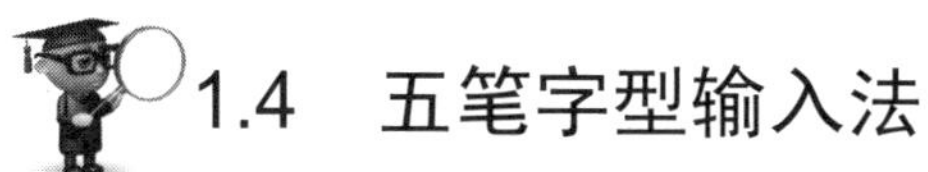

1.4　五笔字型输入法

五笔字型编码又称“王码”，是王永民教授主持研究开发的一种常用汉字输入方法。五笔字型是典型的字形码，它分析了汉字的结构特点，认为所有的汉字都是由几个基本部件组成的，人们常说的“木子李、日月明、三人众”等。也就是说基本部件可以像搭积木那样，拼合出全部汉字。现在，五笔字型已经有多个版本，本书以“王码五笔型输入法 86 版”为蓝本介绍五笔字型输入法。

1.4.1　汉字的三个层次

在五笔字型输入法中汉字被划分为三个层次：笔画、字根和单字。

1．汉字的五种笔画

笔画是书写汉字时，一次写成的一个连续不断的线条。汉字的笔画归纳为横、竖、撇、捺（点）、折五种基本笔画。为了便于记忆和应用，依次用 1、2、3、4、5 作为代号（编码），见表 1.1。

表 1.1 汉字的笔画编码

代号	笔画类型	笔画走向	笔画（包括变形）
1	横	左→右	一 ㇀
2	竖	上→下	丨 亅
3	撇	右上→左下	丿
4	捺	左上→右下	㇏ 丶
5	折	带转折	乙 乚等

除基本笔画外的其他笔画，根据笔画走向的相近性，可将它们分别归纳在相应的基本笔画之内，这样就成了变形笔画。

表中笔画的归类主要看其笔画的走向，而不计其大小、长短，如：

（1）由“理”、“现”和“玩”三字左旁“王”可知，提笔“㇀”“㇀”应属于横类。

（2）由“材”、“杨”和“村”三字左旁“木”可知，点笔“丶”应属于捺类。

（3）从旧体字“木”就是“木”可知竖构“亅”属于竖类。

（4）除竖左钩“亅”之外的任何带转折的笔画一律属于折类。

2．字根

由若干笔画连接、交叉形成的相对不变的结构就是字根。它类似于汉字词典中的偏旁和部首。字根是构成汉字的最重要、最基本的单位。在五笔字型输入法中，共有 130 个基本字根。

3．汉字的三个层次

在五笔字型输入法中，将字根按一定的方式拼合起来就组成了汉字。至此，可知汉字分为三个层次，即笔画、字根和汉字，见表 1.2 中的“开”字。

表 1.2 “开”字的三个层次

汉字	字根	笔画
开	一	一
	廾	一丨丨

1.4.2 字根总图

1．字根在键位上的分布

130 个基本字根分别排列在除【Z】键以外的 25 个英文字母键上，每个键位上安排了 2～6 个字根，并按照其首笔笔画代号可分成 5 个区，即首笔笔画为“横”的字根放在第 1 区，首笔笔画为“竖”的字根放在第 2 区，首笔笔画为“撇”的字根放在第 3 区，首笔笔画为“捺”的字根放在第 4 区，首笔笔画为“折”的字根放在第 5 区。每个区又分成5个键位，这样得到：11～15，21～25，31～35，41～45，51～55共25个键位。“11”中的第一个1表示区号而第二个1代表位号，这样“11”就代表唯一的一个键，即G键，“11”被称为G键的键位号，其他以此类推。字根在键位上的分布构成了五笔字型键盘字根总图，简称字根总表，详见表1.3。字根总表上的字根称为基本字根，简称字根。

2. 字根在键位上的分布特性

除首笔笔画的代号与区号相一致外，字根在键位上的分布还有如下特点。

（1）次笔笔画号与位号保持一致。

例如：

王：在11键；　　白：在32键；

石：在13键；　　文：在41键。

（2）字根的笔画数目与位号保持一致。

例如：

“一”在11键；“二”在12键；“三”在13键；

“丨”在21键；“刂”在22键；“川”在23键；

“丿”在31键；“彡”在32键；“彡”在33键；

“丶”在41键；“冫”在42键；“氵”在43键；“灬”在44键；

“乙”在51键；“巛”在52键；“巛”在53键。

（3）把形态相近或渊源一致的字根，放在一起。

例如：

“阝”在“耳”键上；

“扌”在“手”键上。

1.4.3 字根口诀

1. 键名

在某一键位上的所有字根中选出一个有代表性的字根作为该键的键名。键名字根位于每一个键位的左上角，详见表1.3中的五笔字型键盘字根总表。各键的键名如下：

1区：王（G）	土（F）	大（D）	木（S）	工（A）
2区：目（H）	日（J）	口（K）	田（L）	山（M）
3区：禾（T）	白（R）	月（E）	人（W）	金（Q）
4区：言（Y）	立（U）	水（I）	火（O）	之（P）
5区：已（N）	子（B）	女（V）	又（C）	纟（X）

2. 字根口诀

为了便于学习和记忆字根在键盘上的实际分布，首先要记住各键的键名，然后根据“字根口诀”再记忆其他字根。另外还应按区分成五个独立的单元，一个单元一个单元地记忆。字根口诀见表1.3。

表 1.3　五笔字型基本字根总表

金 钅 勹 儿 夕 鱼 犭 乂 儿 夕 ク 𠂉 35Q	人 亻 八 癶 34W	月 ⺼ 丹 彡 𧘇 𠄌 爫 豕 乃 用 豕 彐 33E	白 手 𡗗 扌 𠂆 𠂉 斤 斤 厂 32R	禾 𥝌 𠂉 丿 ⺮ 竹 彳 夂 夊 31T	言 讠 亠 𠀋 丶 ㇏ 广 文 方 圭 41Y	立 冫 丬 丷 䒑 疒 六 辛 疒 门 42U	水 氵 小 ⺌ 业 业 ⺍ 氺 氺 ⺢ 43I	火 灬 业 灬 米 44O	之 辶 廴 冖 宀 礻 45P
工 匚 七 弋 戈 廾 廿 艹 卄 15A	木 丁 西 14S	大 犬 三 𡗗 丰 石 古 厂 镸 ア ナ ナ 13D	土 士 二 十 干 𠂉 寸 雨 12F	王 龶 一 五 戋 11G	目 且 丨 卜 卜 上 止 龰 𠂆 虍 亅 21H	日 曰 刂 刂 川 刂 丿 早 虫 ⊞ 22J	口 川 川 23K	田 甲 四 皿 车 力 囗 罒 罒 24L	： ；
Z	纟 幺 弓 匕 纟 匕 口 55X	又 厶 巴 马 マ マ 54C	女 刀 九 彐 臼 巛 53V	子 孑 也 凵 了 阝 耳 卩 卩 㔾 巜 52B	已 己 巳 乙 尸 尸 心 忄 羽 コ 㣺 51N	山 由 冂 贝 几 𠘧 25M	< ，	> 。	？ /

11 王旁青头戋（兼）五一
12 土士二干十寸雨
13 大犬三𡗗（羊）古石厂
14 木丁西
15 工戈草头右框七

21 目具上止卜虎皮
22 日早两竖与虫依
23 口与川，字根稀
24 田甲方框四车力
25 山由贝，下框几

31 禾竹一撇双人立
反文条头共三一
32 白手看头三二斤
33 月彡(衫)乃用家衣底
34 人和八，三四里
35 金勺缺点无尾鱼，犬旁
留儿一点夕，氏无七(妻)

41 言文方广在四一
高头一捺谁人去
42 立辛两点六门疒
43 水旁兴头小倒立
44 火业头，四点米
45 之宝盖，
摘礻(示)衤(衣)

51 已半巳满不出己
左框折尸心和羽
52 子耳了也框向上
53 女刀九臼山朝西
54 又巴马，丢矢矣
55 慈母无心弓和匕，
幼无力

五笔字型字根助记词

续表

区	位	代码	字母	基本字根	口诀	高频字
1 横起类	1	11	G	王⺩一五戋	王旁青头戋五一	一
	2	12	F	土士二干十寸雨	土士二干十寸雨	地
	3	13	D	大犬三⺷古石厂	大犬三羊古石厂	在
	4	14	S	木丁西	木丁西	要
	5	15	A	工匚七弋戈廾廿艹	工戈草头右框七	工
2 竖起类	1	21	H	目⾻丨⺊卜上止⺥虍	目具上止卜虎皮	上
	2	22	J	日曰刂川⺆早虫	日早两竖与虫依	是
	3	23	K	口川	口与川，字根稀	中
	4	24	L	田甲口四皿车力	田甲方框四车力	国
	5	25	M	山由冂贝几	山由贝，下框几	同
3 撇起类	1	31	T	禾⺮丿竹彳夂攵	禾竹一撇双人立，反文条头共三一	和
	2	32	R	白手扌⺧斤	白手看头三二斤	的
	3	33	E	月⺼丹彡豕乃用	月彡（衫）乃用家衣底	有
	4	34	W	人亻八	人和八，登祭头	人
	5	35	Q	金钅勹儿鱼犭乂儿夕	金勺缺点无尾鱼，犬旁留叉儿一点夕，氏无七	我
4 捺起类	1	41	Y	言讠亠丶广文方圭	言文方广在四一,高头一捺谁人去	主
	2	42	U	立冫丬六辛疒门	立辛两点六门疒	产
	3	43	I	水氵小⺌	水旁兴头小倒立	不
	4	44	O	火灬米	火业头，四点米	为
	5	45	P	之辶廴冖宀礻衤	之字军，摘礻（示）衤（衣）	这
5 折起类	1	51	N	已己巳乙尸心忄羽	已半巳满不出己，左框折尸心和羽	民
	2	52	B	子孑也耳了阝卩巜	子耳了也框向上	了
	3	53	V	巛女刀九彐臼	女刀九臼山朝西	发
	4	54	C	又厶巴马	又巴马，丢矢矣	以
	5	55	X	纟幺弓匕	慈母无心弓和匕，幼无力	经

1.4.4 汉字的字型

1. 汉字中字根之间的关系

（1）单：汉字由一个字根构成，包括键名（如：王、土、大、木、工等）和成字字根（如：五、寸、八、用、斤、广、车、马、雨等）。

（2）散：构成汉字的字根之间有一定的距离，如：叭、只、汉、吕、别等。

（3）连：汉字由一个字根和一个笔画连接而成，如：自、生、术、久等。

（4）交：汉字由几个字根或笔画交叉套叠之后构成，如：夫、中、申、夷等。

2. 汉字的三种字型

（1）字型概念

一切汉字都由字根拼合而成，汉字可根据各字根之间的相对位置分为三种字型，即左右型、上下型和杂合型，见表 1.4。

表 1.4 汉字的三种字型

字 型	字 型 号	字 例
左右	1	汉、叭、别
上下	2	只、吕、意
杂合	3	中、申、困

（2）判断字型的方法

根据字根之间的关系，可以判断字型。

①“散”关系，因各字根之间有明显的距离，可分为上下或左右型。如：现、杜、但、咽、枫、侧、别、说等为左右型；节、军、晋、愚、意、想、花等为上下型。

②“连”或“交”关系，都归为杂合型。

③ 包围或半包围字（如国、反、连等）和所有分不出上下、左右型的汉字，都可归为杂合型，如：斗、飞、困、周、本、乘、函、建、成等。

1.4.5 末笔字型交叉识别码

字根是组成汉字的基本单位。但是几个完全相同的字根，由于相对位置不同而构成不同的汉字，如：“口”和“八”可构成“只”，也可构成“叭”。这样，如果只是敲入字根而不指出它们的位置关系，那么就不能唯一地确定为一个汉字。为此，在敲入字根的同时，必须指明字根的排列方式（上下型、左右型、杂合型）。但是，有些字加上字型还是不能唯一地确定为一个汉字，如：沐、汀、洒 3 个字，“氵”字根在 I 键上，而木、丁、西三个字根都在 S 键上，且都为左右型，遇上这种情况怎么办呢？仔细分析和观察这三个字就会发现，它们最大的差别在于末笔笔画上，因而，对于以上这类文字可以加上“末笔字型交叉识别码”。

所谓“末笔字型交叉识别码”，是一种既起到区别末笔笔画作用又起到区别字型作用的代码，它由末笔笔画代号加上字型号构成。因笔画有五种，字型有三种，所以末笔字型交叉识别码一共有 5×3＝15 种，见表 1.5。

表 1.5 末笔字型交叉识别码

字型 末笔笔画	左右型 1	上下型 2	杂合型 3
横 1	11G	12F	13D
竖 2	21H	22J	23K
撇 3	31T	32R	33E
捺 4	41Y	42U	43I
折 5	51N	52B	53V

例如，"汉"字的末笔字型交叉识别码为：41（末笔代号 4，字型号 1）。
"字"字的末笔字型交叉识别码为：12（末笔代号 1，字型号 2）。
"华"字的末笔字型交叉识别码为：22（末笔代号 2，字型号 2）。
"同"字的末笔字型交叉识别码为：13（末笔代号 1，字型号 3）。
"只"字的末笔字型交叉识别码为：42（末笔代号 4，字型号 2）。
"叭"字的末笔字型交叉识别码为：41（末笔代号 4，字型号 1）。
"沐"字的末笔字型交叉识别码为：41（末笔代号 4，字型号 1）。
"汀"字的末笔字型交叉识别码为：21（末笔代号 2，字型号 1）。
"洒"字的末笔字型交叉识别码为：11（末笔代号 1，字型号 1）。
"本"字的末笔字型交叉识别码为：13（末笔代号 1，字型号 3）。

教你一招

关于末笔笔画有以下两点规定：

① 所有包围和半包围型汉字的末画笔画，规定取被包围的那一部分结构的末笔。如："因"字，其末笔笔画应取"、"；"远"字，其末笔笔画应取"乙"等。

② 对于末字根为"刀、九、力、匕"的汉字，规定末笔笔画为折，如：仇、化等。

1.4.6 汉字的拆分原则

由字根通过连、散或交的关系可以形成汉字。那么反过来，如何把汉字拆分成字根呢？其拆分的原则如下。

1. 书写顺序原则

依照从左到右、从上到下、从外到内的书写顺序拆分汉字，就是书写顺序原则。例如："新"字，就拆分成。"立"、"木"、"斤"，而不能拆分成："立"、"斤"、"木"。

2. 能散不连原则

如果一个单字可认为是几个字根的散结构，就不要视为连结构。

例如，"百"拆分成"厂"和"日"就比拆分成"一"和"白"好。

3. 兼顾直观原则

拆分时尽量照顾直观性。

例如，"自"拆分成"丿"和"目"，而不能拆分成"亻"、"乙"和"三"。

4．能连不交原则

如果一个单字可认为是几个字根的连结构，就不要视为交结构。

例如，“天”拆成“一”和“大”，不能拆成“二”和“人”。

5．取大优先原则

在各种拆法中，按书写顺序，每次都拆分出尽可能大的字根，以保证拆分出的字根数最少。

例如，“平”拆分为“一”、“丷”和“丨”，不能拆分“一”，“丷”和“十”。

教你一招

也有一些特殊情况下不是按笔画顺序来拆分字根的，如“巫”拆分成“工”、“人”和“人”，但这种情况符合取大优先的原则。

1.4.7 用五笔字型法输入汉字

1．用一般方法输入单个汉字

（1）键名汉字输入

输入键名汉字时，只需要连击该键四下即可。

例如，王（GGGG）　　白（RRRR）

土（FFFF）　　女（VVVV）

（2）成字字根输入

在130个字根中，除键名外，本身就是汉字的字根，叫成字字根，如：五、士、干、二、十、寸、雨等。

成字字根的输入方法为：

① 三笔以上构成的成字字根

报户口+第一笔笔画+第二笔笔画+末笔笔画。所谓报户口，就是先把该字根所在的键击一下。

例如，五：11+11+21+11　　（GGHG）

寸：12+11+21+41　　（FGHY）

② 两笔构成的成字字根

报户口+第一笔笔画+第二笔笔画+空格

例如，力：24+31+51+空格（LTN）空格

③ 五种单笔画的输入

一：11+11+24+24　　（GGLL）

丨：21+21+24+24　　（HHLL）

丿：31+31+24+24　　（TTLL）

丶：41+41+24+24　　（YYLL）

乙：51+51+24+24　　（NNLL）

（3）四字根汉字的输入

第一字根+第二字根+第三字根+末字根。

例如，照：22+53+23+44　　　（JVKO）

　　　第：31+55+21+31　　　（TXHT）

（4）五字根以上汉字的输入

第一字根+第二字根+第三字根+末字根。

例如，输：24+34+11+22　　　（LWGJ）

　　　解：35+33+53+21　　　（QEVH）

（5）三字根汉字的输入

第一字根+第二字根+第三字根+末笔字型交叉识别码。

例如，品：23+23+23+12　　　（KKKF）

　　　别：23+24+22+21　　　（KLJH）

（6）两字根汉字的输入

第一字根+第二字根+末笔字型交叉识别码+空格。

例如，汉：43+54+41+空格　　　（ICY 空格）

　　　只：23+34+42+空格　　　（KWU 空格）

　　　叭：23+34+41+空格　　　（KWY 空格）

2. 用简码方法输入单个汉字

为了提高输入速度，在五笔字型中设计了简码输入，简码汉字共分三级。

（1）一级简码

把最常用的 25 个汉字定为一级简码（又称高频字），并根据每一键位上的字根形态特征，为每个键位安排一个一级简码字。这类字只需要按键一次再加一个空格键即可输入。

25 个一级简码及键位如下。

一 11（G）	地 12（F）	在 13（D）	要 14（S）	工 15（A）
上 21（H）	是 22（J）	中 23（K）	国 24（L）	同 25（M）
和 31（T）	的 32（R）	有 33（E）	人 34（W）	我 35（Q）
主 41（Y）	产 42（U）	不 43（I）	为 44（O）	这 45（P）
民 51（N）	了 52（B）	发 53（V）	以 54（C）	经 55（X）

（2）二级简码

二级简码由每个汉字的前两个字根或前两笔（对成字字根而言）加空格组成，共有 600 多个。凡是二级简码的汉字，输入前两个字根或前两笔再加一个空格键即可输入。

二级简码及键位如下：

五笔字型二级简码

		GFDSA	HJKLM	TREWQ	YUIOP	NBVCX
		11—15	21—25	31—35	41—45	51—55
G	11	五于天末开	下理事画现	玫珠表珍列	玉平不来	与屯妻到互
F	12	二寺城霜载	直进吉协南	才垢圾夫无	坟增示赤过	志地雪支
D	13	三夺大厅左	丰百右历面	帮原胡春构	太磁砂灰达	成顾肆友龙

S	14	本村枯林械	相查可楞机	格析极检构	术样档杰棕	杨李要权楷
A	15	七革基苛式	牙划或功贡	攻匠菜共区	芳燕东芝	世节切芭药
H	21	睛睦　盯虎	止旧占卤贞	睡　肯具餐	眩瞳步眯瞎	卢眼皮此
J	22	量时晨果虹	早昌蝇曙遇	昨蝗明蛤晚	景暗晃显晕	电最归紧昆
K	23	呈叶顺呆呀	中虽吕另员	呼听吸只史	嘛啼吵　喧	叫啊哪吧哟
L	24	车轩因困	四辊加男崭	国斩胃办罗	罚较　　边	思　轨轻累
M	25	同财央朵曲	由则　崭册	几贩骨内风	凡赠峭　迪	岂邮　凤
T	31	生行知条长	处得各务向	笔物秀答称	入科秒秋管	秘季委么第
R	32	后持拓打找	年提扣押抽	手折扔失换	扩拉朱搂近	所报扫反批
E	33	且肝　采肛	胆肿肋肌	用遥朋脸胸	及胶膛　爱	甩服妥肥脂
W	34	全后估休代	个介保佃仙	作伯仍从你	信们偿伙	亿他分公化
Q	35	钱针然钉氏	外旬名甸负	儿铁角欠多	久匀乐炙锭	包凶争色
Y	41	主计庆订度	让刘训为高	放诉衣认义	方说就变这	记离良充率
U	42	闰半关亲并	站间部曾商	产瓣前闪交	六立冰普帝	决闻妆冯北
I	43	汪法尖洒江	小浊澡渐没	少泊肖兴光	注洋水淡字	沁池当汉涨
O	44	业灶类灯煤	粘烛炽烟灿	烽煌粗粉炮	米料炒炎迷	断籽娄烃
P	45	定守害宁宽	寂审宫军宙	客宾家空宛	社实宵灾之	官字安　它
N	51	怀导居　民	收慢避惭届	必怕　愉懈	心习悄屡忧	忆敢限怪尼
B	52	卫际孙要陈	耻阳职阵出	降孤阴队陷	防联孙耿辽	也子限取陛
V	53	姨寻姑杂毁	旭如舅	九　奶　婚	妨嫌录灵巡	刀好妇妈姆
C	54	对参戏	台劝观	矣牟能难允	驻　　驼	邓艰双
X	55	线结顷红	引旨强细纲	张绵级给约	纺弱纱继综	纪弛绿经比

（3）三级简码

三级简码由每个汉字的前 3 个字根或前 3 笔（对成字字根而言）加空格组成。要输入三级简码汉字只要击前 3 个字根或前 3 笔代码，再加一个空格键即可。三级简码汉字大约有 4400 多个，一般不容易记住，只有多用才能掌握。

为了提高输入速度，一级简码和二级简码必须背熟，且要运用自如。

3. 词汇输入

（1）双字词

分别取每个字的前两个字根。

例如，机器：木机口口　　　　（SMKK）

　　　编辑：纟丶车口　　　　（XYLK）

（2）三字词

分别取前两个字的第一个字根和最后一个字的前两个字根。

例如，计算机：言竹木机　　　　（YTSM）

　　　共青团：廿　口十　　　　（AGLF）

（3）四字词

分别取每个字的第一个字根。

例如：程序设计：禾广言言　　　　（TYYY）

　　　科学技术：禾小扌木　　　　（TIRS）

（4）多字词

分别取第一、第二、第三和最末一个字的第一个字根。

例如：中国人民银行：口口人彳　　（KLWT）

　　　中华人民共和国：口亻人口　（KWWL）

4. 重码处理和Z键的使用

（1）如何处理重码

所谓重码，就是敲入字根后出现多个汉字与之对应。若有重码，则重码同时显示在提示行中，且机器会报警，如第一个就是所需要的字，只要继续输入下文，该字就自动输入到光标处，若所需的字不在第一个位置，则敲入该字的位置序号，同样可以在光标处输入汉字（类似拼音输入法的取字规则）。

（2）Z键的使用

Z 键称为辅助学习键，又称为万能键。如果对五笔字型字根不太熟悉或者对某一汉字拆分方案难以确定，一般可用 Z 键代替任何位置的任何字根或末笔字型交叉识别码。

例如，输入“编”字，只知道第一、第二和第三字根分别为“纟”、“丶”和“尸”，此时可用 Z 键代替第四个字根；输入“品”字，只知道第一、第二和第三字根均为“口”，而不知道末笔字型交叉识别码，此时可用 Z 键来代替。

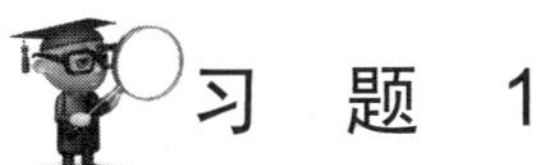

习　题　1

一、思考题

1. 计算机键盘可分为哪几个区？
2. 请说明下列各键的功能。

   Shift　CapsLock　Backspace　Space　Enter　Insert
3. 汉字编码按其特征可以分为哪几类?
4. 五笔字型中把汉字的笔画归结为哪几种?写出基本笔画及其变形。
5. 字根总图可以分为哪几个区？每个区又可以分为哪几个位？
6. 字根在构成汉字时有哪几种字型?
7. 汉字拆分成字根的原则是什么？请按拆分原则进行拆分练习。
8. 熟记 25 个键名汉字，并进行输入练习；熟记 25 个高频汉字，并进行输入练习。

二、判断题

1. 指法分区规定，在 CapsLock 关闭的情况下，小写字母 s 用左手的无名指击键。
2. 键盘上的【BackSpace】键为取消键。
3. 键盘上大小写字母转换键是【Shift】键。

4. 在五笔字型输入方案中，基本字根在组成汉字时可以分为单、散、连 3 种类型。

5. 五笔字型输入法是在汉字的字根基础上进行输入的。

6. 在五笔字型输入法中，可用【Z】键代替任何一个键。

7. 键盘上的【F1】～【F12】功能键，在不同的软件下其功能是不同的。

三、选择题

1. 打字指法要求应用（　　）来击打空格键。
   A. 食指　　B. 中指　　C. 大拇指　　D. 随便哪个手指
2. 计算机键盘上部的 F1～F12 属于（　　）。
   A. 主键盘区　　B. 数字键盘区
   C. 光标控制键区　　D. 功能键区
3. 将当前屏幕复制到剪贴板的控制键是（　　）。
   A.【Scroll Lock】键　　B.【Num Lock】键
   C.【PgDn】键　　D.【PrtSc SysRq】键
4. 删除光标右边字符使用（　　）。
   A.【Enter】键　　B.【Caps Lock】键
   C.【Backspace】键　　D.【Delete】键
5. 在五笔字型输入法中，需要用识别码作为输入补足码的汉字有（　　）。
   A. 键名　　B. 四根字
   C. 二根或三根无简码汉字　　D. 成字字根
6. 在五笔字型输入法中“阶段“二字的拆分方法是（　　）。
   A. 阝、人、丿、丨　　B. 阝、介、亻、三
   C. 阝、人、亻、三　　D. 阝、介、丿、丨
7. 五笔字型输入法中不论是单字或词组，编码数均不能超过（　　）个。
   A. 3　　B. 5　　C. 4　　D. 任意
8. 五笔字型输入法的基本思想是将汉字分为（　　）几个层次。
   A. 区号、位号　　B. 笔画、字根、单字
   C. 笔画、部首、音形　　D. 笔画、意形、音形
9. 五笔字型输入法中基本笔画有（　　）。
   A. 8　　B. 5　　C. 4　　D. 6
10. 五笔字型输入法选出 130 种基本字根，并按照其起笔代号分为（　　）。
   A. 四大区、四个位　　B. 四大区、五个位
   C. 五大区、四个位　　D. 五大区、五个位

四、上机操作题

1. 一级简码和键名汉字练习

（1）练习目的：熟悉五笔字型键位，并能熟练打出五笔字型的全部一级简码和键名汉字。

（2）练习准备知识：五笔字型的分区，25 个键的键名及其输入方法，25 个一级简

码字及其输入方法，打字指法要求。

（3）练习记录：记录练习时间、总字数、错字数、速度。

（4）练习内容：

① 王土大木工 目日口田山 禾白月人金 言立水火之 已子女又纟

一地在要工 上是中国同 和的有人我 主产不为这 民了发以经

② 大一地木国同工人我中和的月人民要白在上是有主为这经目王土山女火之子发以又禾金言水已纟 日口立田产不了工

③ 禾不之了工金大一工人我产中田和土的人同要是有地木民国月主为白在王山女上这经目火子发以又日水言已纟 口立

④ 言工是金口上这大一工日以田之主木了月子人已水民为不产同地女在又土有和我发国目火要人王山中纟 经的立禾白

⑤ 工金之了大一工禾不人我田和土的产中人同地木民国要是在月有主女上这白王山为经目火子发以又日水言已纟 口立

⑥ 和主白在为发以月地言之土国目纟 工中大子立已了女要我王一经山金工人又火产上这民是日水不木的人同有田禾口

⑦ 为发和主白在国目以子已了金工大立女月的人同地纟 工禾中经山要又火人这民产上我一王是日水有田言不木口之土

⑧ 了大一工之子发以禾不已纟 金土的产我中地人火和日水言木民国要人同月有主女白王山为上是又口田在这经目立工

⑨ 一工禾不人要是在工言已和土的产目火子发以纟 口立之了大白王山为经金有主又日水中这人同女上月我田地木民国

⑩ 我是中国人，在这土地产水，女要上之月，子又要白金，言大立要有已，立工要目的，是人民的了。日月水火山，经产禾为王，田地不木，同发。

2. 成字字根练习

（1）练习目的：熟悉五笔字型成字字根的输入方法。

（2）练习准备知识：五笔字型的字根图，成字字根的概念及输入方法。

（3）练习记录：记录练习时间、总字数、错字数、速度。

（4）练习内容：

① 五戋士二干十士寸雨犬三古石厂丁西戈七

上止卜早虫川甲四车力由贝几

竹手斤用八儿夕乃豕

文方广辛六门小米

已巳尸乙（nnl）心羽耳了也九刀臼巴马弓匕幺

② 士三石七川四辛手用夕乃豕六士方十寸门小古米巳心五早干二丁厂甲雨戈耳几西犬卜由止竹虫也广八九了贝车刀臼力上斤巴已马尸弓匕乙（nnl）幺羽文戋儿

③ 五早川四辛方十寸门小古米巳石七手士三士用夕二丁厂甲雨戈耳几西广八九臼力上斤巴已马尸弓匕乃豕六心干乙（nnl）幺羽文犬卜由止竹虫也戋儿了贝车刀

④ 斤巴已羽丁厂甲了贝七川马尸四辛手用夕小古力上戋儿臼士方乃豕六米巳心五

早犬卜由止竹干二西虫也广八刀车九士三石雨戈耳几文十寸门弓匕乙（nnl）幺

⑤ 七刀斤巴已羽丁车马尸辛用夕厂上古戋儿臼五早犬卜三石雨文十寸止门弓川匕六米竹干二甲了贝手戈耳四几小巳心士豕方力乃由八九士乙（nnl）幺西虫也广

⑥ 米竹干二甲了斤巴用夕厂上古犬卜弓川西虫也匕手戈耳几小巳羽丁车心士豕戋力乃由止九士乙（nnl）幺广六贝四七刀八雨文十寸儿臼方五早三石门已马尸辛

⑦ 车九士三羽丁厂七川马尸夕儿臼士方广四辛手乃豕六五早犬干二八甲了贝刀西虫也用石雨戈耳小古力上戋几斤巴已米巳心文十寸卜由止竹门弓匕乙（nnl）幺

⑧ 川四辛方小古米巳丁厂儿西广马乃豕六十乙（nnl）幺羽文犬卜三士由止竹虫九臼力上也用夕二戋儿甲雨戈耳了八斤巴已贝尸弓匕五早车刀寸门心石七手士干

⑨ 方小古米巳丁马乃豕乙（nnl）幺羽文九用夕二川了巴弓车刀三士由士干臼力上也戋儿甲雨四辛犬卜竹虫戈耳已贝十尸八斤匕五早寸门心石止七手厂儿西广六

⑩ 一二三四五六七八九十。大雨在四川方，丁石厂几广西，寸心辛，小手止，士干力弓，早上由贝，用心耳有马车、大巴车，犬羽虫豕是也，竹卜米门有八斤，甲方乙方幺儿夕。

3．一级简码、键名汉字及成字字根混合练习

（1）练习目的：熟练掌握五笔字型一级简码、键名汉字及成字字根的输入方法。

（2）练习准备知识：五笔字型的字根图，一级简码、键名汉字及成字字根的概念及输入方法。

（3）练习记录：记录练习时间、总字数、错字数、速度。

（4）练习内容：

① 早干西犬卜由止匕同工乙广八九（nnl）幺羽文四辛上古土子发以又弓这经立田中和的产民要大一米巳心五地之耳日口木竹虫夕二丁厂也国豕六是有人我十在士戋寸门小几尸目山月人不禾工金言儿白三石七川手用甲王乃车刀臼了贝巴主为马力上斤女水已纟雨戈士方已火了

② 西由止匕工乙羽文四夕二丁厂也辛上是有人我上斤女力已纟雨水士方古土子发以又弓这经目山月立田广八口九幺禾工早干中金言儿和的石七川手甲王乃产民为马戈已要了贝巴主大一米巳心五犬卜地之同刀臼耳日木竹虫国豕六十在士戋寸门小几尸人不白三用车火了

③ 卜由止匕同工乙广八九幺羽文四辛上古土子发以又弓这经立田中和的产民要大一米巳心早干西犬五地之豕六是有人我儿在士戋寸门白三石耳日口木用甲王乃竹虫士方夕二臼了贝巴主为丁厂斤女水已已火了也国十小几尸目山月人不禾工金言七川手车刀马力上纟雨戈

④ 犬卜由止早干西匕同工乙广八九幺羽儿尸已了目文四辛上古土子发以又弓这经立田中和的产民要大一火米巳心五地之人言儿白三石不禾耳日口木竹虫夕了贝巴主甲王乃车上斤女水二丁厂也国豕六是有人我十在士戋寸门小山月工金七川手用刀臼为马力已纟雨戈士方

⑤ 卜乃臼了贝乙广八九四辛上古土子发这经立田中和的产民要大一米巳士方已心五地之干止匕同工西耳日口木川幺羽文手用十在士小火几竹虫山月人不禾工夕二以又

弓丁厂白三石七甲王也车由早犬刀国豖六是有力上斤人我了戋寸门尸目金言儿巴主为马女水已纟雨戈

4．二级简码及三级简码练习

（1）练习目的：熟悉五笔字型键位，并能熟练地输入五笔字型的全部二级简码以及部分三级简码。

（2）练习准备知识：五笔字型的分区，二级简码字表，二级间码字的输入方法，合体字拆分原则，打字指法要求。

（3）练习内容：

① 二级李刘杨马结婚给约九必嫌心学光尖洒池水朋大式认注米安社罚轼庆怕奶绵习纪也恨怪寂字说就变六少让定寂导际承对行且放外因困屡娄燕攻节儿争名乐久偿介分化偿理事膛偿与表不珍互到悄少吕林寺比双妇好同峭所搂反进

② 方立炎从驻外久乐包争让训计庆关亲站少洋兴光实安它卫阴队隐张攻锭嫌录纺害寂部曾钱多旬负诉肖认衣呼吸哟难能负欠度军守宽级弱继邓牟弛也敢台记业半粘寂宁它家宛百右呀样砂杨澡高春帮或东区共芭档棕能爱充秋晚称报轻

③ 旭如劝强保甩必收怀居参与妻志雪电最紧景几凡才夫太术档杰芳芝之笔物秀年提得中由四止直进夺瞎睛呈叶财朵肯后持打生厅吸原胡格灯信们匀普离决当汉宽他认宛涨率成肆昆紧凤秘季入扩拉暗煤友匠功相可面七左来北当怪扫内

④ 第龙思累眼权相构菜睡肯昨天皮此灰来支玉太赤列协历可楞机攻止旧早由处年本基睦绿共公恨耻少兴客家空宙烛罚较爱们作用虽册叫啊卢皮止呼斩男条长后生财虎式世办最紧磁达雪机霜丰百才垢旬玫现画胡克面哟皮公灾炮手

⑤ 互增悄孙隐愉灾料肖阴烟从铁闪商并钱条知肝全休然崭另罗米归此只史遇极枯械苛示末南析菜肯晚显晕顾磁达历本盯量晨果顺曲钉闰灯江类怀居慢降舅姆籽冯弱明只凤轨轻吧累切药步办贩内答划晨虹遥脸仍欠诉瓣前信变冯妆决取年

⑥ 三级简码数谊流非饭倒考硕磊讲华罪便殊诩装验师党规福祖祺祝写希厌東淘按鑫述新皆店通想算准乳滚渡桥辑体再图校先标品深丢孝丙恻输哎众森晶琳霖硅桂琦琪研酝醋芋茉晶品田山跐唱嘤帖缺按崔况论妨盘性股拦肃撤治渗倔莫漳持群爸伏埃般蔼秉颗骡曼磋盖辰鲸壳略箩锋盟撮解

5．需加末笔字型交叉识别码汉字练习（注意合体汉字且不足四码才有五笔字型识别码）

（1）练习目的：熟悉五笔字型需加末笔字型交叉识别码汉字的输入方法。

（2）练习准备知识：五笔字型的字根图，需加末笔字型交叉识别码汉字的概念及输入方法。

（3）练习记录：记录练习时间、总字数、错字数、速度。

（4）练习内容：

丑 歹 待 等 奋 惊 尺 刁 钓 叮 冬 抖 杜 肚 妒 忍 竞 伦 讹 尔 伐 乏 犯 坊 叭 劫 巾 今 筋 仅 京 惶 回 把 坝 柏 败 拌 剥 斥 愁 卓 匡 杠 杜 茜 硒 故 砑 卡 铂 勿 仓 草 击 讯 伎 齐 剂 肩 茧 见 涧 固 刮 徘 挂 旱 夯 享 弘 户 幻 皇 君 码 足 刊 酒 巨 句 里 眷 卑 钡 狈 叉 备 血 午 飞 勾 告 赶 杆 甘 改 讣 父

尘 程 付 闯 枉 拂 看 忌 贾 甸 淼

6．合体汉字混合练习

（1）练习目的：熟练掌握五笔字型的输入方法，提高录入速度。

（2）练习准备知识：五笔字型的字根图，单字的输入方法，合体字的拆分原则，识别码，打字指法要求。五笔字型常见非基本字根拆分示例。

（3）练习记录：记录练习时间、总字数、错字数、速度。

（4）练习内容：

申　勖　蜗　蛔　踢　盅　跺　罩　贺　帽　帼　岬　帆　蝇　咖　众　鑫
移　捭　掀　胸　侈　锉　秩　物　舶　舱　牧　艇　徐　黎　搬　摇　俄
俾　佚　傀　狐　猴　勿　铁　钐　谅　炎　谱　谤　永　迹　闵　冰　濂
湾　濠　滂　燮　迷　祥　裤　袢　褛　灾　忆　乜　怩　比　慑　慨　尼
妮　她　弩　怒　即　弩　驰　骡　弛　玷　副　融　盐　丰　墁　井　棹
熙　蔓　旦　昊　里　呈　吴　嚅　喷　畸　瑰　静　才　硪　槐　莠　藜
竽　生　秣　垂　壬　矩　皇　丘　抹　掎　且　全　癸　倚　佐　鱼　鱿
鳔　弑　蛾　哦　哌　鹃　轶　錾　峨　嵬　昝　鼻　禹　掉　牛　拐　损
个　侦　偶　钻　镘　锅　产　玉　还　雯　壕　太　碰　磅　耧　术　述
榜　葶　蒂　瞠　景　螃　螳　嚎　啼　凡　亏　坭　万　厄　厩　橄　概
艺　世　瞰　电　昵　最　紧　呢　嗫　呶　岂　杆

7．词汇练习

（1）练习目的：熟悉五笔字型字词的输入方法。

（2）练习准备知识：五笔字型的字根图，字词的输入方法，合体字的拆分原则与录入方法，末笔字型交叉识别码，打字指法要求。

（3）练习记录：记录练习时间、总字数、错字数、速度。

（4）练习内容：

觉悟　关心　政治　社会　团体　集体　主义　爱国　科技　先进　经济
你们　虽然　工作　号召　生活　锻炼　技能　思想　业务　道德　品质
水平　提高　班组　城市　农村　河流　海洋　天空　自己　起来　假期
看见　许多　朋友　研究　群众　认识　困难　非常　实际　解放　参加
任务　问题　而且　对于　完全　如果　基础　基本　过程　通过　联系
业余　爱好　热爱　祖国　劳动　改造　世界　宇宙　音乐　戏剧　艺术
规律　管理　内容　形式　习惯　改革　开放　坚持　路线　方针　政策
继续　实验　互相　帮助　保证　成功　原则　总结　规则　规范　范畴
允许　选择　控制　效果　积极　要求　毕业　宣传　节约　目标　学习
创造　繁荣　领导　重要　方法　理想　命令　编辑　出生　日期　位置
按照　集中　道路　资料　机构　仔细　获得　职工　仍然　他们
编辑部　独生子　展览会　办公室　自然界　电影院　博物馆　增长率
商品化　书法家　出版社　科学家　操作员　日用品　售货员　机器人
责任制　需求量　为什么　公有制　私有制　生产力　人民币　共和国

共产党　世界观　北京市　联合国　国庆节　计算机　工业化　打印机
运动员　指挥员　革命化　教育局　常委会　党委会　对不起　想当然
电视台　云南省　生物界　有没有　太阳能　运动员　大气层　事实上
反过来　没关系　女同志　毛主席　大会堂　解放军　教练员　裁判员
现代化　思想家　政治局　领导者　互助组　电影片　歌唱家　评论员
总动员　助记词　同志们　本世纪　工艺品　这时候　责任田　纯利润
怎么样　好办法　老百姓　百家姓　摩托车　火车头　时刻表　铁路局
高利率　秘书科　军衔制　高精尖　年轻人　宣传品　根本上　纪律性
普通话　没办法
班门弄斧　怒发冲冠　挖空心思　首当其冲　逆水行舟　举足轻重
洗耳恭听　社会主义　改革开放　共产主义　共产党员　马列主义
基本路线　爱国主义　全心全意　艰苦奋斗　大公无私　成千上万
一尘不染　万紫千红　日新月异　光明正大　因势利导　任劳任怨
空前绝后　事倍功半　炎黄子孙　国民经济　声东击西　因地制宜
异曲同工　光怪陆离　阴谋诡计　亡羊补牢　三长两短　触类旁通
微不足道　提纲挈领　胸有成竹　深入浅出　栩栩如生　格格不入
程序控制　操作系统　电话号码　天气预报　出租汽车　新华书店
信息处理　总而言之　平方公里　无论如何　天方夜谭　深思熟虑
中外合资　农副产品　和风细雨　急风暴雨　虎头蛇尾　居心叵测
青黄不接　刻舟求剑　纸上谈兵　老当益壮　当务之急　司空见惯
风吹草动　天罗地网　小心翼翼　经济特区　四个现代化
发展中国家　毛泽东思想　马克思主义　新华通讯社
为人民服务　中国共产党　中央委员会　常务委员会
人民大会堂　现代化建设　军事委员会　国务院总理
中央电视台　全国各族人民　政治协商会议　中华人民共和国
中国人民解放军　马克思列宁主义　全国人民代表大会　中央人民广播电台

8．文章练习

（1）练习目的：熟练掌握五笔字型的输入方法，提高录入速度。

（2）练习准备知识：五笔字型的字根图，单字与词语的输入方法，合体字的拆分原则，识别码，打字指法要求。首先将每篇文章的词汇找出来为其书面编码，之后再进行键盘练习。

（3）练习记录：记录练习时间、总字数、错字数、速度。

（4）练习内容：

① 政治性文章练习

基层文化建设是社会主义文化建设的基础。随着改革开放的不断深入和社会主义市场经济体制的不断完善，基层文化建设的条件和背景发生了深刻变化，人民群众精神文化需求的增长和变化越来越快，基层文化的供求矛盾越来越突出。针对当前基层文化建设中存在的问题，从人民群众精神文化需求的特点出发，进一步加强基层文化建设应着重把握六个方面。

确立三种理念。加强和改进基层文化建设，理念创新是前提。各级领导干部应深刻认识加强基层文化建设的重要性和紧迫性，努力形成与社会主义市场经济体制相适应、与基层文化发展规律相符合的文化发展理念。一是确立统筹发展的理念。科学发展观的根本要求，就是强调发展要全面、协调、可持续，要统筹兼顾。在基层文化建设中落实科学发展观，确立统筹发展的理念，首先是指统筹经济文化发展。必须认识到，全面建设小康社会，决不仅仅是实现单纯的经济增长，而是实现经济、政治、文化的全面发展与进步。其次是指统筹城乡文化发展。目前我国城乡文化发展不平衡，多数文化娱乐场所集中在县级以上城市，广大农村多处于缺设施、缺经费、缺人才的“三缺”境地。统筹城乡文化发展，要求我们无论是在文化设施布局、文化经费投向，还是在文化生活安排、文化产品生产等方面，都应体现城乡统筹、协调发展的要求。二是确立文化多样性的理念。随着生活水平的不断提高，人们的知识结构、信息渠道、接受能力发生明显变化，特别是随着社会组织结构的变化，新的社会阶层的发展，不同群体文化需求的多样化、个性化倾向愈益明显。这就要求我们注重文化产品、文化活动、文化服务的多样性。三是确立发展民间文化的理念。应改变由政府统包统揽办文化的观念，改变忽视民间传统文化的意识，既注重运用民间力量兴办文化，形成政府主导、社会参与的多元投入渠道，推动民间文化成为基层文化建设的重要力量；也注重挖掘民间丰富的文化资源，形成基层文化发展的特色优势。

强化三类阵地。基层文化阵地是开展群众文化活动、传播先进文化的载体。应从当前基层文化的实际出发，区分不同类型，加强分类指导，努力为人民群众提供接受文化产品、享受文化服务、开展文化活动的设施。一是建设公益性文化阵地。图书馆、文化馆、博物馆、艺术馆等基层公益性文化机构，在培育“四有”公民、丰富群众精神文化生活、传播先进文化中发挥着十分重要的作用。应充分发挥政府公共财政的主导作用，向社区、农村的公共文化设施建设项目倾斜，切实加大投入。二是管理经营性文化阵地。根据各地经济、社会和文化发展的实际，制定文化市场建设、发展和管理规划，逐步建立与当地经济社会发展水平相适应的，内容丰富、健康规范的文化市场。这是文化事业繁荣发展的重要环节。三是推动企事业单位文化设施与周边农村社区的共享。这样做，一方面，机关、学校、企业等单位会进一步重视内部文化设施建设，为单位职工提供休闲娱乐、学习健身的有益场所；另一方面，社区和镇村干部也能发挥“穿针引线”的作用，动员和鼓励企事业单位采取多种方式开放内部文化设施，为当地群众特别是青少年开展文化体育活动提供方便。这是目前活跃基层文化生活的有效途径。

② 论文类文章练习

一个不会生活的人也不会学习，同样，不会学习的人也不懂得生活。

生活是生命存在的方式。不同的人有不同的活法，生活质量是对这种存在的结论性评价。所谓“贫则独善其身，达则兼济天下！”的生命观，还是“人不为己，天诛地灭”的价值观，再如“人生在世，吃喝二字”等，形成这样不同的人生态度都与其生活经历、个人体验的不同有很大关系，其实也都是由不同的生活品质所决定的。

什么是生活品质呢？有的人曾经问我一个问题：“生活质量和生活品质有什么区

别？”我解释道：“生活质量是实际结果评价，而生活品质是主体属性评价。”那么生活品质包括三方面：生活行为、生活态度和生活能力。

这三者尤以行为最重。行为是受意识支配的有目的的活动，是态度和能力的综合体现。因为所有的结果都是由于行为而生的。光有想法，没有行动是不会有结果的，为什么有的人是“语言的巨人，行动的矮子”，而空有一副好皮囊，没有行为也不会有结果的。从行为方式和内容来看，行为是由不断重复的事情和新的具有创造性的事情组成。

比如人们总要吃饭、洗澡、放松、娱乐等，但同时也要做许多以前从来没有做过的事情，例如人们会说：我头一次参加葬礼。对于如何到达葬礼的现场需要用重复的经验来完成，也许是走或者是打车等，但葬礼本身对这个人来说是一次全新的体验和创新。所谓创新总是伴随着过去的体验而发生。简单来说，行为包括重复和创新。行为不仅以重复为主，而且即便是具有创新性的事情也深深地带着习惯的烙印。大量的重复也就形成了习惯，为什么教育家总提醒家长要孩子养成好的生活习惯，就是这个道理。好的习惯会帮助你提高生活的质量，而不好的生活习惯会给你带来很多不必要的麻烦。习惯的养成来源也受限于态度和能力。

但行为的表现又同时受能力和态度的影响和促进。那个用脚写字的人之所有有这样的习惯通常是由于双臂残缺而得来的，一般体格正常的人不会选择这样的方式。态度即是认识、精神、情绪的综合体现，态度对人的影响也很直接，是“为”与“不为”的问题，是为老人折枝，是“不为也，非不能也”。而不是“能”与“不能”的问题，但可悲的是，很多正常的人反而不如那些残疾人做得更好。看起来是“挟泰山以跨北海，是不能也，非不为也”的现实，人家往往能置死地而后生，异军突起，做出超越常人的事迹来，我们的海迪大姐即是如此。

依次类推，学习品质和生活品质一样也可分为三个部分：学习行为、学习态度和学习能力。

实际上，一个人具备什么样的生活态度和方式和他具备什么样的学习品质有很大的关系。

人们常常用来表达祝愿和要求说的话是这样的：“希望你生活和学习两不误!”“生活学习一起抓!”诸如此类的话语。人们对这句话真是说得多、想得少。我认为这是非常错误的语言。我不否认这个句话所表达的意愿是良好的，但这样的说法所体现的思想是无助于问题的解决和目标的实现。

③ 小说类文章练习

教学是一门艺术，不懂得表演的人，是当不好中学教师的。

江老师穿着一身新买的西装，像往常一样心情愉快、精神振奋，希望上好这一堂课，希望课堂上不出现一张无动于衷的面孔，不出现一个不耐烦的眼神，希望学生一节课下来，真能学有所得。

一走进教室，同学们突然“哇”地叫起来，一阵掌声：“老师，您的新衣服好衬您啊!”“好有型啊，江老师!”老师笑了，这些学生啊!

这节课，老师讲的是《单元知识和训练》中的修改文章一段。

课程进行中。这时，王笑天举手发言。

“老师，我觉得这篇文章修改得并不好。尤其结尾，把那个补鞋人说的那段挺朴实的话。‘你们省下钱买几个练习本吧，这也算是我的心愿。’硬改成‘你们省下这些钱买几个练习本，多学点知识。将来好好建设四个现代化，这也算是我们的一点心愿！’总让人觉得不实在。”

江老师一愣，下面的同学已经纷纷议论开了。

“哪个补鞋人会这么说话？”

“就是。补鞋人的语言应该朴实点好。”

“选进课本当教材，我看不会有错的。”

“课本太老了。几十年如一日，都是这些内容。”

“这样写也挺好的，写社会主义无比优越性！江山一片红红红！”一个挺贫气的声音传来。

原计划一节课把这文章上完，看来很难完成了。江老师想了想合上了书本，说：“这样吧，这节课同学们自由发言，就谈谈大家对文学作品的看法。”

老师这么一说，刚刚吵吵嚷嚷的同学反而安静下来，谁也不吭声了。

“刚才你们不是谈得很热烈吗？来，咱们把桌子围成圈，这样气氛更好些！”

同学们七手八脚把桌子围成圈之后，面面相觑，都笑了。课代表林晓旭第一个说：“那么由我开始吧。我觉得现在作文题出得过于统一了，《难忘的人》、《最有意义的一件小事》、《第一次……》，从小学开始就这么几个题目，翻来覆去的。老师还说，虽然这个题目写过，现在又写，就是看看大家水平是否有所提高。既然是写过的题目，好多同学就没兴趣写第二遍，第三遍了，这还怎么提高？”

林晓旭刚说完，谢欣然便说：“我们写这些作文过于模式化了，写一个好朋友，必定是一开始如何好，中间又必定有了矛盾，什么搞坏了他的心爱的东西，他要我赔，什么他的好心我误会，结尾又是他要离开这个地方，送我一样东西什么的。我深深地内疚及想念他；写一件事，比如做什么好事，必定又是‘我’一开始如何不想干，这时胸前红领巾迎风飘起，我想到自己是少先队员等，然后我干了这件好事，心情很舒畅。那么如果那天没戴红领巾岂不是就不做这好事了？我们从小就这样写，尤其是小学，就更千篇一律了。外国学生的作文不一定有什么深度，意义也不一定深刻，但他们写文章很真实，有自己的东西。”

“我们喜欢写点自己的东西。初中有一次，老师叫我们自由作文，结果这次作文质量比哪次都高。”林晓旭又接着说，“要想提高写作水平，不能光靠课堂。”

“还记得咱们学过的那篇《一件珍贵的衬衣》吗，我觉得太小题大作了。总理把人家衣服搞坏了赔一件，这是正常的。也是应该的，干嘛那么大肆渲染！”

“说真的，我觉得咱们的教材挺‘左’的，虽然改了好多次，可还是换汤不换药，现在都是市场经济了，政治课本里还是计划经济，也太跟不上时代的步伐了，而且它对资本主义的评价也太片面了。”

渐渐地，同学们的话题跳出了课本，谈起了他们感兴趣的作者和作品。

④ 散文类文章练习

《秋天里的风筝》

王栋

他的风筝放得极为从容。迎着风，快走几步，不像别人那样迅捷地跑，手一抖，风筝就飞起来了。再将线缓缓地放，一送、一收，风筝就漫过了钟楼，在天上不动声色地游着。

其实这不是放风筝的季节。以前人们放风筝都是在春天，春天是生机勃发的季节，大地的气息也在上升，所以风筝就放得顺手。可是秋天里风筝也能飞上天，这确实让我开了眼。

广场上，放风筝的人可真不少。他们中有的是情侣，两个人笨手笨脚地拽着风筝跑，反复几次终于将风筝放飞了，撒下满地年轻的笑声。有的一看就是夫妇，带着孩子，得有五六岁了吧。孩子的快乐也感染了大人，此刻他们的表情已不再含蓄。当然，也有像他一样年龄的老人，却是带了孩子。风筝刚放好，线就被稚嫩的小手索了去。

我的视线最终停留在他的身上。他就一个人，安详地立在那儿，仰着脸，将风筝越放越高，却丝毫没有和别人争高低的意思。

这是十一月的午后，三四点钟吧，阳光正暖着，广场上也热闹得很。健身器材那儿是活动身体的人们，草坪旁的石凳上是谈情说爱的恋人，北边的树底下还有来看书的学生。再往东，冷饮摊前挤满了少男少女。更多的人正急匆匆地从广场上穿过，奔向生活的另一个站口。我本来是要到对面的邮局的，可是此刻也停了下来。

在这热闹的背景下，他多少显得有一点形单影孤。可是他似乎并不晓得，他就静静地待在自己的位置，对周围的一切置若罔闻，像孩子一样专注地放自己的风筝。他的动作娴熟而沉着，像钟楼上方流过的云，随意极了。

我想象着他的生活。也许他已退休多年，将子孙都拉扯大了，终于有了自己的时间。也许他年轻时也曾奋斗过，辉煌过，或者一直平淡地过着，可是如今他老了，孤身一人，却不曾失落。也许他仍然停不下，只是忙里偷闲，出来玩一下午。谁知道呢？

忽然想起十年前的事情。读大学的时候，我喜欢在夜里听收音机。那时侯开始流行点歌，有为父母祝福生日的，有向恋人表明爱意的，还有对远方的朋友倾诉别情的。漫长的夜晚，柔柔的电波满载着感动。那一晚，我听到一个年轻的声音：我为自己点播一首《星星的约会》，没有什么特别的理由。然后是一夜莫名的清静。

那时侯我还年轻，所以烦恼也少，这件事情我很快就忘记了。毕业后有几次偶然想起，也是在蓦然醒来的夜晚，疲惫却又等待天亮后的整装待发。我不知道为什么，现在忽然又记起这个情节，记起那个特别的男孩。

一阵风吹过，树上的叶子摇摇摆摆地往下飘，哗啦哗啦地叫着。在它们的上方，就是那些快乐的风筝。他眯着眼睛，将线略微往回收了收。

这一瞬间，我觉得整个广场就是他一个人的世界，安静极了。在深秋的阳光下，我所目睹的是一个成熟的老人，他不激越、不颓废，安然欣赏着自己的天空，并且会心地微笑。

⑤ 科技类文章练习

自 1946 年 2 月第一台数字电子计算机 ENIAC（Electronic Numerical Integrator And Calculator）在美国诞生以来，其发展速度可谓翻天覆地、一日千里。电子计算机按其所使用的逻辑元件大致可分为四代。

第一代电子计算机

1946 年 2 月，美国出于军事上的需要，研制出了第一台数字电子计算机 ENIAC，简称爱尼克。它由 18000 多个电子管，1500 多个继电器组成，重 30 吨，占地面积 170 平方米，耗电 150 千瓦，而每秒钟却只能进行 5000 次加法运算。如果以现有计算机的标准来衡量，ENIAC 简直又大又笨，现在随便一台微机的运算速度都有几十万次，但它的出现却是人类文明史上一次巨大的飞跃，是 20 世纪最伟大的科技成就之一。ENIAC 标志着第一代电子计算机时代的开始，其特征是用电子管作为基本逻辑元件。

第二代电子计算机

像 ENIAC 这种以电子管作为逻辑元件的电子计算机，由于电子管体积大、耗电高，所以马上被体积小、重量轻的晶体管所替代。1956 年研制出了人类第一台晶体管计算机，在电子计算机发展史上，以晶体管作为逻辑元件的电子计算机称为第二代电子计算机，其主要特点是体积小、重量轻、耗电少、运算速度快、工作可靠，结构上也更趋于通用。

第三代电子计算机

人类在电子领域最大的成就之一就是发明了集成电路，它可以将成千上万个晶体管电路放置在只有几平方毫米的芯片上。1958 年，人类制造出第一个半导体集成电路；1961 年，美国得克萨斯仪器公司与美国空军合作，研制出第一台用半导体集成电路作为主要电子器件的试验型集成电路电子计算机；1964 年，美国 IBM 公司生产出了由混合集成电路制成的 IBM360 系统，成为电子计算机发展史上的里程碑。以集成电路为逻辑元件的电子计算机称为第三代电子计算机，它与前两代相比，体积大为缩小，耗电量大大减少，可靠性与运算速度也明显提高。

第四代电子计算机

Intel 公司的创始人之一摩尔博士曾断言："每 18 个月，集成电路的集成度就会翻番"，史称摩尔定律。现在，人类已经能在指甲盖大小的芯片上集成几百万个集成电路，这就是大规模集成电路技术，以此为基础的电子计算机即为大规模集成电路电子计算机，也称为第四代电子计算机。目前我们所使用的电脑属于这类电子计算机，这代电子计算机在硬件、软件等方面均有了较大发展。并行处理、多机系统、电脑网络等新技术均得到很好应用。应用软件更趋丰富，操作系统也得到强化和发展，电脑也因此深入到了社会生活的各个领域。

随着计算机技术的飞速发展，电子计算机已经向"智能化"方向发展，"智能化"电子计算机可以像人一样进行知识表达，能够模拟人的某些智能进行设计、分析、决策等活动。我们有理由相信，人们经过一段时间的研究探索后，终将制造出"智能化"电子计算机。

今后，电子计算机将继续向着巨型化、微型化、网络化、智能化等方向发展。

第 2 章

Word 2010 简介

计算机的出现使得办公效率得到了极大的提高。现代化办公主要依靠文字处理软件来完成。在文字处理软件中，Word 是非常出色的一个。中文版 Word 2010 是 Microsoft Office 2010 中的一个重要组件，也是在 Windows 环境下功能非常强大的中文编辑软件，它能方便地处理文字、图形及制作各种表格。Word 2010 不仅很好地沿袭了以前版本的风格，还为用户提供了很多新功能，它们在很多方面简化了操作过程，还增强了图形、文字处理能力，并且非常容易掌握。

2.1 Word 2010 启动与退出

2.1.1 Word 2010 的启动

在计算机中正确地安装了 Word 2010 之后，启动它非常简单。启动的办法有很多种，这里只介绍在 Windows 环境下快速启动 Word 2010 的几种常用方法。

1．从“开始”选择菜单中启动 Word 2010

这是最常用的一种启动方法，当用户在计算机中安装了 Word 2010 后，该软件图标出现在“程序”选单的级联菜单中。开启方法如下。

（1）用鼠标左键单击“开始”按钮，此时出现上拉选单，将光标指向“所有程序”项，打开子选单。

（2）再将光标移至子选择菜单 Microsoft Office 中的 Microsoft Office Word 2010 选项，如图 2.1 所示。

（3）单击鼠标左键即可启动 Word 2010。

2．利用快捷方式启动 Word 2010

当鼠标箭头指向 Windows 桌面上的“Word 2010 快捷方式图标”时，直接双击鼠标左键，就可以启动 Word 2010，如图 2.2 所示。这是启动 Word 2010 最简捷的方法。

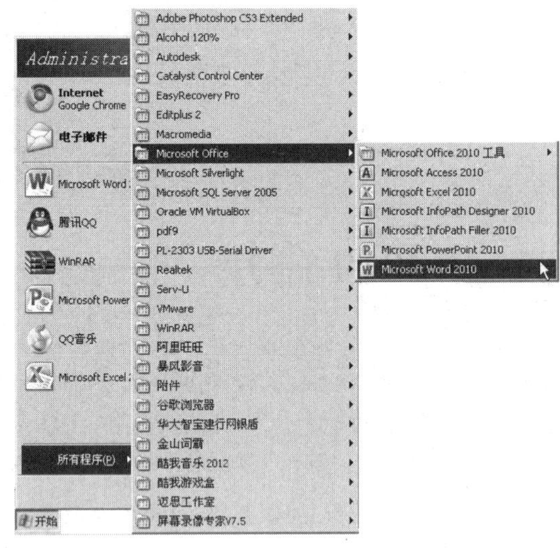

图 2.1　从“开始”选择菜单中启动 Word 2010

图 2.2　桌面快捷方式

3．启动 Word 2010 并同时打开文档

双击任何一个 Word 文件。

2.1.2 Word 2010 的退出

退出 Word 2010 一般有以下几种方法：

（1）用鼠标左键单击标题栏上的关闭按钮。

（2）选择“文件”选项卡中的“退出”命令，如图 2.3 所示。

按【Alt+F4】组合键。当退出 Word 2010 时，Word 将关闭当前所有被打开的文档。如果某些打开的文档修改后没有保存，Word 2010 将询问在退出之前是否需要保存这些文档，如图 2.4 所示。选择“是”按钮，表示保存并退出；选择“否”按钮表示放弃，不保存并退出；选择“取消”按钮，则放弃保存文档的操作，继续原来的工作。

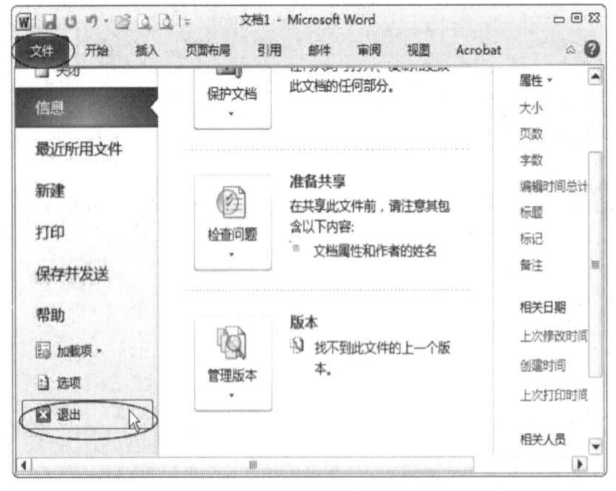

图 2.3　从“文件”选择菜单退出

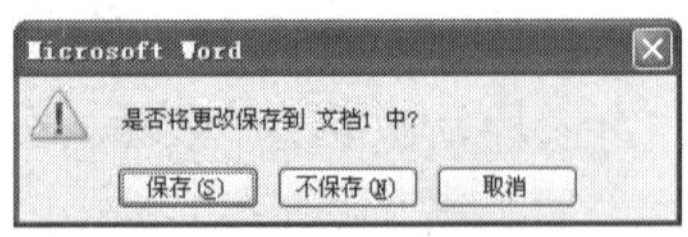

图 2.4　询问是否保存文档

2.2 Word 2010 的界面

Word 2010 的界面与 Word 2003 不同，如果同学们在中学曾学习过 Word 以前的版本，就会发现 Word 2010 的界面变化非常大，最大的特点就是新增的选项卡栏，通过学习我们就会发现 Word 2010 更加方便，更加快捷。

2.2.1 Word 2010 的总窗口

当启动 Word 2010 后，窗口显示如图 2.5 所示。

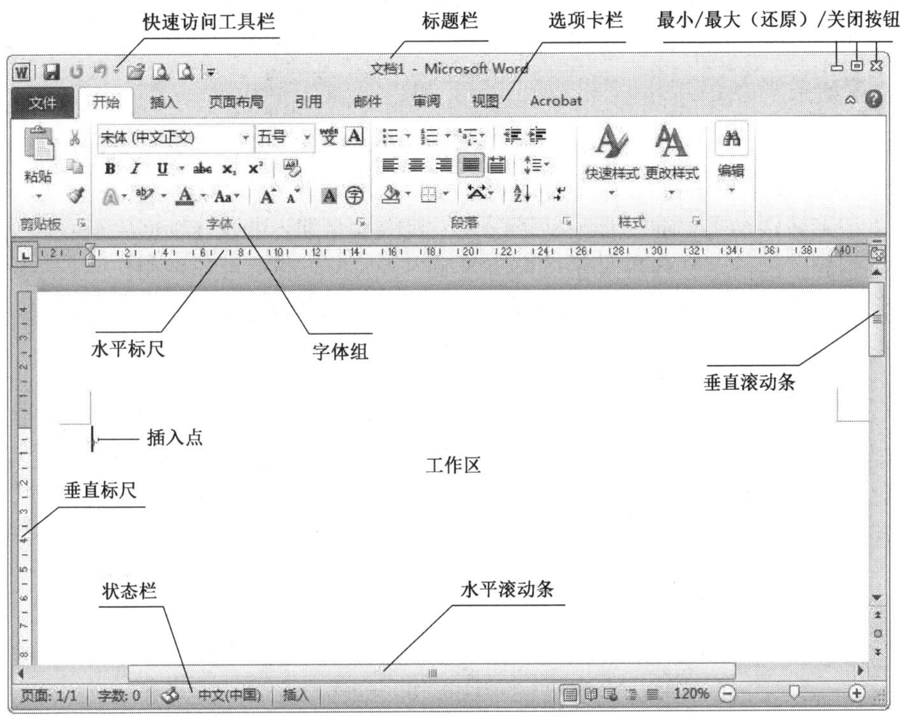

图 2.5　Word 2010 的屏幕

Word 2010 总窗口包括标题栏、快速访问工具栏、选项卡栏、工具组栏、标尺、工作区、状态栏等，图中各部分含义如下。

1．标题栏

Word 2010 界面最上方是标题栏。在标题栏的中间显示了当前所编辑的文档名称和所使用的软件名称。在标题栏的右边有三个按钮，分别是最小化、最大化/还原和关闭按钮。

2．快速访问工具栏

标题栏的左侧是 Word 2010 的快速访问工具栏，包含了常用命令的快速执行按钮，单击即可执行这些命令。

3. 选项卡栏

选项卡栏包含了 Word 2010 的所有功能，包括“文件”组、“插入”组、“页面布局”组、“引用”组、“邮件”组、“审阅”组和“视图”组。

4. 标尺

标尺就是 Word 工作区的刻度尺。使用标尺可以在 Word 页面中精确地进行排版，如测量段落的对齐位置、度量插入图片的长宽等。标尺分为水平标尺和垂直标尺。

5. 工作区

这是输入文档内容的区域。在此区域内有一个闪烁的竖杠称为“插入光标”，插入光标的位置是将要输入字符的位置。

6. 滚动条

由于工作区尺寸的限制，Word 在工作区的右侧和下方提供了滚动条，以便在一屏中能够显示出整个文档。其中，垂直滚动条使用户能方便地移动（上下滚动）窗口内的文档。单击垂直滚动条上的上移滚动按钮和下移滚动按钮，可以分别向上或者向下滚动窗口，直到想处理的文件内容显示在窗口区域内。水平滚动条可以使用户能方便地移动（左右滚动）窗口内的文件。单击水平滚动条上的左移滚动按钮和右移滚动按钮，可以分别向左或向右滚动窗口，直到想处理的文件内容显示在窗口区域内。

7. 状态栏

状态栏位于文档窗口底端，用来显示当前的工作状态。这些工作状态包括光标的位置信息、切换录制宏、修订、扩展选定区域、改写状态的开启或关闭、使用语言、开启或关闭拼写和语法检查等。

2.2.2 Word 的选项卡

与以前版本的 Word 有很大的不同，Word 2010 采用了名为“Ribbon”的全新用户界面，并将 Word 中丰富的单选按钮按照其功能分为了多个选项卡。其各选项卡功能如下。

1.“文件”选项卡

在“文件”选项卡中我们可以完成保存、另存为、打开、关闭、新建、打印、选项、退出等操作，如图 2.6 所示。

2.“开始”选项卡

“开始”选项卡包括了日常使用时 Word 中的大部分文字处理功能，包括剪贴板、字体、段落、样式、编辑等功能组，如图 2.7 所示。

3.“插入”选项卡

“插入”选项卡可以轻松地在文档中插入表格、图片、剪贴画、图表、公式、符号、编号等，还可以完成封面、分页、页眉、页脚、链接、书签、文本的设置等工作，包括页、表格、插图、链接、页眉和页脚、文本、符号等功能组，如图 2.8 所示。

图 2.6　“文件”选项卡

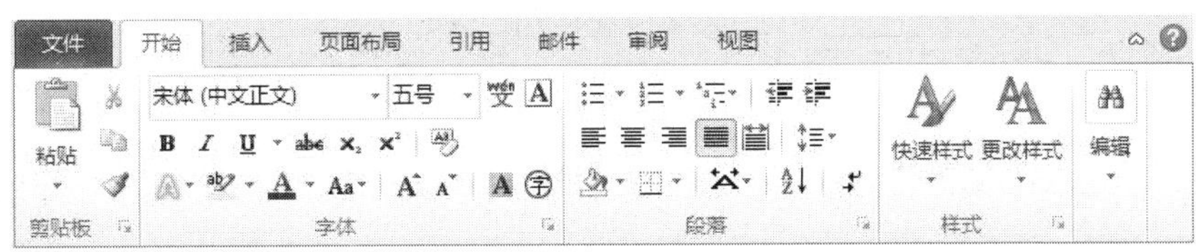

图 2.7　“开始”选项卡

图 2.8　“插入”选项卡

4.“页面布局”选项卡

“页面布局”选项卡包括主题、页面设置、稿纸、页面背景、段落、排列等功能组，如图 2.9 所示。

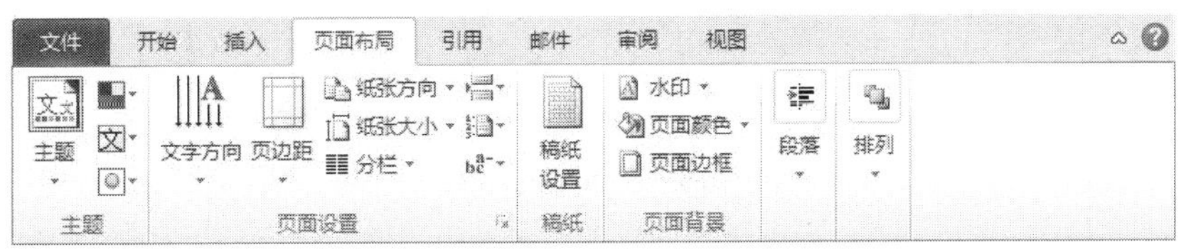

图 2.9　“页面布局”选项卡

5. “引用”选项卡

“引用”选项卡包括目录、脚注、引文与书目、题注、索引、引文目录等功能组，如图 2.10 所示。

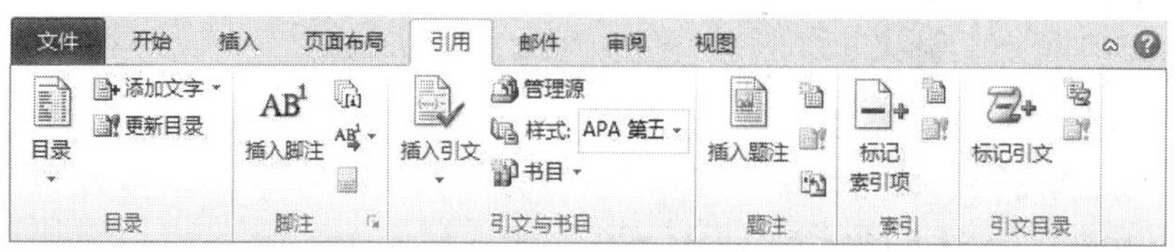

图 2.10　“引用”选项卡

6. “邮件”选项卡

“邮件”选项卡包括创建、开始邮件合并、编写和插入域、预览结果、完成等功能组，如图 2.11 所示。

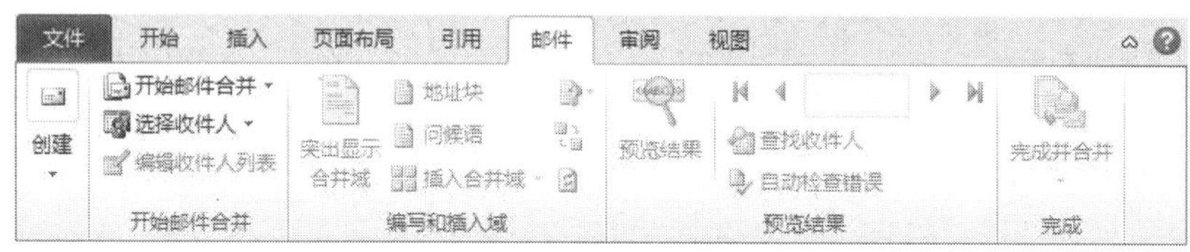

图 2.11　“邮件”选项卡

7. “审阅”选项卡

“审阅”选项卡包括校对、语言、中文简繁转换、批注、修订、更改、比较、保护等功能组，如图 2.12 所示。

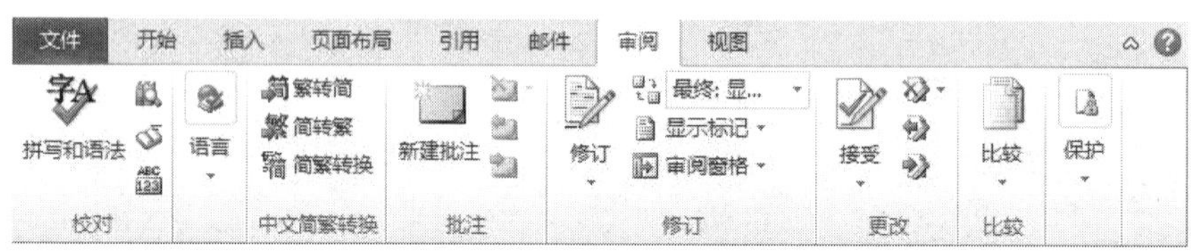

图 2.12　“审阅”选项卡

8. “视图”选项卡

“视图”选项卡包括文档视图、显示、显示比例、窗口、宏等功能组，如图 2.13 所示。

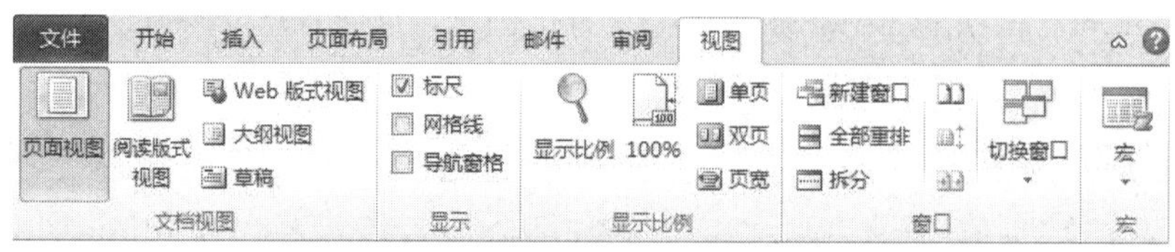

图 2.13　“视图”选项卡

2.2.3 Word 的快捷选择菜单

在 Word 2010 中，不仅可以在各选项卡中进行功能组的选择，还提供了快捷选择菜单，可以通过右键单击鼠标打开其相应的快捷选择菜单来进行操作，以方便快速选择命令。例如，当选中文档中的几个文字时，右键单击鼠标会出现如图 2.14 所示的快捷选单；当选中表格中的某个表格项时，右键单击鼠标会出现如图 2.15 所示的快捷选择菜单。

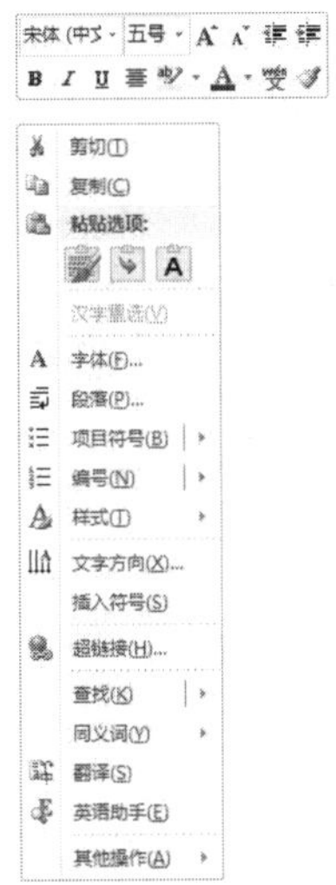

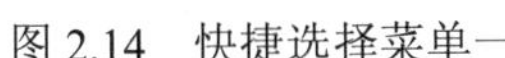
图 2.14　快捷选择菜单一

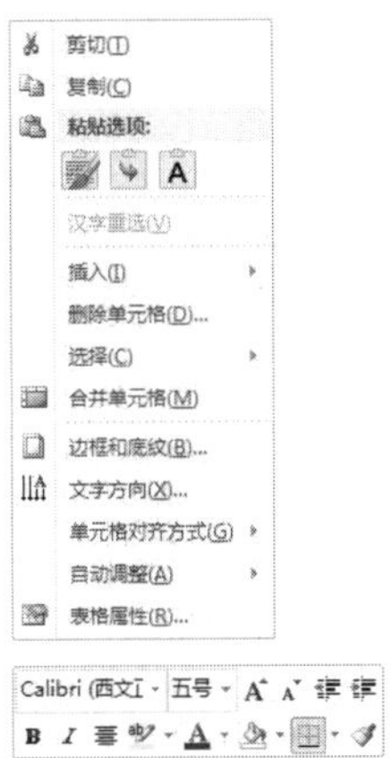

图 2.15　快捷选择菜单二

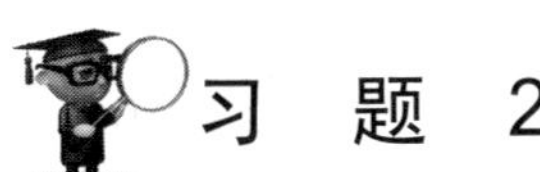

习　题　2

一、思考题

1．如何启动 Word？并说出常用的两种方法。

2．退出 Word 有哪几种方法？

二、填空题

1．Word 2010 总窗口的主要组成包括：__________、__________、__________、__________、__________、__________、__________。

2. Word 2010 的选项卡包括：__________、__________、__________、__________、__________、__________、__________。

第 3 章

输入和编辑文本

使用 Word 2010，最基本的操作就是输入一段文本（文本包括汉字、字母、符号、数字等，它可以是一篇文章、一段文字或一个句子）并对它进行必要的编辑。所谓编辑就是对文本进行插、删、改、复制、移动等一系列的操作。

3.1 建立新文档

启动 Word 2010 后，会自动打开一个空文档，且标题栏上出现名为“文档 1 ”的标题，在此文档中可以输入文本，如图 3.1 所示。

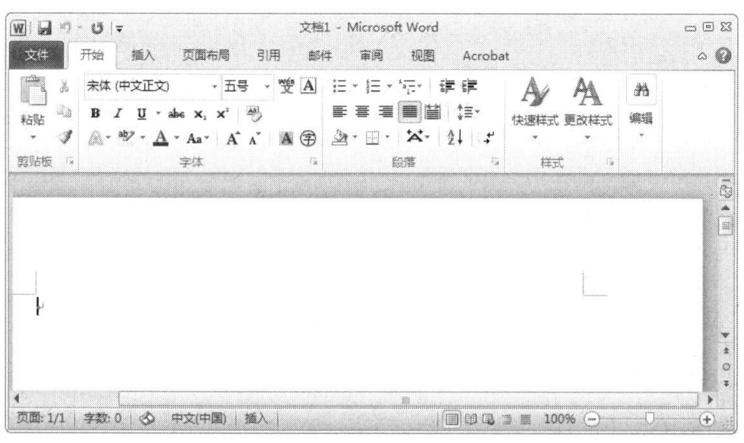

图 3.1　打开一个名为“文档 1”的空白文档

如果在此基础上又要建立一个新的文档，方法非常简单。可以通过以下两种途径实现。

（1）单击“自定义快速访问”工具栏中的 按钮，在弹出的菜单中选择“新建”选项，即可打开一个名为“文档 2 ”的空白文档，如图 3.2 所示。

（2）使用“文件”选项卡建立新文档，步骤如下。

① 单击“文件”选项卡中的“新建”命令，此时在屏幕中间将出现“可用模板”对话框，如图 3.3 所示。

② 双击“可用模板”对话框中的“空白文档”，即可打开一个名为“文档 2”的空白文档。

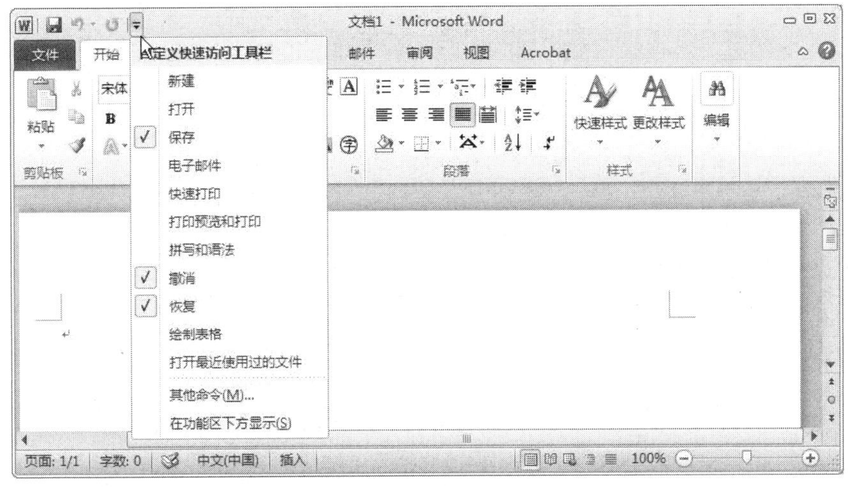

图 3.2　使用“自定义快速访问”工具栏新建空白文档

图 3.3　“可用模板”对话框

利用“可用模板”对话框，还可以建立一些特殊的文档，分别为：根据模板新建、根据现有文档新建。

根据模板新建：任何 Word 文档都是以模板为基础的。例如：在新建空白文档时，Word 默认的模板就是 Normal 模板。模板决定文档的基本结构和文档设置。Word 2010 自带了多种模板来帮助用户创建有特殊要求的文档，如信函、传真和简历等。应用这些模板中定义好的格式编排，可以很轻松地创建一个精美的专业文档。

例如，创建一份简历格式的文档，则在“可用模板”对话框中的“Office.com 模板”部分单击“简历”，弹出如图 3.4 所示的“简历”模板。

根据要创建的文档的类型，打开相应的文件夹，如打开“基本”文件夹，然后选择其中的“简历-1”模板，如图 3.5 所示。

单击“简历-1”对话框左下角的“下载”按钮，即创建了一个标准简历格式的文档，效果如图 3.6 所示。

图 3.4 “简历”模板

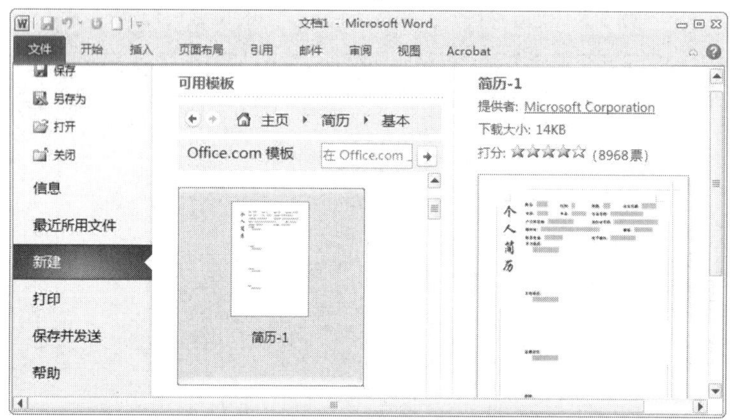

图 3.5 “简历-1”模板

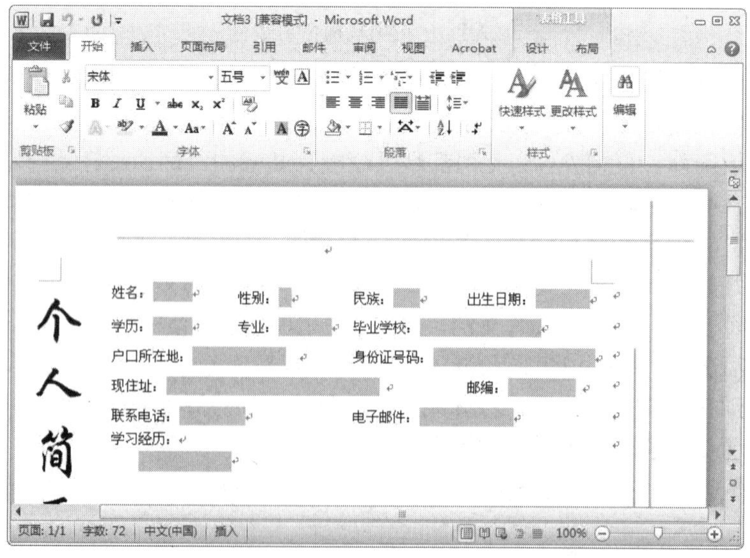

图 3.6 标准简历格式的文档

根据现有文档创建新文档：如果想要创建一个和某现有文档类似的新文档，则可以在“可用模板”任务窗格中单击“根据现有内容新建”选项，如图 3.7 所示。

图 3.7 “根据现有内容新建”文档

弹出如图 3.8 所示的“根据现有文档新建”对话框，选择新建文档所基于的现有文档，即可根据该文档创建一个新的文档。

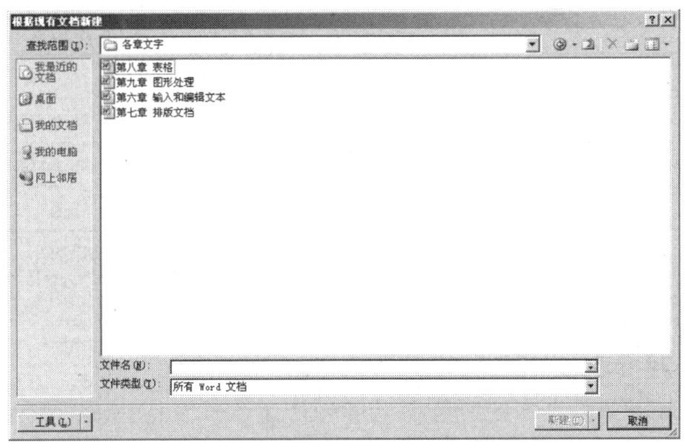

图 3.8 “根据现有文档新建”对话框

3.2 输入文本

在前面，创建了一个名为“文档 2”的空白文档。现在，可以在空的文档窗口中输入文本。

3.2.1 进入中文输入状态

当输入汉字时，首先必须切换到中文输入状态下。单击屏幕右下方的输入法图标，选择中文输入法，再打开输入法选项卡，从中选择一种汉字输入方法，即可开始输入汉字。按【Ctrl+空格】组合键可进行中英文输入状态转换。

进入中文输入状态后，屏幕左下角出现输入法指示器。此时就可以进行输入了。

输入法指示器（以微软拼音输入法为例），从左至右各按钮的功能依次如下。

（1）中英文切换按钮：单击此按钮，能够实现中文输入方式和英文输入方式的切换，按【Shift】键也可以实现此项功能。

（2）输入方式显示按钮：多次按下【Ctrl+Shift】组合键，在已装入的输入方法中顺序切换，可以从中选择合适的输入方法。

（3）全角/半角切换按钮：中文输入法选定后，单击此按钮可进行全角/半角切换。按【Shift+空格】组合键同样可以实现此项功能。

（4）中英文标点切换按钮：单击此按钮，可在输入中文标点和英文标点之间切换，此按钮上的标点为空心标点时，输入的标点为中文标点。按【Ctrl+.（句点）】组合键也可以实现此项功能。常用中文标点符号的键位见表3.1。

表3.1　常用中文标点符号的键位

标　　点	中文标点形式	键　　位
逗号	，	,
句号	。	.
顿号	、	\
分号	；	;
冒号	：	Shift+;
括号	（）	Shift+90
引号	“ ”	Shift+ "
破折号	——	Shift+ -
书名号	《》	Shift+，.
感叹号	！	Shift+1
问号	？	Shift+/

3.2.2 输入文本

当选择好输入方法后，可以立即输入文本，它好像在一张空白纸上写字一样。输入的内容总是显示在插入点所在的位置，插入点又称为插入光标。它是工作区窗口中不断闪烁着的一条竖线。输入时，插入光标从左向右移动。

【例3.1】输入标题为“计算机职业技能培训考核”的文章，内容如图3.9所示。

操作方法如下所示。

（1）单击屏幕右下方的输入法图标选择中文输入法，单击中文输入法选项卡，选择五笔字型输入法。

（2）按【Shift+空格】组合键，进入全角输入状态，按【Ctrl+.】组合键使标点为中文标点。

（3）输入“计算机职业技能培训考核”，然后按【Enter】键换行。

（4）再次按下【Enter】键，输入一个空行。

（5）输入“计算机类”，然后按下【Enter】键。

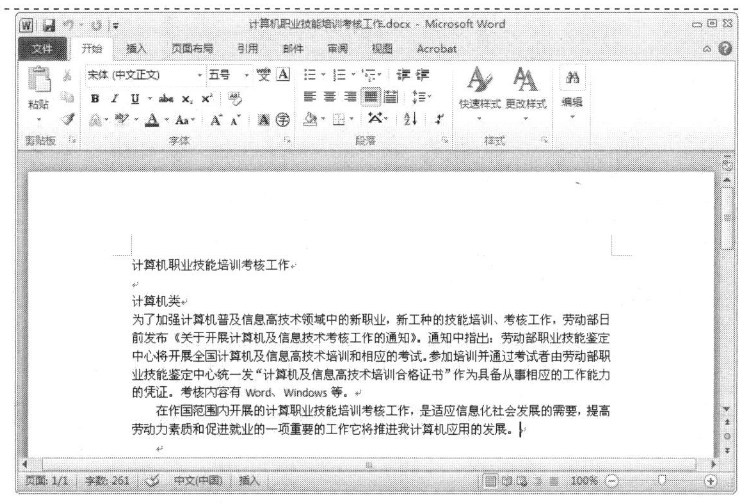

图 3.9　输入文章

此时，Word 窗口内容如图 3.10 所示。

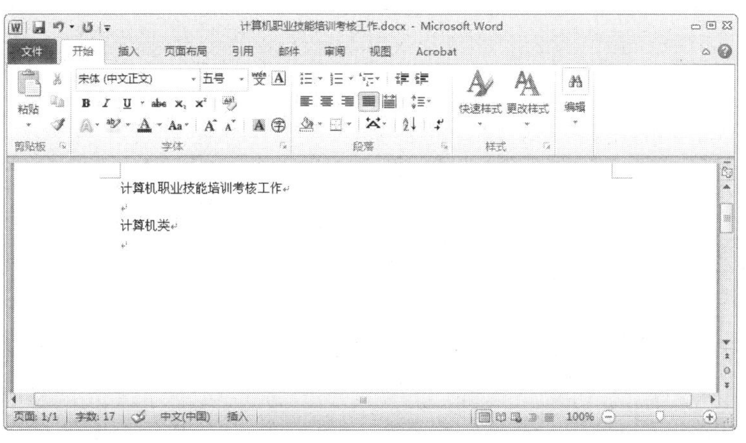

图 3.10　输入标题

对于一个标题来说，在输入完毕之后，必须按下回车键，但是对于一整段文字，则千万不要在输入每一行后，就按下回车键。因为当输入的文字超出限制的数量时，Word 会自动将它移到下一行，这个功能称为“自动换行”，回车键只适用于另起段落或创建空行。现在，请按照图 3.9 输入整段内容，输入完整段后再按下回车键。

当需要输入字母时，只需再按一下【Ctrl+空格】组合键，便可在文档中输入字母。如果想在半角/全角之间进行切换，可按下【Shift+空格】组合键。

在输入过程中如有错字可用【Backspace】键来删除插入点左边的一个字符，按【Del】键可删除插入点右边的一个字符。

3.2.3 行的断开与合并

1. 行的断开

按下回车键，可在插入点处将行断开，即插入点后的字符另起一行。

2. 行的连接

用【Del】键或【Backspace】键可实现行的连接。

用【Del】键连接时，应将插入光标移至被连接的两行中，上行的末尾即上行最后一个字符后，按【Del】键将上下两行连为一行。

用【Backspace】键连接时，应将插入光标放在两行中，下行的开头位置即下行首字符前。按下【Backspace】键，可将上下两行连接为一行。

3.2.4 特殊符号的输入

“插入”选项卡上“符号”组内有一个“符号”命令Ω，此命令可用于输入特殊符号，当执行此命令后，弹出如图 3.11 所示的菜单。单击Ω 其他符号(M)...会出现“符号”对话框，如图 3.12 所示。

图 3.11　“符号”菜单

图 3.12　“符号”对话框

在“符号”对话框内有一系列的符号可供选取，此外，“字体”选项框内也有一系列的选项（每一选项都提供各种不同的符号）。如果在字体域内选择了“宋体”项，则在对话框中会出现一个“子集”选项框，每一个“子集”选项都对应着一系列不同的符号。

【例 3.2】在文本中插入“≌”符号。

操作过程如下所示。

（1）将光标移至需要插入“≌”符号的位置。

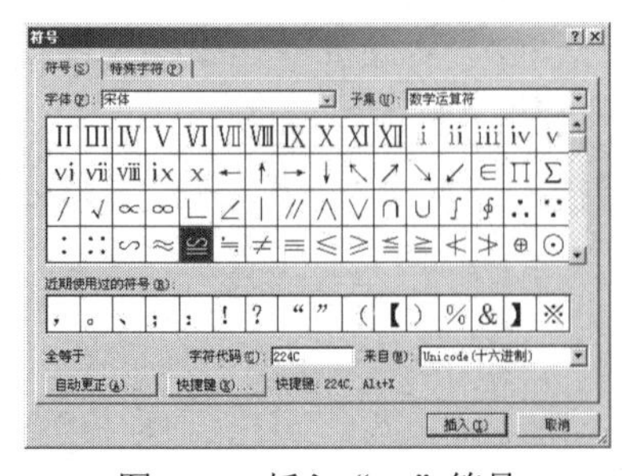

图 3.13　插入“≌”符号

（2）单击“插入”选项卡上“符号”组中的“符号”命令，在弹出的“符号”对话框中选择“符号”选项卡。

（3）单击“符号”选项卡中的“字体”框右面的向下箭头，选择“宋体”。

（4）在“子集”选项框内选择“数学运算符”项，将出现如图 3.13 所示的符号框。

（5）可以选择以下两种方法中的一种来插入符号。用鼠标单击“≌”符号，然后单击“插入”按钮。另一种是直接双击“≌”符号。

（6）单击“关闭”按钮，退出“符号”对话框。

3.3 插入点的移动与字符的修改

完成文本输入后，难免会出错，修改时首先要找到需要修改的位置，即将插入点移动到修改的位置，然后再将其错误改正。

3.3.1 移动插入点

常用的移动插入点的方法有两种，分别为使用鼠标移动插入点和使用快捷键移动插入点。

1. 使用鼠标移动插入点

通过鼠标可以快速移动插入点，方法是先利用垂直滚动条移动文档，当看到待插入的位置时，再用鼠标左键单击该位置。

在 Word 2010 的文档窗口中的垂直滚动条包括滚动块、滚动按钮、跳跃按钮，如图 3.14 所示。

单击滚动块可以显示插入点在整个文档中的相对位置，用鼠标拖动滚动块可以大范围地滚动文档（Word 2010 会显示页码）。另外，单击滚动块上、下的空白区域也可以快速地向前、向后滚动文档。

用鼠标单击滚动按钮可以一行一行的滚动文档。默认情况下，单击跳跃按钮可以每次滚动一页。

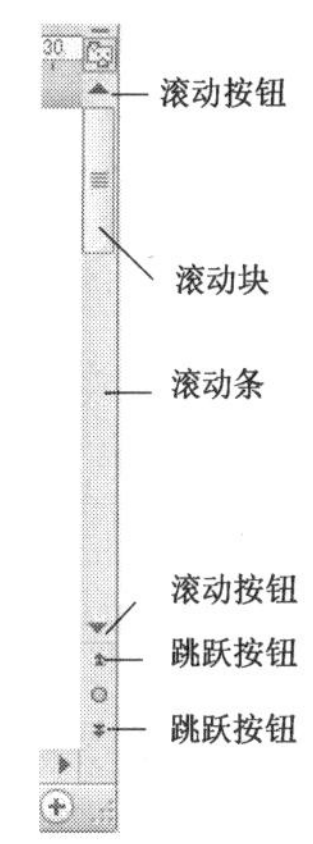

图 3.14 垂直滚动条

2. 使用快捷键移动插入点

使用快捷键快速移动插入点的方法，见表 3.2。

表 3.2 用快捷键移动插入点

快 捷 键	功 能	快 捷 键	功 能
←	向左移一个汉字或字符	Ctrl+ ↑	移至段首
→	向右移一个汉字或字符	Ctrl+ ↓	移至段尾
↓	向下移一行	PgUp	上移一屏
↑	向上移一行	PgDn	下移一屏
Home	移至行首	Ctrl+ PgUp	移至窗口顶部
End	移至行尾	Ctrl+ PgDn	移至窗口底部
Ctrl+ ←	左移一个单词	Ctrl+ Home	移至文首
Ctrl+ →	右移一个单词	Ctrl+ End	移至文尾

3.3.2 字符的插入、删除和修改

字符包括汉字、字母、数字、符号等。

1. 字符的插入

在插入方式（Word 2010 默认为“插入”方式）下，将光标移动到插入位置上，输入字符，就完成了字符的插入。插入字符时，后面的字符自动后移。

【例 3.3】在“计算机类”字样左侧插入“电子”文字

操作过程如下所示。

（1）将插入的光标移动到“计”字的左侧，如图 3.15 所示。

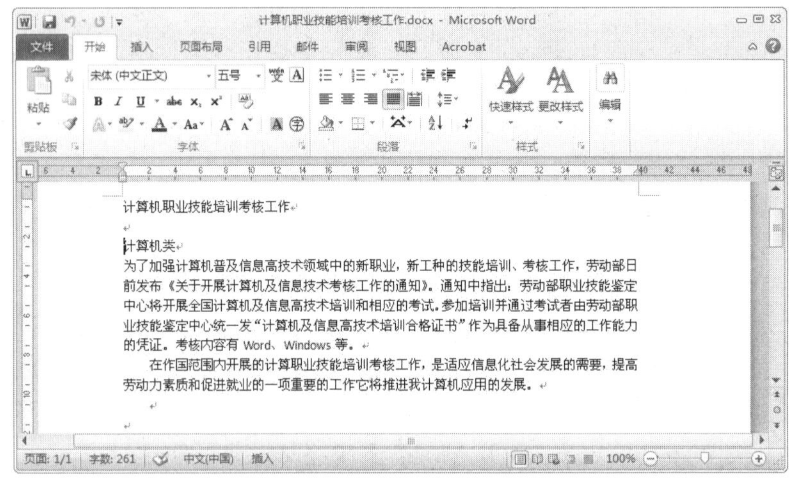

图 3.15 定位光标位置

（2）按【Ctrl+空格】组合键（或按【Ctrl+Shift】组合键），切换到中文输入状态下。

（3）输入“电子”，则插入完成。

如果将插入光标移到“为了加强”字的左侧，按空格键，可以使段首缩格，且 Word 自动调整整个段落。将光标移动到标题左侧，按空格键可以调整标题的位置。

2. 字符的删除

字符的删除可用【Backspace】键和【Del】键来完成。

按【Backspace】键删除插入点左边的一个字符，按【Del】键可删除插入点右边的一个字符。

3. 字符改写

修改出现的错误字符，有两种方法：一是插入正确的字符，删除错误的字符；另一个是用正确的字符来覆盖错误的字符。

教你一招

用正确的字符来覆盖错误的字符，需要将插入状态转换成改写状态。转换方法如下所示。

（1）用鼠标单击状态栏上的“改写”项，进入“改写”方式（此时键入的文字将覆盖现有内容）。

（2）将光标移至要覆盖字符的前面。

（3）输入正确的字符。

（4）当输入的字符的长度超过要覆盖的字符的长度时，请单击“改写”项切换至“插入”方式。否则，将会覆盖掉后面的内容。

（5）单击“改写”项，返回“插入”方式。

3.4 选定文本

对于单个字符或个数较少字符的修改可采用前面的方法。对于大范围的删除、修改、编辑，就要先选定文本，之后再对其选定的文本进行操作。常用选定文本的方法有两种：使用鼠标选定文本和使用键盘选定文本。

3.4.1 使用鼠标选定文本

用鼠标选定文本的方法很多，常用的有以下几种。

1. 在文本上拖动

把鼠标的“I”型光标放置于要选定的文本之前，然后单击鼠标左键，一直拖动到要选定的文本的末端，然后松开鼠标左键。Word 以灰色背景的形式显示所选定的文本，如图 3.16 所示。使用该方法可以选定任何长度的文本块，可以从一个字直至整个文档。

2. 双击选定一句话

把鼠标的“I”型光标放在一个位置上，然后双击鼠标左键，即可选定光标所在位置的一个单词或一句话。

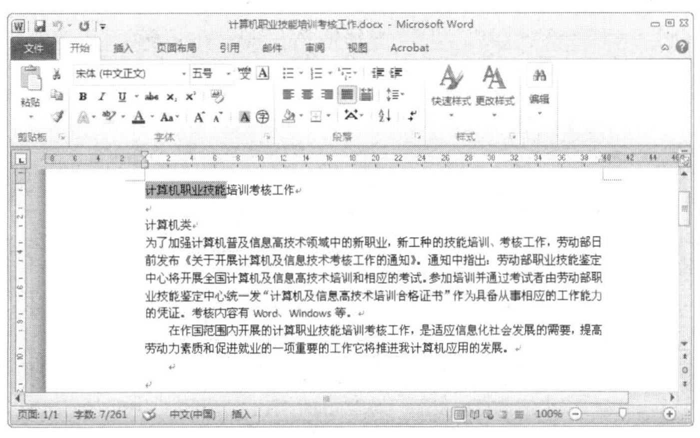

图 3.16　利用鼠标拖动法选定文本

3. 使用【Shift】键和鼠标来选定文本

把插入光标放置于要选取的文本之前，然后按下【Shift】键，把鼠标的“I”型光标移至要选定的文本末尾，接着再单击鼠标左键，Word 将选定两个插入光标之间的所有文本，如图 3.17 所示。

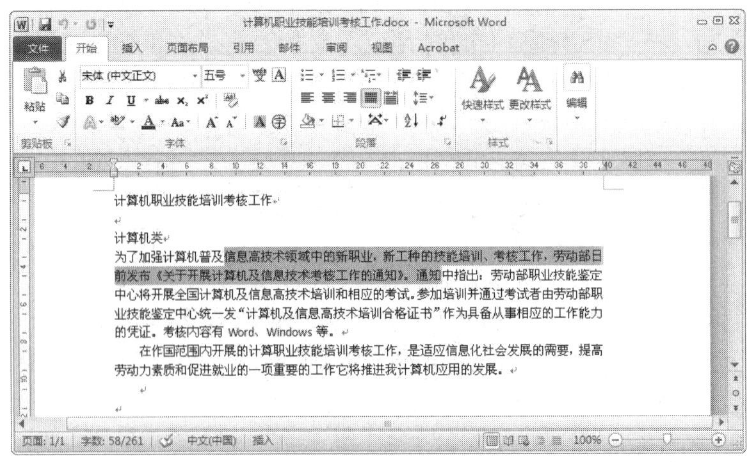

图 3.17　选定两个插入光标之间的文本

4. 单击选定一行

把鼠标的“I”型光标移到该行的最左边，直到其变为一个向右指的箭头，然后单击鼠标左键，即可选定一整行，如图 3.18 所示。

5. 选定一段文本

把鼠标的“I”型光标放置在段内的任意位置，然后连续单击三次鼠标左键，即可选定一段，如图 3.19 所示。也可以按住【Ctrl】键，然后单击段内的某一位置，则鼠标光标所在的段落即被选中。

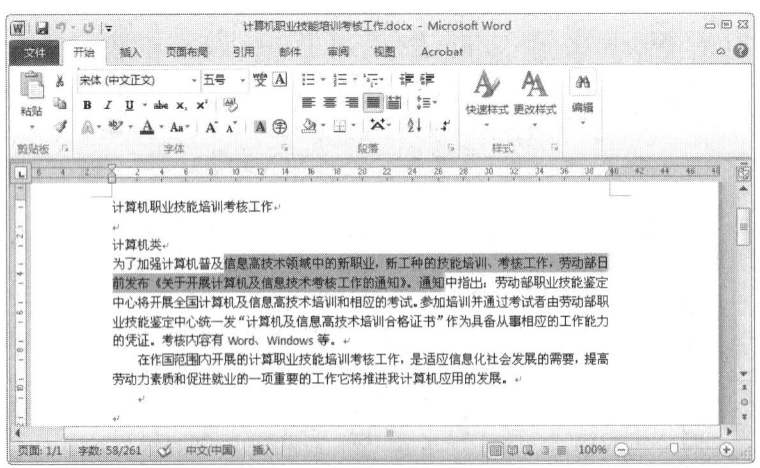

图 3.18　单击选定一行

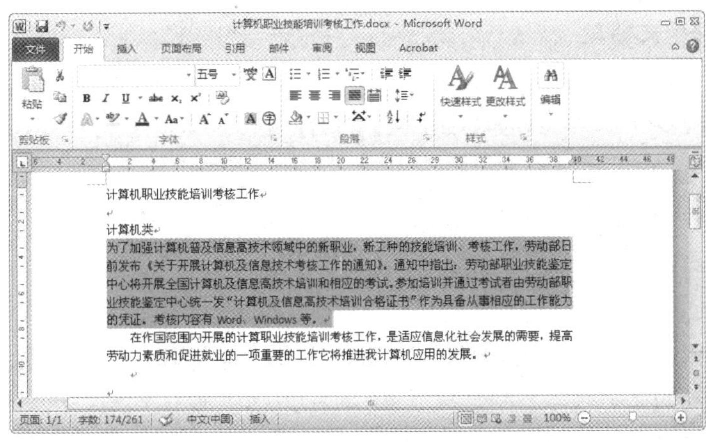

图 3.19　连续单击三次选定一段文本

6．选定一块文本

把鼠标的“I”型光标置于要选定文本的一角，然后同时按住【Alt】键和鼠标左键，拖动到文本块的对角，即可选定一块文本，如图 3.20 所示。

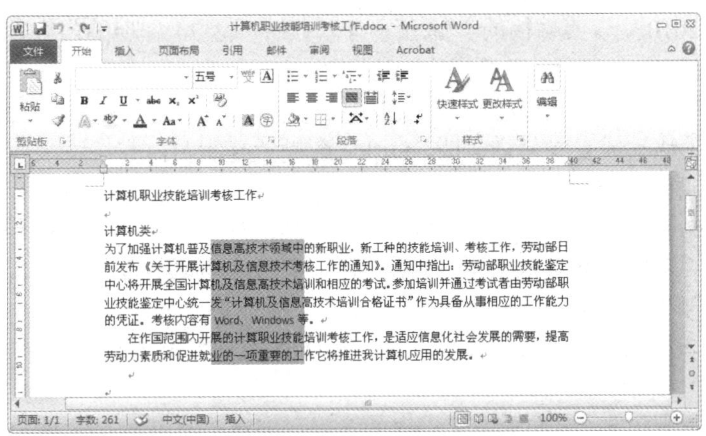

图 3.20　使用【Alt】键和鼠标左键选定一块文本

3.4.2　用键盘选定文本

1．用【Shift】键与箭头键选定

将插入光标放置于要选定的文本之前，按住【Shift】键，然后按住【↑】、【↓】、【→】、【←】键可以选取一个字、一行、一段，甚至整个文档。例如，将光标放在任意一行的最左面，按住【Shift】键的同时，再按一下【↓】键，可选定光标所在行。

2．用【Shift】键和【End】键/【Home】键选定

按【Shift+End】组合键可以选定插入光标所在行右面的文本；按【Shift+Home】组合键可选定插入光标左边的文本。将插入光标放在行的最左面，按【Shift+End】组合键；或者将插入光标放在行最右面，按【Shift+Home】组合键，可快速选定一行。

3．选定整个文档

如果想选定整个文档，可以单击“开始”选项卡上的“编辑”组中的 选择 菜单中的“全选”命令 全选(A) 或按【Ctrl+A】组合键。

3.5 删除、复制和移动文本

在进行文本编辑时，特别是编辑长文档时，删除、复制和移动文本是最常用的操作。当出现大段重复的文字时，复制是最节省时间的方法，而当发现文字安排得不合适时，移动操作可以调整文字的顺序。

3.5.1 Office 剪贴板

在介绍 Word 中复制和移动文本的方法之前，首先应熟悉一下剪贴板的概念。剪贴板是 Office 为其应用程序开辟的一块内存区域，用于复制和移动文本。可以把文本或图形等对象剪切或复制到剪贴板中，然后再从剪贴板中把这些内容粘贴到其他地方。

在 Office 2010 中，剪贴板的存储容量可以存储多达 24 项剪贴内容，并且这些剪贴内容可在 Office 2010 的程序中共享（可以将 Excel 中的单元格复制到剪贴板中，也可以将 PowerPoint 中的幻灯片复制到剪贴板中等）。如果 Office 剪贴板中已存满 24 项剪贴内容，要继续移动或复制新内容时，Office 会提示复制的内容将添至剪贴板的最后一项并清除第一项的内容。

使用 Office 剪贴板来移动或复制文本。具体操作过程如下所示。

（1）选定要移动或复制的文本，然后选择“开始”选项卡上“剪贴板”组中的“剪切”或者“复制”命令。

（2）重复步骤（1），把多处文本存放到 Office 剪贴板中，最多可存放 24 项剪贴的内容。

（3）要查看 Office 剪贴板中所存放的内容，应单击“开始”选项卡上“剪贴板”组部分右下角的“显示 Office 剪贴板任务窗格”选项，弹出文档左侧的 Office 剪贴板任务窗格，如图 3.21 所示。

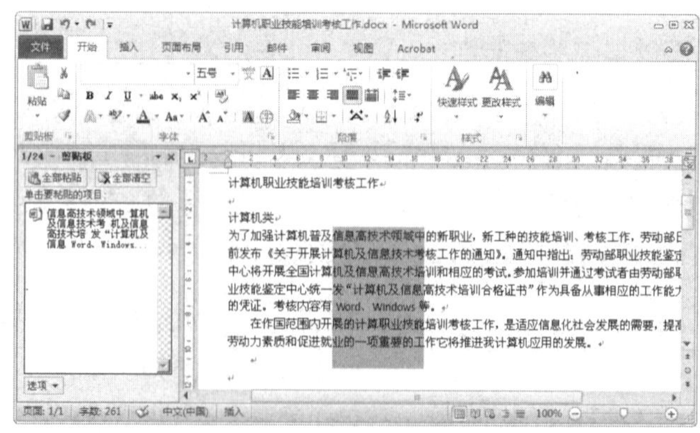

图 3.21　Office 剪贴板

（4）如果要粘贴 Office 剪贴板中的某项内容，先将插入点移至粘贴的位置。然后单击“剪贴板”中相应的图标。如果要粘贴 Office 剪贴板中所有的内容，应单击“剪贴板”中的“全部粘贴”按钮。单击“剪贴板”中的“全部清空”按钮，可清空 Office 剪贴板中的内容。

3.5.2 选定文本的删除

快速地删除一行、一段或整个文档。要利用选定文本删除的操作。操作过程如下所示。

（1）用鼠标或键盘选定要删除的文本。

（2）按【Backspace】键或【Del】键。

3.5.3 选定文本的复制和移动

1. 复制文本

（1）用拖动法复制文本

① 选定要复制的内容。

② 把鼠标指针指向所选定的内容。

③ 按住【Ctrl】键，然后按住鼠标左键将内容拖动到新的位置。

④ 松开鼠标左键。

（2）用“常用”工具栏中的按钮复制文本

【例 3.4】以【例 3.3】中的文档为例，复制该文档。

操作过程如下所示。

（1）按【Ctrl+A】组合键选定全部文本，如图 3.22 所示。

（2）单击“开始”选项卡上“剪贴板”组中的“复制”按钮。本步操作将所选定的文本复制到剪贴板中，原有文本不变。

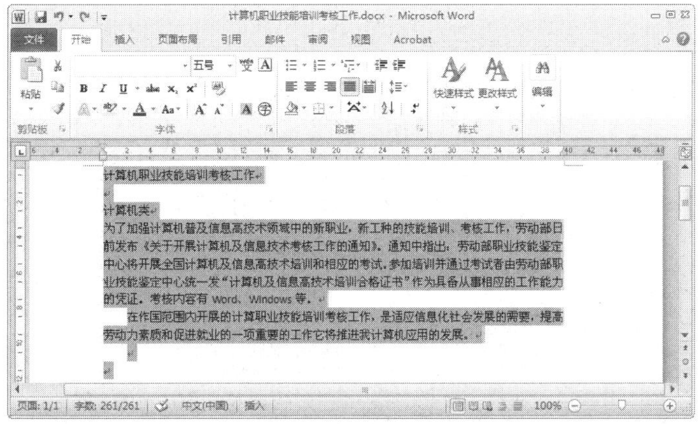

图 3.22 选定要复制的文本

（3）把光标移至该文档的最后。

（4）单击“开始”选项卡上“剪贴板”组中的“粘贴”按钮。

本步操作将把剪贴板中的文本粘贴到当前光标所在的位置，如图 3.23 所示。可以重复第 3 步和第 4 步，使同样的文本粘贴到多个地方。也就是说，只要剪贴板中的内容没有被新的内容覆盖掉，就能不断地被使用。

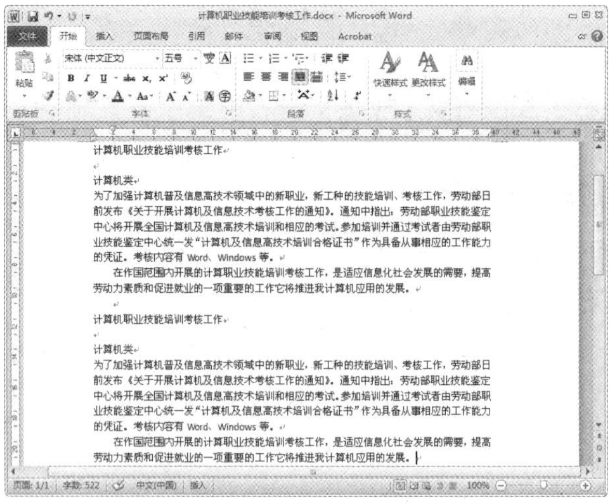

图 3.23　复制后的文本

（3）使用快捷键复制文本

① 选定所要复制的文本。

② 按【Ctrl+C】组合键。

③ 把光标移动到要复制文本的位置。

④ 按【Ctrl+V】组合键。

2. 移动文本

（1）用拖动法移动文本

① 选定要移动的文本。

② 将鼠标指针指向要移动的文本。

③ 按住鼠标左键，等到拖动光标出现后，将其拖动到新的位置，如图 3.24 所示。

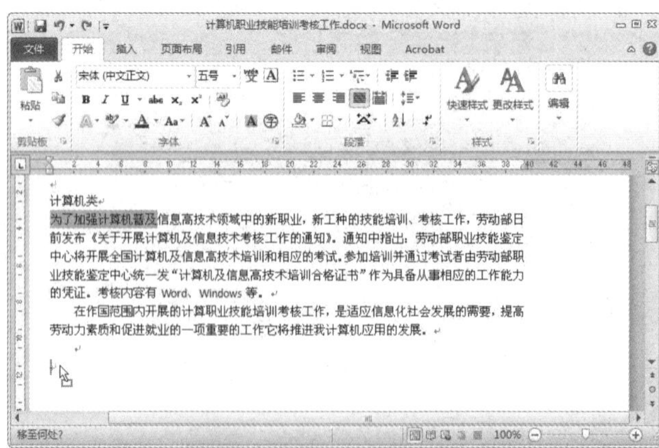

图 3.24　用拖动法来移动文本

④ 松开鼠标左键。

（2）利用“开始”选项卡上“剪贴板”组中的按钮移动文本

以前面的文档为例，如果要将该段落的“为了加强计算机普及”移至文档的末尾，操作步骤如下。

① 选定“为了加强计算机普及”文字，如图 3.25 所示。

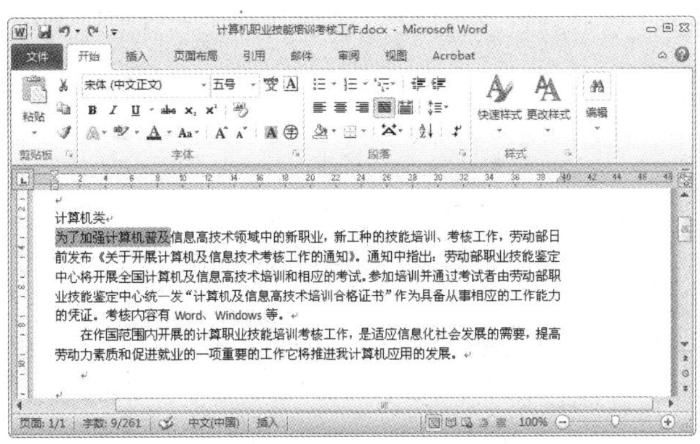

图 3.25　选定要移动的文本

② 单击“开始”选项卡上“剪贴板”组中的“剪切”按钮。本步操作将所选定的文本剪切到剪贴板中，选定文本消失。

③ 把光标移至文档的末尾。

④ 单击“开始”选项卡上“剪贴板”组中的“粘贴”按钮。本步操作将剪贴板中的文本粘贴到当前光标所在的位置，如图 3.26 所示。可以重复第 3 步和第 4 步，使同样的文本粘贴到多个地方。

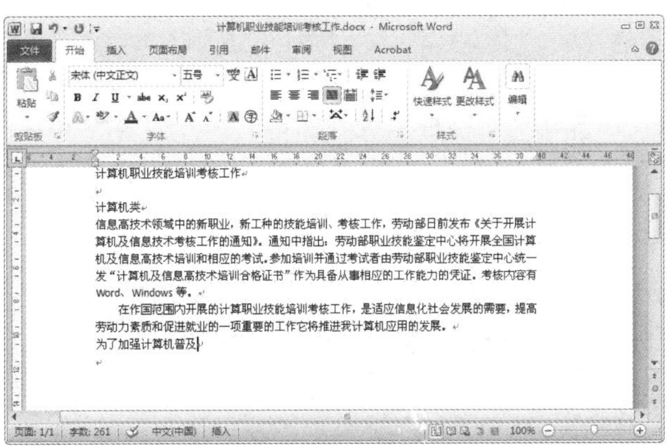

图 3.26　移动后的文本

（3）使用快捷键移动文本

① 选定要移动的文本。

② 按【Ctrl+X】组合键。

③ 把光标移至新的位置。

④ 按【Ctrl+V】组合键。

3.6 查找和替换

要在一篇很长的文章中查找一项内容并对其进行修改，凭肉眼去寻找是非常烦琐的。Word 2010 提供了自动“查找和替换”功能，可以在文档中进行快速搜索和替换。

3.6.1 查找和替换文字

1. 查找文字

（1）单击“开始”选项卡上“编辑”组中“查找”下的“高级查找”按钮或按【Ctrl+F】组合键，打开“查找和替换”对话框（如果要在文档的一部分内容中进行查找，必须先选定这个部分，然后再打开对话框），如图 3.27 所示。

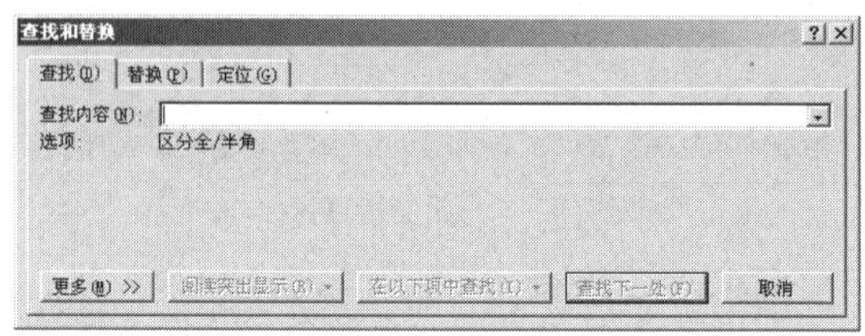

图 3.27　“查找和替换”对话框中的“查找”选项卡

（2）在“查找”选项卡的“查找内容”文本框中输入要查找的文字。

（3）单击“查找下一处”按钮，开始查找。

当在文档中找到第一个查找内容时，Word 将以灰色背景显示被查找的内容，如果灰色背景显示的内容不是想查找的，可以单击“查找下一处”按钮，Word 会在文档中逐一出现要查找的词。

（4）当找到要查找内容所在的位置后，可以单击“取消”按钮或按【ESC】键。这样，就关闭了“查找和替换”对话框，且光标定位到查找内容上。

2. 替换文字

（1）单击“开始”选项卡上“编辑”组中的“替换”按钮或按【Ctrl+H】组合键，打开对话框，如图 3.28 所示。

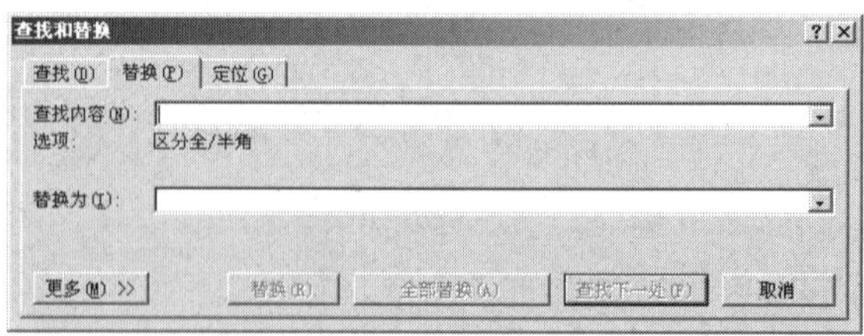

图 3.28　“查找和替换”对话框中的“替换”选项卡

（2）在“查找内容”文本框中输入要查找的文字。

（3）在“替换为”文本框内输入替换文字。

（4）单击“查找下一处”，开始查找搜索文字。查到目标后，若要替换，则单击“替换”按钮；若不替换，则单击“查找下一处”按钮。

（5）若要替换所有的搜索文字，可直接单击“全部替换”按钮，替换完成后，Word弹出信息框，告知你总共替换了多少处。

【例 3.5】 将示例文档中的“计算机”替换为“电脑”。

操作步骤如下所示。

（1）单击“开始”选项卡上“编辑”组中的“替换”按钮或按【Ctrl+H】组合键，打开“替换”对话框。

（2）在“查找内容”框中输入“计算机”。

（3）在“替换为”框内输入“电脑”。

（4）单击“全部替换”按钮。

3.6.2 查找和替换特定格式

利用 Word“查找和替换”功能可以查找和替换带有特定格式的文字或单纯的格式。例如，可以查找“黑体、加粗”格式中的“计算机”文字；也可以查找“黑体、加粗”格式，且可以替换为“楷体”格式。

1. 查找特定格式

（1）单击“开始”选项卡上“编辑”组中“查找”下的“高级查找”按钮。

（2）单击“更多”按钮。

（3）若要搜索指定格式的文字，可在“查找内容”框内输入文字。

（4）若要搜索指定的格式，可删除“查找内容”框内的文字。

（5）单击“格式”按钮，屏幕上便出现一个可以查找的格式列表，包括“字体”、“段落”、“制表位”等选项。

（6）单击所要查找的格式类型，如“字体”，打开“查找字体”对话框，然后从中选择所需格式，如“黑体、加粗”。

（7）在“搜索范围”框中指定“向上”、“向下”搜索或搜索“全部”文档。

（8）单击“查找下一处”按钮，直到完成所有查找。

2. 替换指定格式

（1）单击“开始”选项卡上“编辑”组中的“替换”按钮。

（2）单击“更多”按钮。

（3）若要搜索指定格式的文字，可在“查找内容”框内输入文字。

（4）若要搜索指定的格式，可删除“查找内容”框内的文字。

（5）单击“格式”按钮，然后从中选择所需格式。

（6）用同样的方法在“替换为”框中设定要替换的格式、文字。

（7）在“搜索范围”框中指定“向上”、“向下”搜索或搜索“全部”文档。

（8）单击“查找下一处”查找目标，然后单击“替换”按钮逐一替换，或者单击“全部替换”按钮一次性全部替换；按【ESC】键可取消正在进行的搜索替换。

3.6.3 回到原先的位置编辑

存储退出文档后，Word 会把执行最后一个动作的位置记录下来。再次打开这个文档，直接按下【Shift+F5】组合键，就可以回到执行最后一个动作的位置。或者，在文档中临时执行其他操作时，找不到此操作以前的位置，也可以按下【Shift+F5】组合键快速回到原来的位置。

除此之外，Word 还会记住最近三次修改的位置，只要一直按【Shift+F5】组合键，插入光标就会跳回前三次修改的位置。

3.6.4 定位

当需要快速移动到文件的特定位置时，可用“定位”命令，操作步骤如下。

（1）打开“查找和替换”对话框，并打开“定位”选项卡，如图 3.29 所示。

图 3.29 “查找和替换”对话框中的“定位”选项卡

（2）在“定位”选项卡下选择所要定位的目标，在默认状态下为“页”。

（3）在“请输入页号”框中输入数字。

在“请输入页号”框中可以直接输入页号。例如，要定位到第 19 页，只要输入 19 即可。若要在当前位置向前或向后跳几页时，也可以在页码之前加“+”号或“-”号。例如，当前在第 19 页，要往前移动 5 页，只要输入-5，就可以移动到第 14 页。

（4）单击“下一处”按钮，直到 Word 定位到特定的位置。

（5）单击“关闭”按钮。

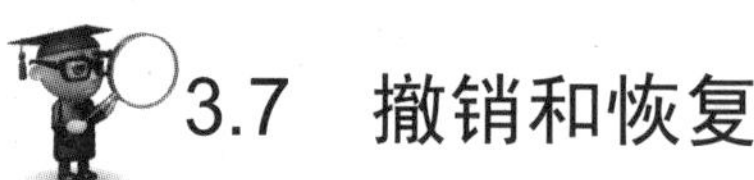

3.7 撤销和恢复

在编辑过程中，如果不小心执行了一个错误操作，Word 提供的“撤销”功能可以撤销已经执行的操作，即可以取消错误。例如意外删除了一个字，可以用撤销命令来恢复这个字。如果恢复这个字后，还是决定要删除，可以撤销刚才撤销的操作。

3.7.1 撤销操作

使用撤销命令一般采用两种方法：单击“快速访问”工具栏中的“撤销”按钮 和按【Crtl+Z】组合键。

“撤销” 命令不仅可以撤销上一次操作，还可以取消最近几次的操作，只要多次使用撤销命令即可。

在“撤销”按钮的右边有一个向下的小三角箭头，单击此箭头，可以弹出一个下拉列表，如图 3.30 所示，其中列出了以前完成的若干次操作。如果要撤销前面的多次操作，只要用鼠标在列表中下拉，直到选取了所需要撤销的若干次操作为止，然后在该操作名称上单击，就可以将前面选取的操作全部撤销。

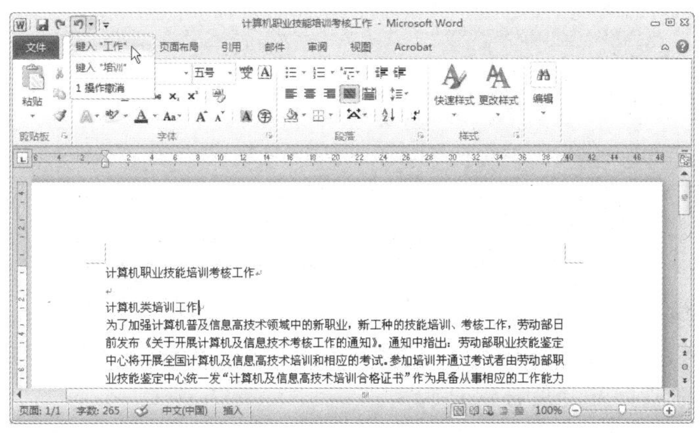

图 3.30 “撤销”下拉列表

多级“撤销”功能几乎可以恢复任何编辑工作，但是要记住有些类型的操作是不能恢复的。例如，如果用“另存为”命令覆盖了一个文件，这类操作是不能用“撤销”命令恢复的。因此，操作文件时一定要当心。

3.7.2 恢复操作

“恢复”操作是“撤销”操作的逆操作，按钮是“恢复”按钮，如果在执行完“撤销”操作后再单击“恢复”按钮，表示放弃这次“撤销”操作，恢复到原来的状态。如果在执行“撤销”操作之后已进行了其他操作，“恢复”按钮将不再起作用。

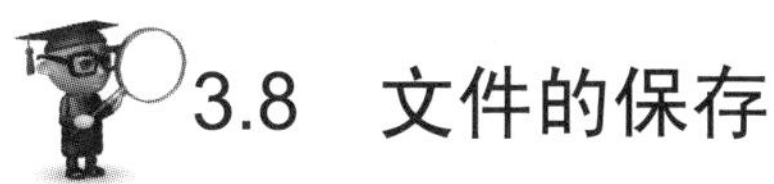

3.8 文件的保存

在使用 Word 时，所输入的内容都是存放在计算机内存中的，一旦遇到停电或其他原因突然关闭计算机，文档中的内容就会丢失。若不想让文档内容丢失，请养成及时存盘的好习惯。

3.8.1 保存文件

保存文件有以下几种方法。

（1）使用“文件”选项卡中的“保存”命令。

（2）单击“快速访问”工具栏中的“保存”按钮。

（3）按【Ctrl+S】组合键。

如果该文档以前保存过，那么 Word 将把现有的信息保存在原文件中，不会弹出任何对话框对用户进行询问。如果该文档以前没有保存过，那么 Word 就会弹出如图 3.31

所示的“另存为”对话框。

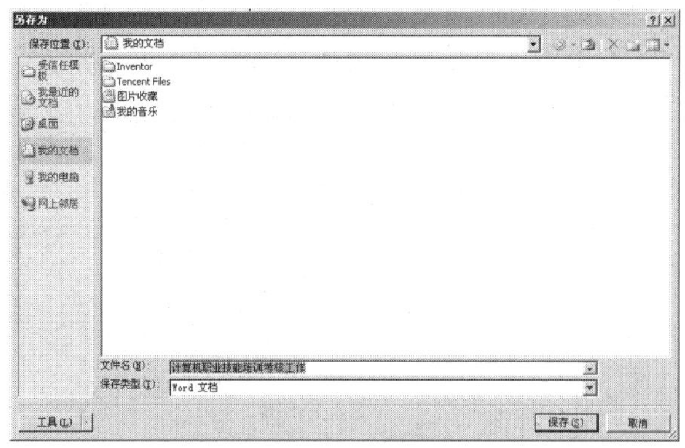

图 3.31 “另存为”对话框

在“文件名”框中输入一个新的文件名，例如输入“xx.docx”，然后单击右下角的“确定”按钮，这样此文档就被保存起来。

如果想把已存储的文档换个文件名保存起来（作一个副本），可以选择“文件”选项卡中的“另存为”命令，然后再按上面的步骤，在弹出的“另存为”对话框中分别选择或输入保存位置及文件名。

3.8.2 自动保存

Word 为了防止因为突然断电或是其他意外情况的出现，而导致文档突然被关闭时文件内容丢失现象的发生，故设置了自动保存的功能。

设置自动保存操作步骤如下。

（1）选择“文件”选项卡中的“选项”命令，在弹出的“Word 选项”对话框中选择“保存”选项，如图 3.32 所示。

图 3.32 “选项”对话框下的“保存”选项

（2）选择“保存自动恢复信息时间间隔”复选框，并在其后的“分钟”框中选择或键入自动保存的时间间隔。例如，键入“10”，则 Word 在每 10 分钟后就对当前的文件保存一次。

需要注意的是，并不是设置了自动保存功能以后就不用再存盘了。Word 的“自动保存”只是当 Word 被意外关闭时，才将关闭时的文件暂时保存。当再次打开 Word 时，应该马上用前面所述的方法进行存盘。这样，文件才能被真正的保存在磁盘上。

3.9 打开文档和插入文件

3.9.1 打开文档

已经建立的文档经常需要修改和更新，这时就需要打开旧的文档。有时为了要在不同文档间复制，还需要同时打开几个文档。下面介绍两种常用的打开文档的方法。

1. 通过“打开”对话框打开文档

操作步骤如下。

（1）选择“文件”选项卡上的“打开”命令或单击“快速访问”工具栏中的“打开”按钮。屏幕打开如图 3.33 所示的对话框。

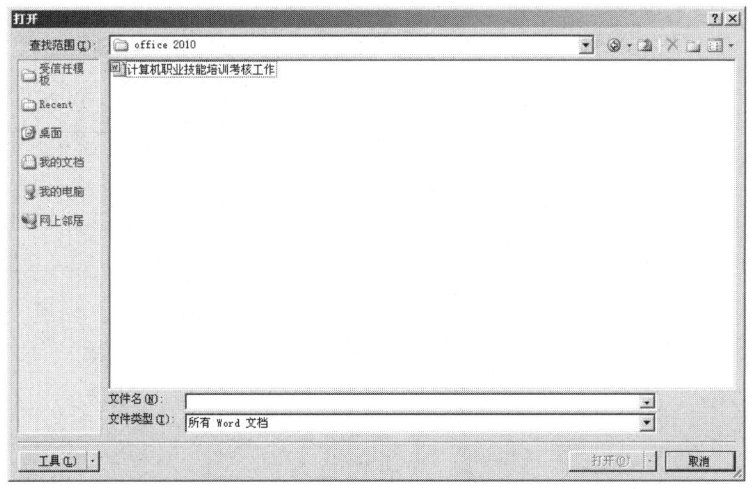

图 3.33 “打开”对话框

（2）单击“查找范围”框中包含该文档的驱动器和文件夹。

（3）双击所需打开文档的文件名（或单击文件名，然后单击“打开”按钮）。

2. 打开最近使用过的文档

打开最近使用过的文档的方法是：单击“文件”选项卡，选择“最近所用文件”命令，从右面打开的文件列表中选择文档名，如图 3.34 所示，即可以打开该文档。

图 3.34　用“文件”选项卡打开最近使用过的文档

3.9.2 插入文件

在编辑文本过程中，有时需要把许多的小文件合并起来或把另外一个文档插入到当前文档中的某个位置。用“插入”选项卡中的“文本”组的命令便可以解决这类问题，操作步骤如下。

（1）将插入光标移到要插入文档的位置。

（2）选择“插入”选项卡上“文本”组中的“对象”命令里的“文件中的文字”命令或按【Alt+I+L】组合键，打开如图 3.35 所示的界面。

图 3.35　“插入文件”对话框

（3）在“文件名”框中输入要插入的文件名。

（4）单击“确定”按钮。此时，该文档即可插入到当前光标所在的位置。

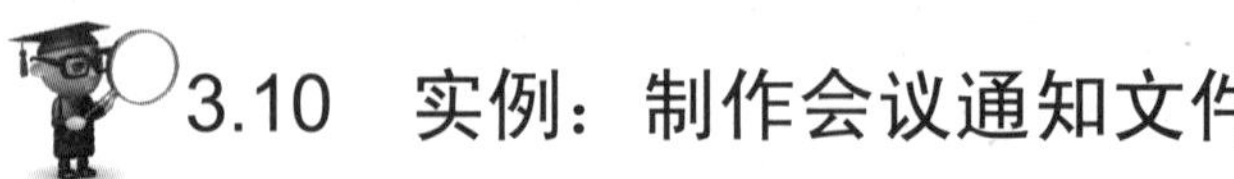

3.10 实例：制作会议通知文件

3.10.1 实例分析

会议通知文件是行政办公中使用率最高的文档类型之一，在会议通知中必须简洁、清楚地告知与会人员会议的主要内容、会议时间、会议地点等基本信息，使与会人员能够按时参会并对会议上需要讨论的问题提前做好准备。公文形式的通知文件，必须标明文档的主题词及报送、抄送个人或机关。

使用 Word 2010 可以非常容易地完成“关于投标准备会议通知”文档制作，其完成后的效果如图 3.36 所示。

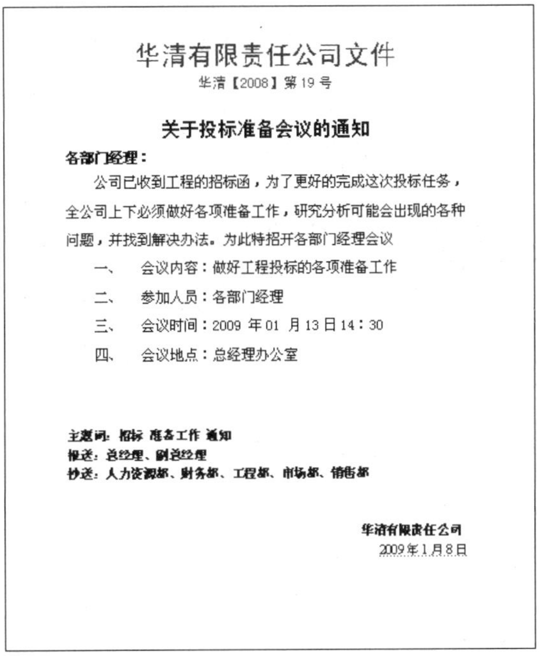

华清有限责任公司文件

华清【2008】第 19 号

关于投标准备会议的通知

各部门经理：

公司已收到工程的招标函，为了更好的完成这次投标任务，全公司上下必须做好各项准备工作，研究分析可能会出现的各种问题，并找到解决办法。为此特招开各部门经理会议

一、 会议内容：做好工程投标的各项准备工作

二、 参加人员：各部门经理

三、 会议时间：2009 年 01 月 13 日 14：30

四、 会议地点：总经理办公室

主题词：招标 准备工作 通知

报送：总经理、副总经理

抄送：人力资源部、财务部、工程部、市场部、销售部

华清有限责任公司

2009 年 1 月 8 日

图 3.36　会议通知效果

3.10.2 设计思路

在会议通知的制作中，首先启动并新建一个空白文档；然后采用熟悉的输入法输入文本；再使用浮动工具栏快速设置字体、字号、字体颜色等，在“段落”对话框中设置文本的格式；最后打印文档及保存文档。

本实例的基本设计思路如下。

（1）启动 Word 2010，创建一个新文档，输入和保存文本内容。

（2）设置标题格式。

（3）设置文本格式。

（4）设置文本的段落格式。

（5）设置落款文本的格式。

（6）打印预览文档。

（7）打印文档。

（8）文件保存。

3.10.3 涉及的知识点

在会议通知的制作中主要用到了以下几个知识点：文本的输入、字体的设置、设置文本段落格式、在文档中插入日期、打印文档、文件保存。

3.10.4 实例操作

会议通知的具体创建步骤如下。

1．启动并新建文档

（1）单击任务栏上的“开始”按钮，从菜单中选择“所有程序”选项，打开子菜单，在子菜单中选择“Microsoft Office”选项，如图 3.37 所示。

图 3.37　从“开始”按钮启动中文 Word2010

（2）选择联级子菜单中的“Microsoft Office Word 2010”选项，单击启动中文 Word 2010。

（3）启动 Word 之后，就可以看到如图 3.38 所示的 Word 窗口。

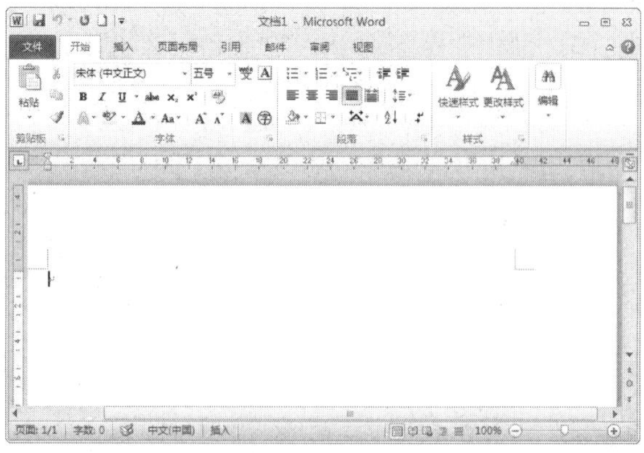

图 3.38　Word 窗口

（4）在 Word 2010 界面的左上角单击“文件”选项卡，在弹出的菜单中选择“新建”命令，如图 3.39 所示。

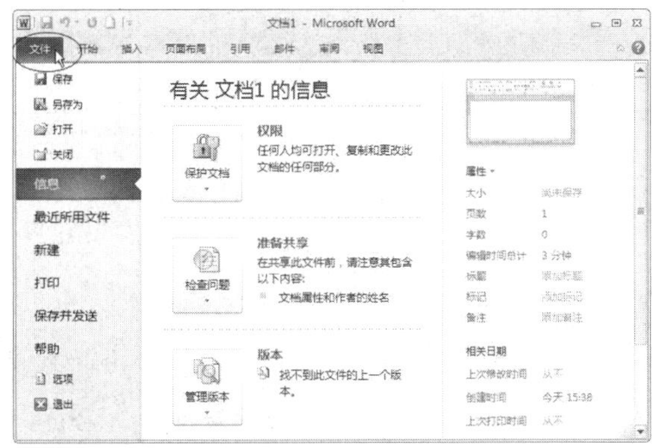

图 3.39　单击“文件”选项卡按钮

（5）打开“新建”对话框，如图 3.40 所示，在“可用模板”列表中选择“空白文档”选项，然后在“空白文档”列表框中单击“创建”按钮。

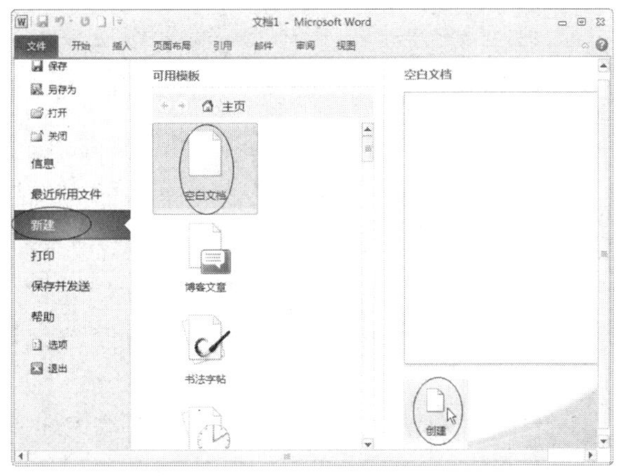

图 3.40　选择“空白文档”

2. 输入文本并插入日期

（1）选择自己熟悉的输入方法输入文本。输入的内容总是显示在插入点所在的位置，插入点又被称为插入光标，它是工作区窗口中不断闪烁着的一条竖线。输入时，插入光标从左向右移动。如输入标题：华清有限责任公司文件，输入完毕，按【Enter】键换行，如图 3.41 所示。

（2）继续输入文件号、通知名称及通知内容，在每段输入完毕后按【Enter】键换行，如图 3.42 所示。对于一个标题来说，在输入完成之后，必须按回车键，但是对于一整段文字，则千万不要在每输入完一行之后，就按回车键。因为在某行数据输入太长时，Word 会自动将它移至下一行，这个功能称为“自动换行”。回车键只适用于换段落或创建空行。现在，请按照图 3.36 输入整段内容，输入后连续按【Enter】键四次，如图 3.43 所示。

（3）在如图 3.44 所示的位置双击鼠标，将光标定位于此，然后输入公司的名称。

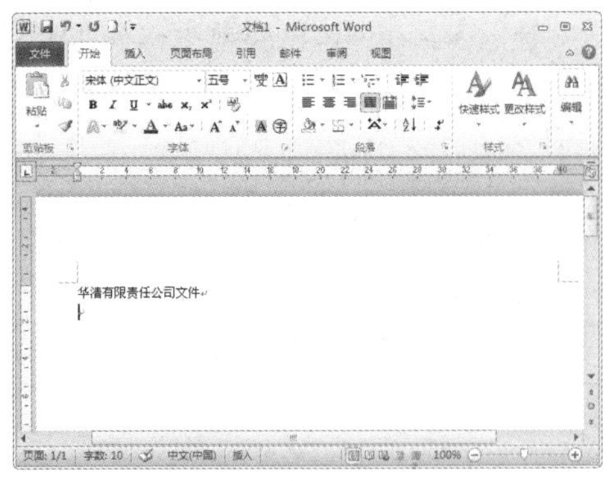

图 3.41　输入文件标题

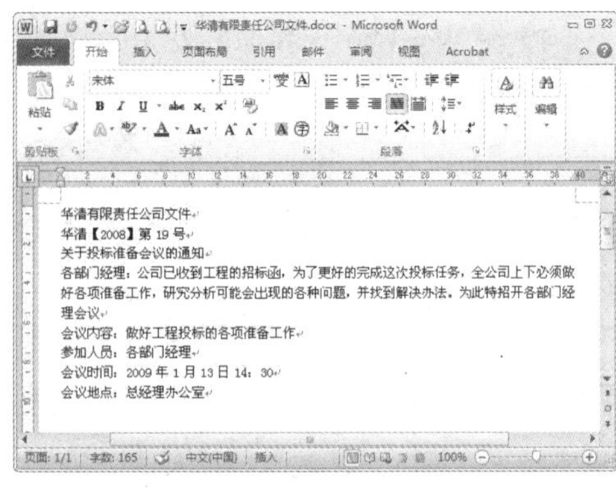

图 3.42　输入内容 1

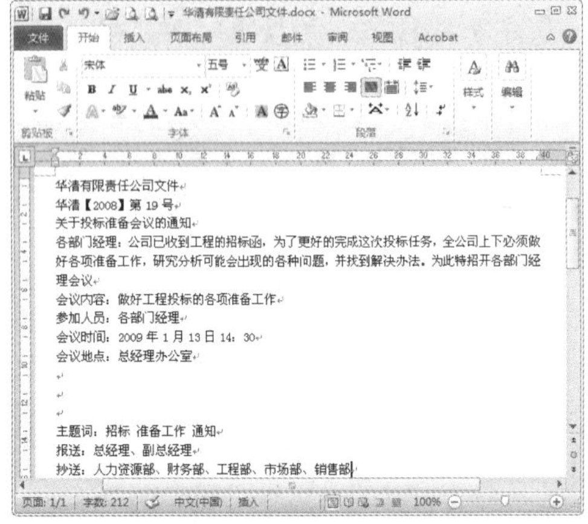

如图 3.43　输入内容 2

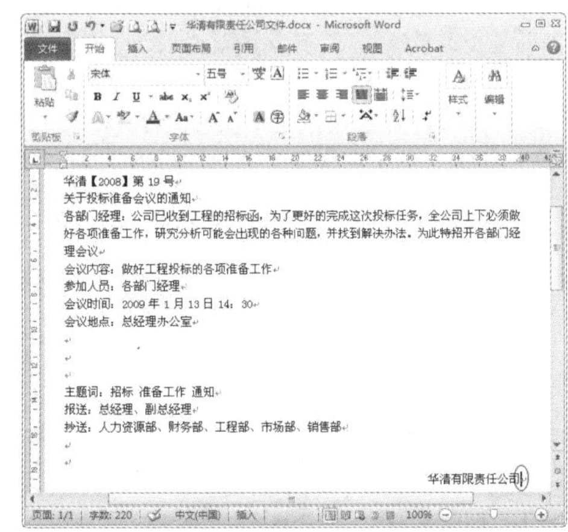

图 3.44　输入公司名称

（4）将光标定位到如图 3.45 所示的位置，然后在“插入”选项卡中的“文本”组中单击“日期和时间”按钮。

（5）在打开的“日期和时间”对话框中的“可用格式”列表中选择日期格式，如图 3.46 所示。

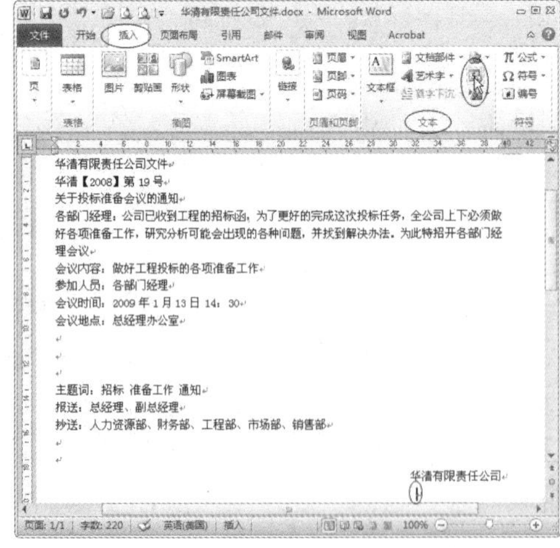

图 3.45　定位光标并单击“日期和时间”按钮

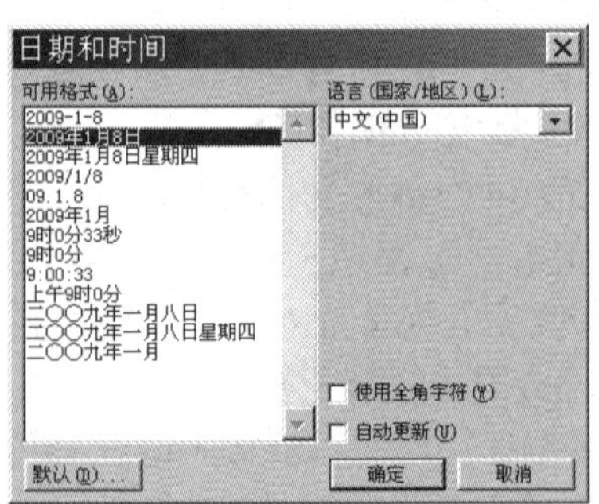

图 3.46　选择日期格式

（6）单击“确定”按钮，即可将当前系统时间插入到文档之中，如图 3.47 所示。

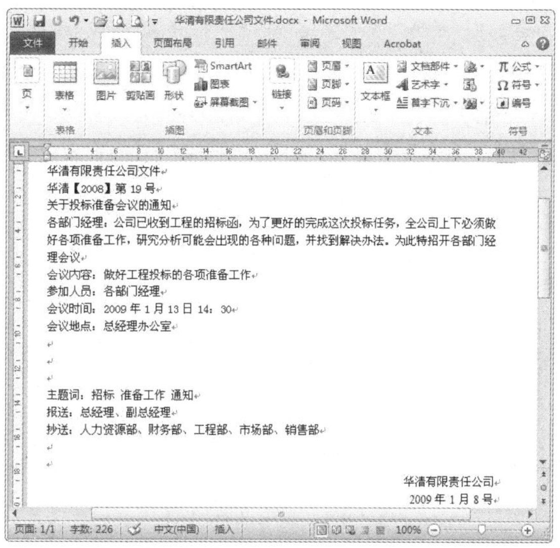

图 3.47　插入日期后的效果

3. 文件的保存

输入完毕后，要及时保存文件，否则当断电或系统死机的情况出现时，辛辛苦苦输入的文字就全没有了。因此，大家要养成及时保存文件的好习惯。

（1）在 Word 2010 界面的左上角单击“文件”选项卡，在弹出的列表中选择“保存”命令，弹出如图 3.48 所示的“另存为”对话框。

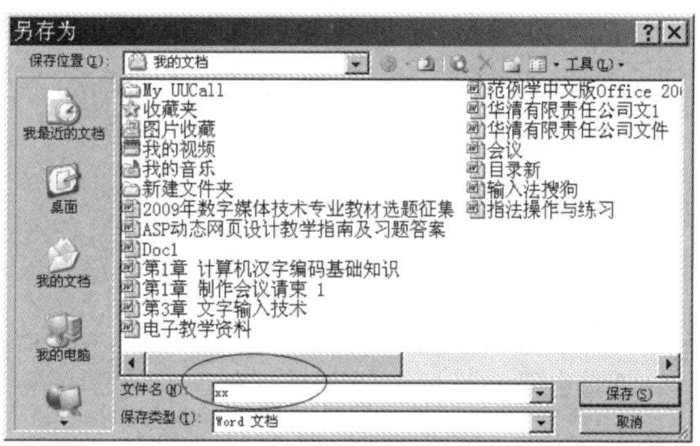

图 3.48　“另存为”对话框

（2）在“文件名”框中输入一个新的文件名，例如输入“xx.doc”，然后单击右上角的“确定”按钮，这样此文档就被保存下来。

4. 文本设置

（1）按【Page Up】键返回到页面最上方，并把鼠标的“I”型光标放置于“华清有限责任公司文件”标题之前，然后按住鼠标左键，拖动到文件标题的末端，然后松开鼠标左键。Word 以黑底白字的形式显示所选定的文本，如图 3.49 所示。

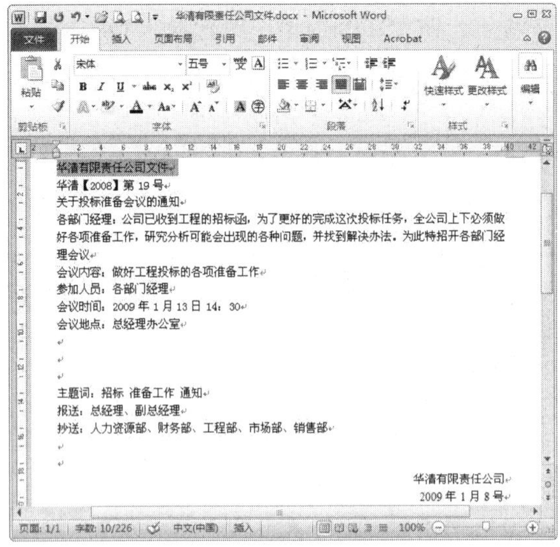

图 3.49　选定文件标题

教你一招

对文本的格式化设置，必须先选定之后才能对其进行操作。

（2）单击“开始”选项卡上“字体”组中“字体”框右边的向下箭头，这时会弹出如图 3.50 所示的字体列表。在其中选择需要的黑体，将文件标题的字体设置为“黑体”。

（3）单击“字体”组中“字号”框右边的向下箭头，这时会弹出如图 3.51 所示的字号列表，将文件标题的字号设置为“二号”。

（4）单击“字体”组中的“字体颜色”框右边的向下箭头字体颜色设置为“红色”，对齐方式设置为“居中”，如图 3.52 所示。

图 3.50　“字体”列表。

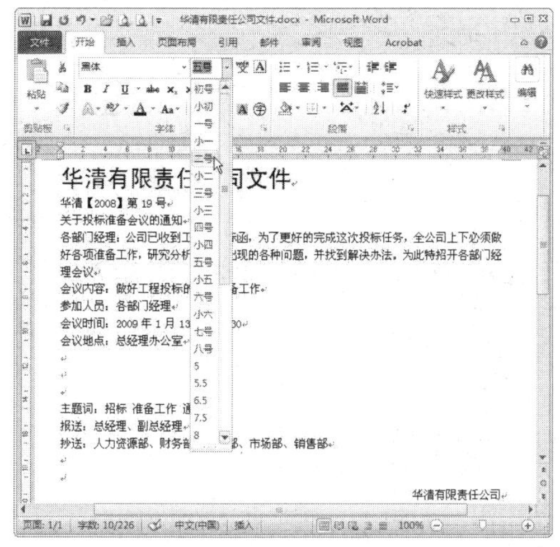

图 3.51 “字号”列表。

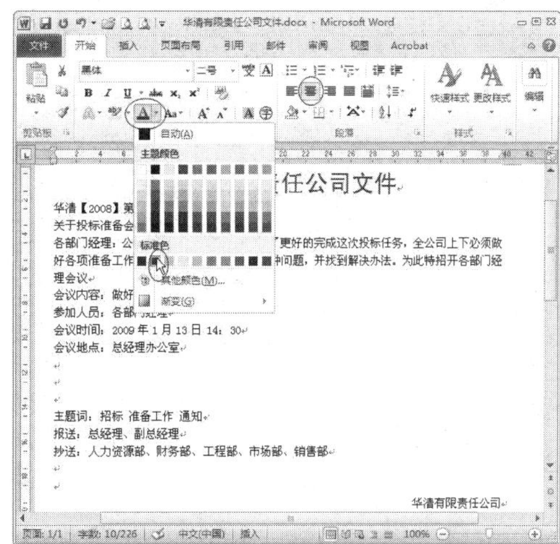

图 3.52 设置文件字体颜色

（5）选中文件号文本，在“字体”组中将文件号的字体设置为“黑体”，字号设置为“小四”，对齐方式设置为“居中”，字体颜色设置为“红色”，如图 3.53 所示。

（6）使用同样的方法将通知名称的字体设置为“黑体”，字号设置为“三号”，对齐方式设置为“居中”，字体颜色设置为“黑色”，如图 3.54 所示。

（7）将光标定位在“各部门经理：”后按回车键，并选中“各部门经理：”，在“字体”组中将字号设置为“小四”，然后单击“加粗”按钮将字体加粗显示，如图 3.55 所示。

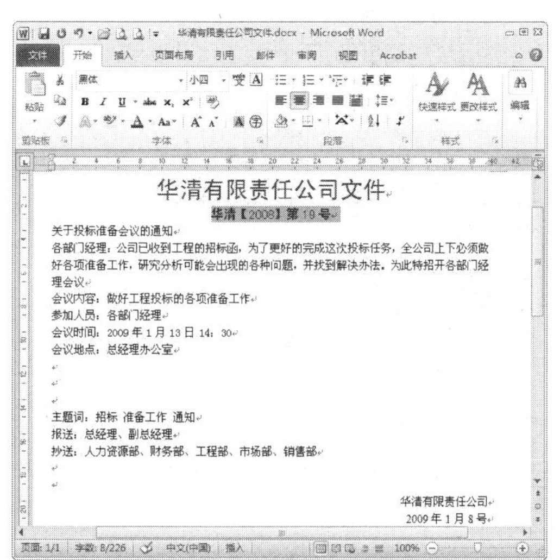

图 3.53 设置文件号

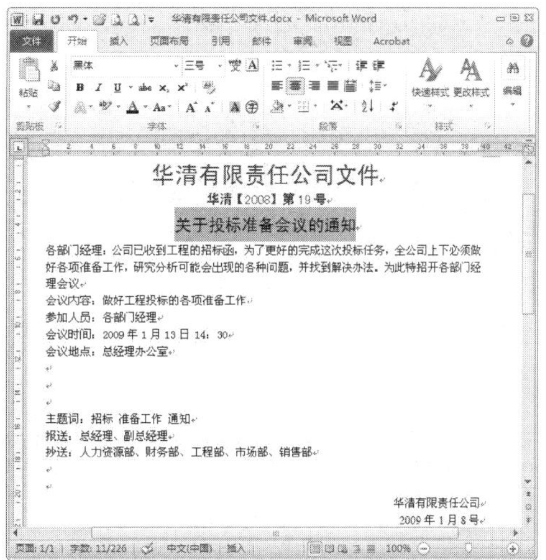

图 3.54 设置通知名称字体

（8）选择其余的正文将字号设置为“小四”，然后单击“开始”选项卡上“段落”组中的显示“段落”对话框命令按钮，如图 3.56 所示。

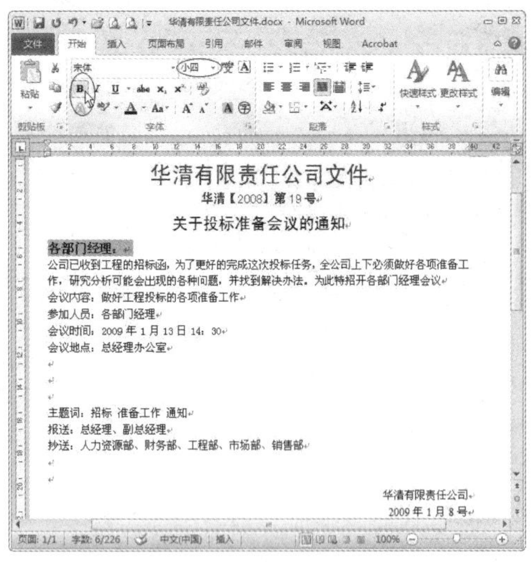

图 3.55　设置首段文本字体

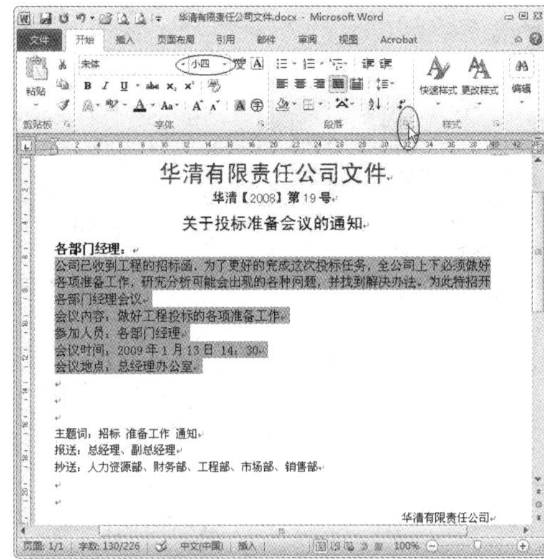

图 3.56　“格式”菜单中的“段落”命令

（9）在打开的“段落”对话框中选择“缩进和间距”选项卡，然后在“特殊格式”下拉列表中选择“首行缩进”，在“磅值”文本框中输入“2 字符”，在“行距”下拉列表中选择“1.5 倍行距”选项，如图 3.57 所示。

（10）单击“确定”按钮。退出“段落”对话框，即可看到设置之后的文本效果，如图 3.58 所示。

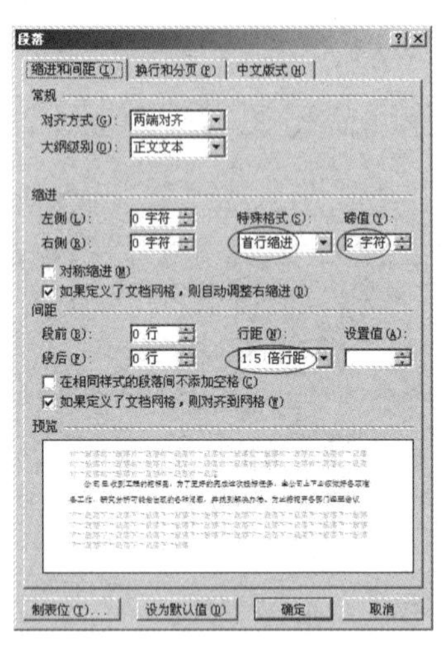

图 3.57　在对话框中设置文本格式

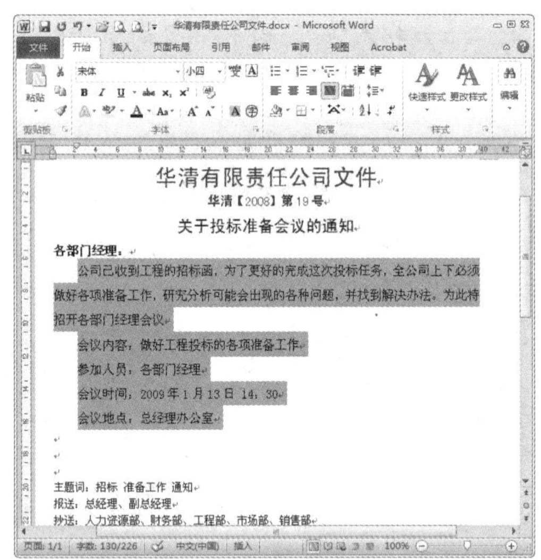

图 3.58　设置后的效果

5．插入项目符号

（1）选择如图 3.59 所示的文本内容，单击鼠标右键，在弹出的列表中选择需要的文档编号格式。

（2）选择完毕之后，可以看到所选文档被设置编号后的效果，如图 3.60 所示。

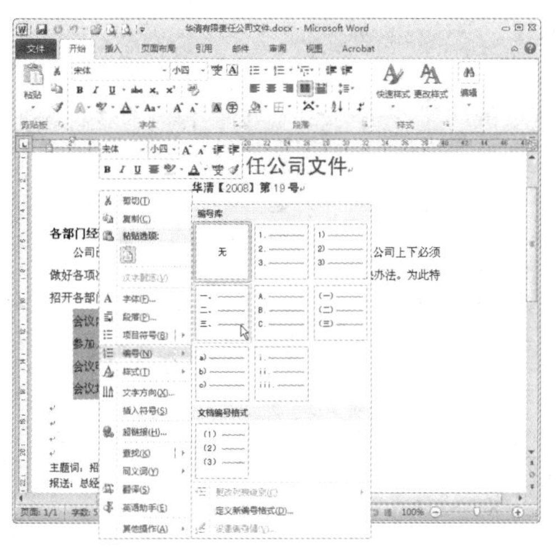

图 3.59 “格式”菜单中的“项目符号和编号”命令

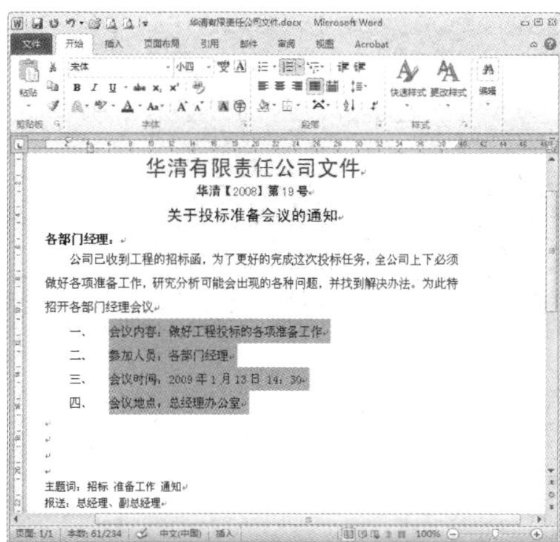

图 3.60 设置编号后的效果

（3）选择文本内容单击“加粗”按钮，将字体加粗显示，如图 3.61 所示。

（4）选择文件号文本并打开“段落”对话框，在“缩进和间距”选项卡中的“段后”文本框中输入“自动”，然后单击“确定”按钮即可，如图 3.62 所示。

（5）选择通知名称并打开“段落”对话框，在“缩进和间距”选项卡的“行距”下拉列表中选择“最小值”，在“设置值”文本框中输入“15.5 磅”，然后单击“确定”按钮，如图 3.63 所示。

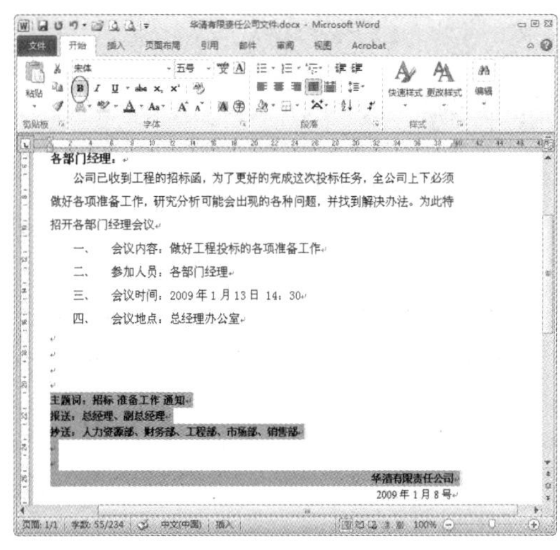

图 3.61 加粗字体

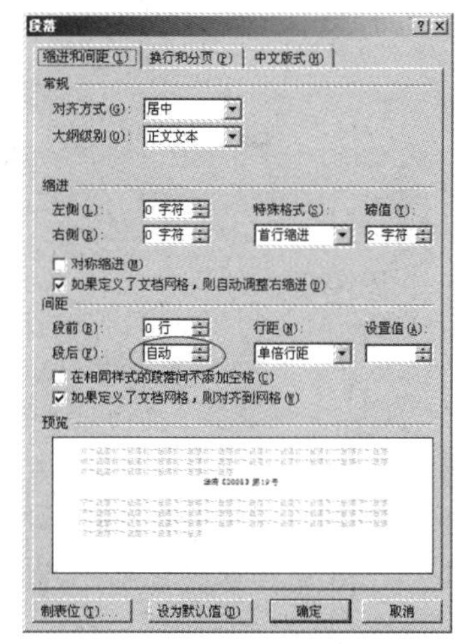

图 3.62 设置文件号格式

（6）会议通知文档创建完毕，效果如图 3.36 所示。

（7）单击“开始”选项卡，在弹出的列表中选择“打印”。在最右侧的对话框中可以看到打印预览的效果，如图 3.64 所示。

（8）核对无误之后，单击“打印”按钮，文档将被发送到默认打印机打印。

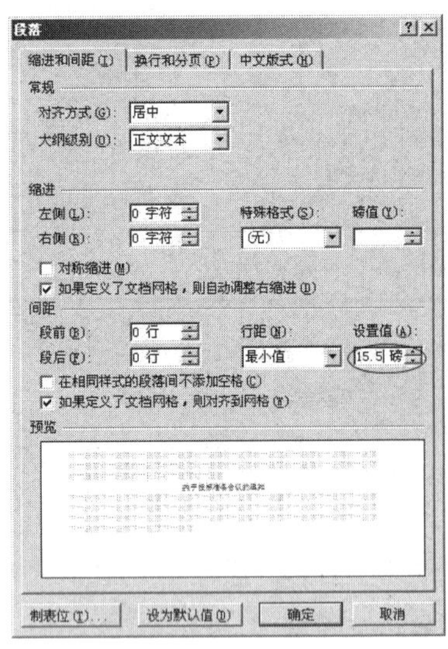

图 3.63　设置文件名的行距

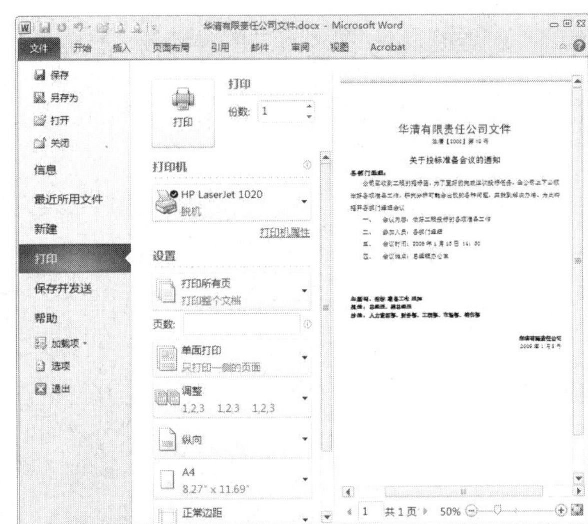

图 3.64　打开“打印预览”视图

3.10.5 实例总结

本例中根据行政公文的创建要求，使用 Word 2010 制作了会议通知。通过本实例的学习，需要重点掌握以下几个方面的内容。

Word 启动，文本的输入，文件的保存，插入日期及项目符号，对文本字体、字号、颜色、对齐方式的设置，对文本段落格式的设置。

习　题　3

一、思考题

1. 如果在文档中插入编号，可以采用什么方法？

2. 剪切、复制和粘贴的快捷键分别是什么？怎样利用这三个命令实现对象的移动和复制？

3. 如何启动 Word？常用哪两种方法？

4. Word 文档存盘有哪几种方法？

二、填空题

1. 在 Word 2010 中，快速选定整篇文档的快捷键是______。

2. 利用________菜单中的_______命令，可以在文档中插入日期。

3. 将选定的文本从文档的一个位置复制到另一个位置，可按住______键再进行拖动。

三、选择题

1. Word 中的段落是指（　　）结尾的一段文字。

A．句号　　B．空格　　C．回车符　　D．【Shift+回车符】

2．在 Word 中，对已选定的文字加上下画线，可以单击工具栏中的（　　）。

A．**B**按钮　　B．*I*按钮　　C．U按钮　　D．A按钮

四、上机操作题

输入原文件，并按照要求进行设置。

1. 留言条

（1）原文件

张雷你好：

我明天上午要搬家，如果你有时间的话请于早

上八点之前赶到我的住处帮忙。另外，最近我租个柜台，请借给我 2000 元。

你的朋友：王艳

（2）要求

① 将正文中的多余字“我”删除。将第二行与第三行拼接（我明天上午要搬家，如果你有时间的话请于早上八点之前赶到我的住处帮忙。）

② 全文首行缩进 2 字符。

③ 将第一段“张雷你好：”设置成小三号、黑体字。

④ 将第二段设置成：四号、华文楷体。为“请借给我 2000 元”添加下画线。

⑤ 将最后一段“你的朋友：王艳”右对齐。

（3）最终效果

张雷你好：

我明天上午要搬家，如果你有时间的话请于早上八点之前赶到我的住处帮忙。另外，最近我租个柜台，<u>请借给我 2000 元</u>。

你的朋友：王艳

2. 通知书

（1）原文件

神龙公司股东会议通知书

宫明文股东：

依据神龙公司《公司章程》的规定，神龙公司董事会决定召开临时股东会议。现通知你作为股东参加会议。

会议性质：临时股东会议

会议时间：2009 年 12 月 20 日

会议地点：董事长办公室

会议主持人：徐小丽

会议内容：讨论关于发放年度奖励的问题

通知人：神龙公司董事会

被通知人：宫明文

通知时间：2009 年 12 月 1 日

（2）要求

按【实例 2.2】操作要求制作通知书。

3. 文章：远程登录服务

（1）原文件

远程登录服务

远程登录是指把本地计算机通过 Internet 连接到一台远程分时 System 计算机上，登录成功远程仿真终端用户。这时本地计算机和远程主机的普通终端一样，它能够运作的方式完全取决于该主机的 System。

一、远程登录的实现

要实现远程登录，本地计算机需运行 TCP/IP 通信协议中的 Telnet 协议，或称远程登录应用程序。此外，还要成为远程计算机的合法用户，登录标识（login identifier）和口令（password）。当然，Internet 上也有许多免费的 System 可供使用，这些 System 无须注册。进入这些 System 时一般可以省略登录标识和口令，即使需要输入它们时，System 也会提示用户如何输入。

二、启动远程登录

启动 Telnet 应用程序进行登录时，首先给出远程计算机的域名或 IP 地址，System 开始建立本地计算机与远程计算机的连接。System 的询问正确地键入自己的用户名和口令，登录成功后用户的键盘和计算机就好像与远程计算机直接相连一样，可以直接输入该 System 的命令或执行该机上的应用程序。工作完成后可以通过登录退出通知 System 结束 Telnet 的联机过程，返回到自己的计算机 System。

三、远程登录的意义和作用

远程登录的应用十分广泛，其意义和作用主要表现在：

提高了本地计算机的功能。由于通过远程登录计算机，用户可以直接使用远程计算机的资源，因此，复杂的处理都可以通过登录到可以进行该处理的计算机上去完成，从而大大提高了本地计算机的处理功能。这也是 Telnet 应用十分广泛的重要原因。

（2）要求

① 将页面设置为 A4，页边距设为上 2.3 厘米、下 2.1 厘米，左 2.5 厘米、右 2.3 厘米。

② 将“三、远程登录的意义和作用”一部分内容中的“计算机”替换为“COMPUTER”。

③ 将全文中的“远程”替换为“YUAN CHENG”，颜色为红色

④ 将文档的第一行文字“远程登录服务”作为标题，标题居中，黑体三号字，倾斜、加下画线。

⑤ 除大标题外的所有内容悬挂缩进 0.65 厘米，两端对齐，楷体、五号字。

⑥ 将大标题之下的第一个段的段前距、段后距均设置为 12 磅。

（3）最终效果

YUAN CHENG登录服务

YUAN CHENG登录是指把本地计算机通过Internet连接到一台YUAN CHENG分时System计算机上，登录成功YUAN CHENG仿真终端用户。这时本地计算机和YUAN CHENG主机的普通终端一样，它能够作方式完全取决于该主机的System。

一、YUAN CHENG登录的实现

要实现YUAN CHENG登录，本地计算机需运行TCP/IP通信协议Telnet，或称YUAN CHENG登录应用程序。此外，还要成为YUAN CHENG计算机的合法用户，(login identifier)和口令(password)。当然，Internet上也有许多免费的System可供使用，这些System无须注册。进入这些System时一般可以省略登录标识和口令，即使需要输入它们时，System也会提示用户如何输入。

二、启动YUAN CHENG登录

启动Telnet应用程序进行登录时，首先给出YUAN CHENG计算机的域名或IP地址，System开始建立本地机与YUAN CHENG计算机的连接。System的询问正确地键入自己的用户名和口令，登录成功后用户的键盘和计算机就好象与YUAN CHENG计算机直接相连一样，可以直接输入该System的命令或执行该机上的应用程序。工作完成后可以通过登录退出通知System结束Telnet的联机过程，返回到自己的计算机System。

三、YUAN CHENG登录的意义和作用

YUAN CHENG登录的应用十分广泛，其意义和作用主要表现在：

▲提高了本地COMPUTER的功能。由于通过YUAN CHENG登录COMPUTER，用户可以直接使用YUAN CHENGCOMPUTER的资源，因此，的复杂处理都可以通过登录到可以进行该处理的COMPUTER上去完成，从而大大提高了本地COMPUTER的处理功能。这也是Telnet应用十分广泛的重要原因。

4. 文章：鼠标

（1）原文件

鼠标

鼠标是一种手持式屏幕坐标定位装置，用来控制屏幕上光标移动位置，并向主机输入用户选中的某个位置点的信息。由于它拖着一根长导线，样子像老鼠，所以称为鼠标。当用户将鼠标按在台面上移动时，显示屏幕上的光标也随之而动，并且两者移动的方向相同，移动的距离也成比例关系。利用鼠标可以灵活地移动光标，选择各种操作选项。

鼠标和图形化界面的出现，是电脑发展史上最重大的成就之一，从此人们不再需要学习很多的命令或规则，只需轻轻按动一下鼠标，电脑就会按您的要求完成很多的功能，即使是电脑新手也能在鼠标的帮助下很快地学会使用电脑。

因为Windows的绝大部分操作是基于鼠标来设计的，所以使用电脑前，您一定要先学会使用鼠标。鼠标操作主要有：移动、单击、双击和拖动等。

移动：当移动鼠标时，屏幕上的鼠标指针会以同样的方向跟着移动。

单击：把鼠标指针移到指定位置或对象上，然后按下鼠标的任一键并迅速释放称为单击。由于单击操作多发生在鼠标的左键，所以习惯上单击特指单击鼠标左键。单击鼠标右键可以简称为右击。

双击：移动鼠标指针到指定位置或对象上，然后快速连击两下鼠标左键。

拖动：将鼠标指针移到某个对象上，按住鼠标按键不放，然后移动到新的位置上再释放按键。一般情况下，拖动是指按住鼠标左键并拖动。

（2）要求

① 新建一个空白文档，然后输入以下内容，并用“W-1”为文件名，将其保存在D：\LS1文件夹中。

② 用两种方法将“W-1”文档中的标题移动或复制到文档的末尾。

③ 将“W-1”中文档的所有的“电脑”替换为“计算机”。

④ 将标题“鼠 标”设置成：华文仿宋体、四号字、居中。

⑤ 全文首行缩进 2 字符，将第一段字体颜色设置为红色、宋体、小五号字。

（3）最终效果

鼠标

鼠标是一种手持式屏幕坐标定位装置，用来控制屏幕上光标移动位置，并向主机输入用户选中的某个位置点的信息。由于它拖着一根长导线，样子像老鼠，所以称为鼠标。当用户将鼠标按在台面上移动时，显示屏幕上的光标也随之而动，并且两者移动的方向相同，移动的距离也成比例关系。利用鼠标可以灵活地移动光标，选择各种操作选项。

鼠标和图形化界面的出现，是计算机发展史上最重大的成就之一，从此人们不再需要学习很多的命令或规则，只需轻轻按动一下鼠标，计算机就会按您的要求完成很多的功能，即使是计算机新手也能在鼠标的帮助下很快地学会使用计算机。

因为 Windows 的绝大部分操作是基于鼠标来设计的，所以使用计算机前，您一定要先学会使用鼠标。鼠标操作主要有：移动、单击、双击和拖动等。

移动：当移动鼠标时，屏幕上的鼠标指针会以同样的方向跟着移动。

单击：把鼠标指针移到指定位置或对象上，然后按下鼠标的任一键并迅速释放称为单击。由于单击操作多发生在鼠标的左键，所以习惯上单击特指单击鼠标左键。单击鼠标右键可以简称为右击。

双击：移动鼠标指针到指定位置或对象上，然后快速连击两下鼠标左键。

拖动：将鼠标指针移到某个对象上，按住鼠标按键不放，然后移动到新的位置上再释放按键。一般情况下，拖动是指按住鼠标左键并拖动。

第 4 章

文 档 排 版

Word 对文档进行排版主要包括三大类：字符格式化、段落格式化和页面格式化。通过对字符和段落格式的编排，能使文本更加整齐和丰富，通过对页面的设置，能使文本打印效果更加合理美观。Word 设置的格式能直接在屏幕上看到，即有“所见即所得”的功效。

4.1 字符格式化

字符格式化主要包括设置文本字体、字形、字号、字间、字符边框和底纹等。设定字符的格式有两种方法：一种是使用“格式”工具，另一种是通过“格式”菜单。

4.1.1 使用“格式”工具对字符进行格式化

1．字体

字体就是指字符的形体，如黑体、楷体、宋体和仿宋体等。Word 提供了多种字体，在进行文档的编辑时可以任意选择，其操作步骤如下所示。

（1）选定要改变字体的文本。

（2）单击“开始”选项卡上“字体”组中的“字体”框右面的向下箭头，这时，会弹出如图 4.1 所示的字体列表。

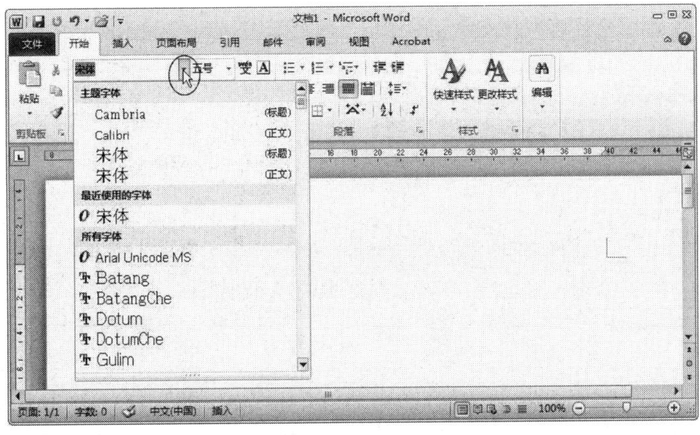

图 4.1 “字体”列表。

（3）在其中选择需要的字体。系统默认的是宋体。

【例 4.1】将示例文档中的“计算机职业技能培训考核工作”改为楷体字。

操作的步骤如下所示。

（1）选定要改变字体的文本。

（2）单击“字体”组中的“字体”框右面的向下箭头。

（3）从字体列表中选择“楷体”，如图 4.2 所示。系统默认的是五号字。使“计算机职业技能培训考核工作”变成楷体，如图 4.3 所示。

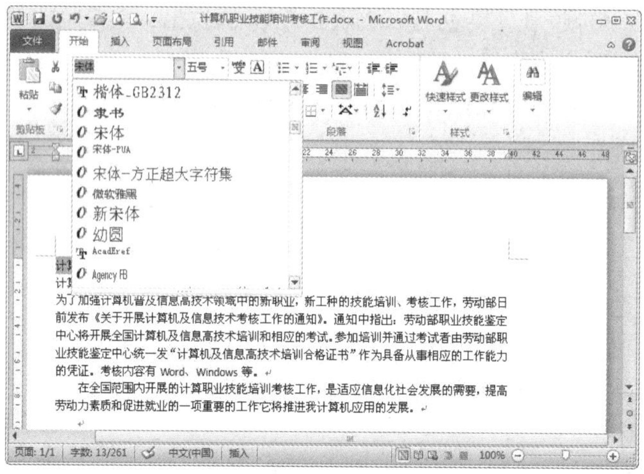

图 4.2 选择文本的字体

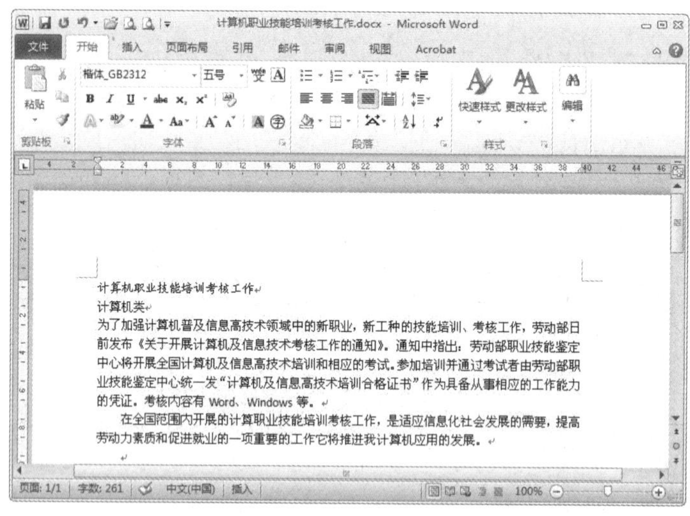

图 4.3 已将选定文本的字体改为楷体

2. 字号

字号是指字符的大小。英文的字号以磅为单位。中文字号分为 16 级，从大到小分别为初号、小初、一号、小一……。为了便于比较，表 4.1 列出了各种“字号”的字体对应的毫米数与磅值（1 毫米约等于 2.84 磅）。

表 4.1　字号、毫米与磅之间的关系

字　号	毫　米	磅
八号	1.76	5
七号	1.94	5.5
小六	2.29	6.5
六号	2.65	7.5
小五	3.18	9.0
五号	3.70	10.5
小四	4.23	12
四号	4.94	14
小三	5.29	15
三号	5.64	16
小二	6.35	18
二号	7.76	22
小一	8.47	24
一号	9.17	26
小初	12.70	36
初号	14.82	42

【例 4.2】将示例文档中的“计算机职业技能培训考核工作”由默认的五号字改为一号字。

操作步骤如下所示。

（1）选定要改变字号的文本。

（2）单击“字体”组中，“字号”框右边的向下箭头，如图 4.4 所示。

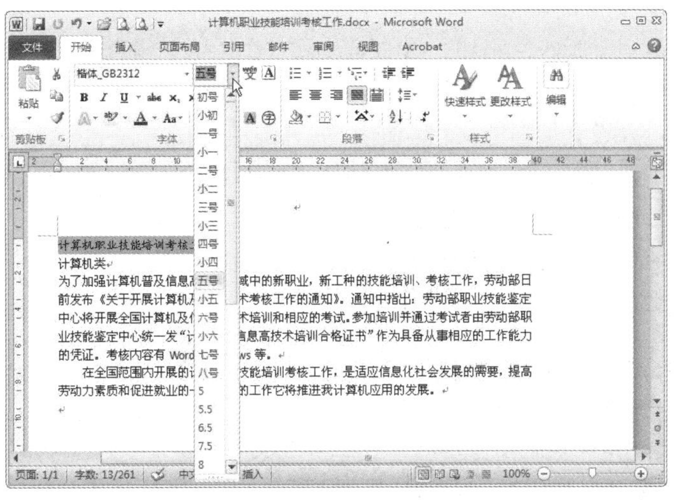

图 4.4　“字号”列表

（3）在字号列表中选择“一号”，这时，可以看到“计算机职业技能培训考核工作”已变为一号字，如图 4.5 所示。

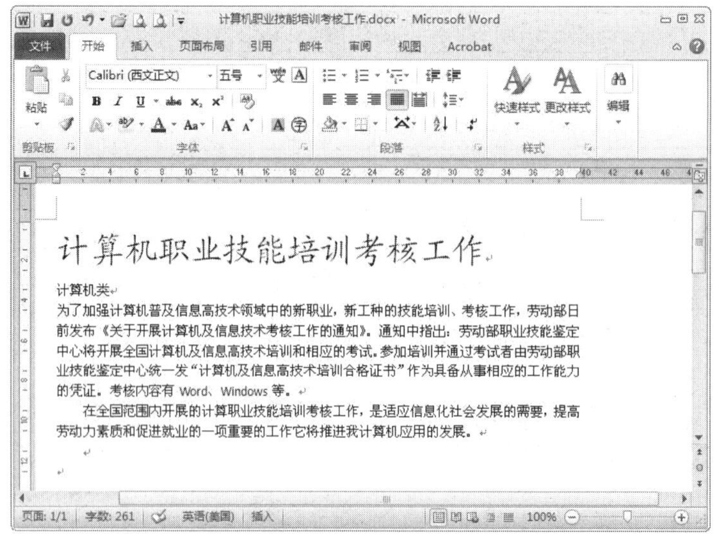

图 4.5 选定文本由五号字改变为一号字

3. 字形

改变字符的字形可以起到突出、醒目的作用。这里改变字形是指给字符加粗、加下画线和使字体倾斜等。

可以为选定的文本选择其中的一种字形，也可以复合使用，例如，使选定的文本同时具有加粗、下画线和倾斜的综合效果。

“字体”组中“加粗、倾斜、下画线”按钮的形状为 **B** *I* U 。

（1）给字符加下画线。

① 选定要加下画线的文字。

② 单击“下画线”按钮，或者直接按【Ctrl+U】组合键。

（2）给字符设置加粗格式。

① 选定要设置加粗的文字。

② 单击“加粗”按钮，或者直接按【Ctrl+B】组合键。

（3）给文字或数字设置倾斜格式。

① 选定要设置为倾斜格式的文字。

② 单击“倾斜”按钮，或者直接按【Ctrl+I】组合键。

【例 4.3】将“计算机职业技能培训考核工作”设置为加下画线的粗斜体。

操作步骤如下所示。

（1）选择“计算机职业技能培训考核工作”文字。

（2）单击“字体”组中的“加粗”按钮。

（3）单击“字体”组中的“倾斜”按钮。

（4）单击“字体”组中的“下画线”按钮。

这时，“计算机职业技能培训考核工作”的字形变成加下画线的粗斜体，如图 4.6 所示。

以上的（2）、（3）、（4）步的顺序可以任意调整。

对于已经设置了字形的字符，如果想要取消它们的字形设置，只要再次单击这些按钮即可。

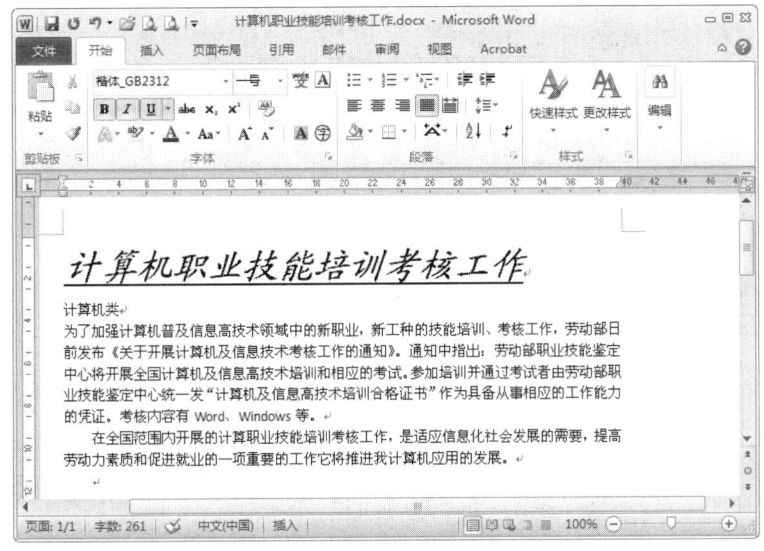

图 4.6　将选定文本的字形改变为加下画线的粗斜体

4．字符修饰

对字符进行修饰包括给字符加边框、加底纹、字符缩放和字符加颜色等。“字体”组中“字符边框、字符底纹、字体颜色”按钮形状为“A A A ▾”；“段落”组中“中文版式”按钮形状为“ ▾”。

【例 4.4】将“计算机类”修饰为加边框和底纹，宽度放大为原来的两倍并将黑色改变为蓝色。

操作的步骤如下所示。

（1）选定“计算机类”文字。

（2）单击“字体”组中的“字符边框”按钮。

（3）单击“字体”组中的“字符底纹”按钮。

（4）单击“段落”组中的“中文版式”按钮，选择“字符缩放”，比例为 200%。

（5）单击“字体”组中的“字体颜色”按钮右面的向下箭头，弹出下拉列表，从中选择蓝色。

这时，“计算机类”几个字被修饰为带边框、底纹，并被放大了两倍，字体颜色成为蓝色，如图 4.7 所示。

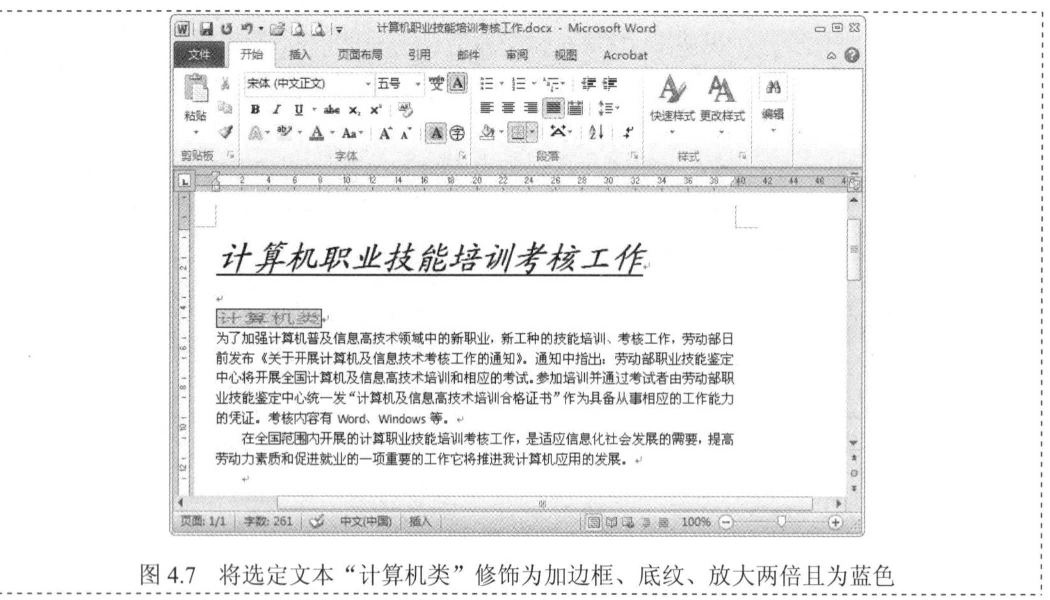

图 4.7　将选定文本“计算机类”修饰为加边框、底纹、放大两倍且为蓝色

“字符缩放”功能能将选定的字符在横向进行放大或缩小。进行“字符缩放”时只需要在右面的级联菜单中选择缩放的比例即可，如图 4.8 所示。

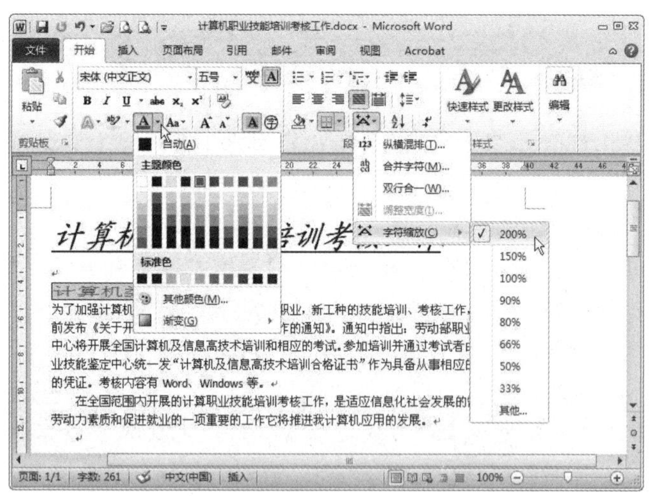

图 4.8　“字符缩放”和“字体颜色”下拉列表

如果想取消已经设置过的修饰，只须再次单击这些按钮。

4.1.2 使用快捷菜单中的“字体”对话框对字符进行格式设置

以上介绍的各种字符格式，都是使用工具栏中的按钮进行设定的。利用右键菜单中的“字体”命令同样可以对字符格式进行设置。尤其当需要对选定字符作多种字符格式（如同时改变字体、字号、字形等）设置时，用“字体”对话框更为方便。

使用“字体”对话框设置字符格式，操作步骤如下示。

（1）选定需要改变格式的文本。

（2）单击鼠标右键，选择“字体”项，如图 4.9 所示。

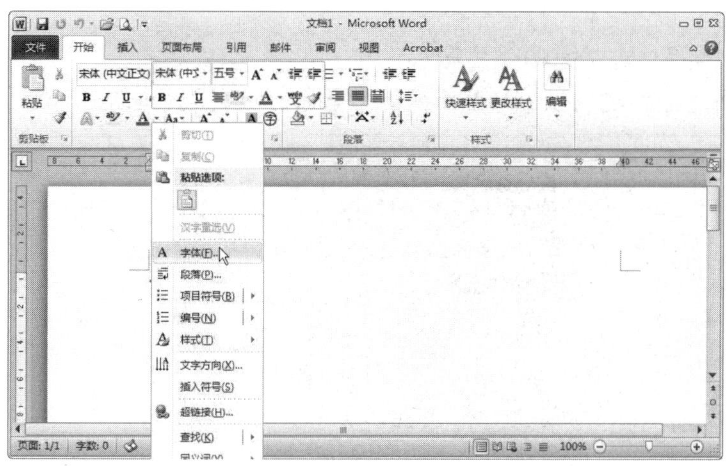

图 4.9　单击鼠标右键，选择“字体”项

（3）单击“字体”命令，打开“字体”对话框。设定字体、字形、字号、颜色等格式，如图 4.10 所示。

（4）在“字体”选项卡中的“效果”栏中还可以设置各种特殊效果，如删除线、上下标、空心、阴影以及将小写字母改成大写等。

（5）单击“高级”选项卡，通过选择“缩放”比例对字符进行水平缩放；也可以利用“间距”调整字符之间的距离，如图 4.11 所示。

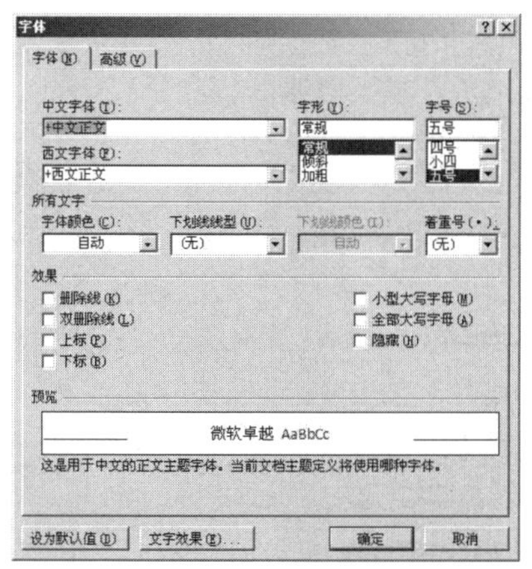

图 4.10　“字体”对话框中“字体”选项卡

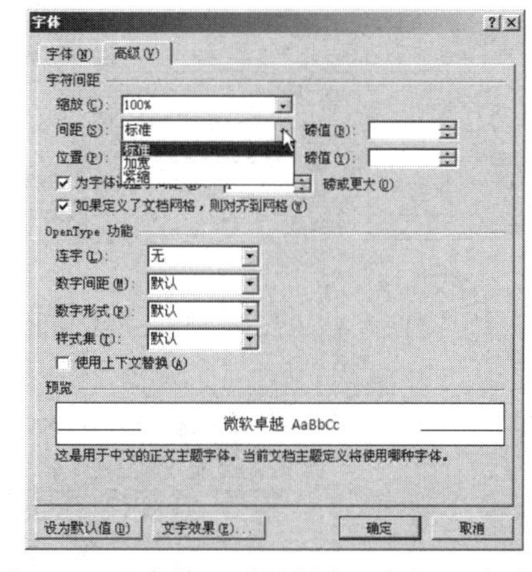

图 4.11　“字体”对话框中“高级”选项卡

（6）单击“确定”按钮，关闭对话框。

1. 用“字体”对话框同时改变字体、字号、字形

【例 4.5】将示例文档中的“计算机类”文字改变成为加双线的三号、加粗、隶书。操作步骤如下。

（1）选定“计算机类”。

（2）右击鼠标选择“字体”命令。

（3）单击“中文字体”框右面的向下箭头，从列表中选择“隶书”。

（4）在“字形”框中选择“加粗”。

（5）在“字号”框中选择“三号”。

（6）单击“下画线线性”框右面的向下箭头，从列表中选取“双线”，如图 4.12 所示。

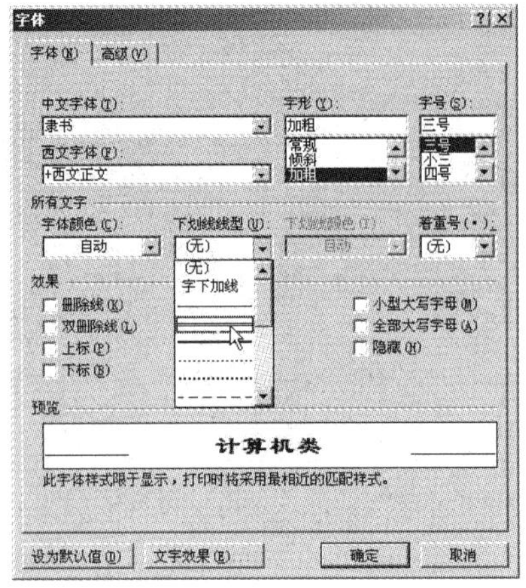

图 4.12　在“下画线线型”列表中选择线型

（7）单击“确定”按钮。

这时，可以看到“计算机类”文字变成加了下双线的三号、加粗、隶书，如图 4.13 所示。

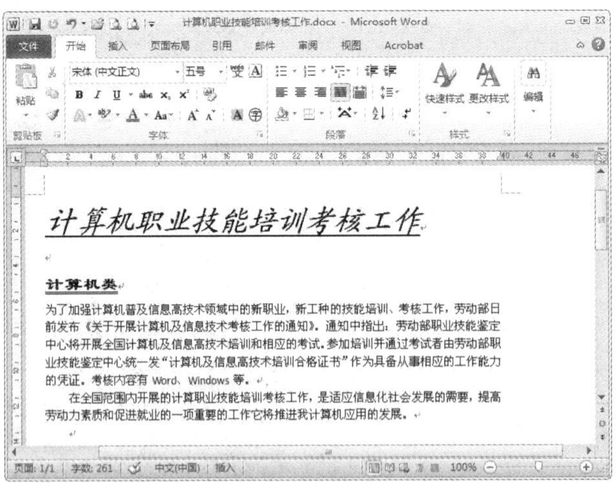

图 4.13　改变选定文本“计算机类”字体、字号、字形

2. 上标和下标

打印科技类文章时，经常遇到上标和下标，如：R^2、H_2O 等。

设置上、下标操作如下所示。

（1）选定要设置为上、下标的文字。

（2）右击鼠标，选择“字体”命令，打开“字体”对话框。

（3）单击“字体”选项卡。

（4）单击“效果”栏“上标”或“下标”左面的可选框，使可选框中置为☑，如图 4.14 所示。

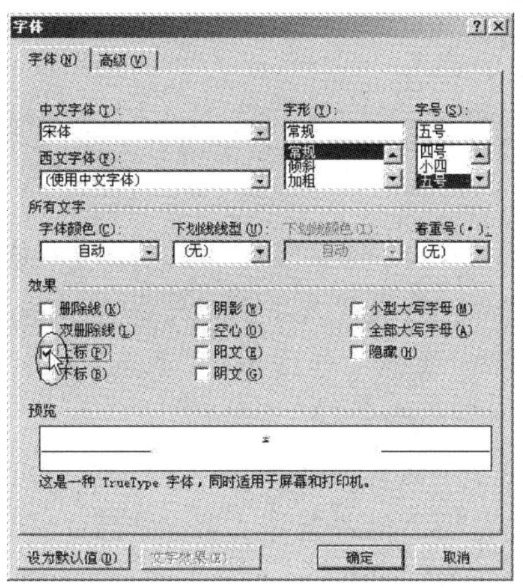

图 4.14　在“字体”选项卡中效果栏选中上标选框

（5）单击“确定”按钮。

【例 4.6】按样字 R^2 设置上标

（1）输入 R2，选定要设置上标的文字“2”。

（2）右击鼠标，选择“字体”命令，打开“字体”对话框，如图 4.14 所示。

（3）单击“字体”选项卡。

（4）单击“效果”栏“上标”右面的可选框，使可选框中设置为☑。

（5）单击“确定”按钮。

3．字符间距

字符间距就是字符与字符之间的距离。通过调整字符之间的间距可以改变一行所排的字数。更改字符间距的操作步骤如下所示。

（1）选定要更改字符间距的文本。

（2）右击鼠标选择“字体”命令，打开“字体”对话框，如图 4.14 所示。

（3）单击“高级”选项卡。

（4）单击“间距”框右边的箭头，选择其中的“加宽”或“紧缩”选项。

（5）在“磅值”框中指定间距的磅值。

（6）单击“确定”按钮，关闭对话框。

4．设置字符的文字效果

在 Word 文档中可以为字符加入文字效果。操作步骤如下所示。

（1）选定要设置效果的文本。

（2）在“字体”对话框中，选中“文字效果”按钮，在“设置文本效果”对话框中设置想要的效果即可。

（3）单击“确定”按钮，关闭对话框。

4.1.3 首字下沉

在书籍和报刊中经常将段落的第一个字放大数倍来引起读者注意。这种字符效果称为首字下沉。

【例 4.7】设置“计算机职业技能培训考核工作”文档中第一段首字下沉。

操作步骤如下。

（1）将光标移至“计算机职业技能培训考核工作”文档第一段的任意位置。

（2）选择“插入”选项卡，单击“文本”组中的“首字下沉”按钮，选择“首字下沉选项”，打开“首字下沉”对话框，如图 4.15 所示。

（3）在“首字下沉”对话框中的“位置”栏中选择“下沉”方式。

（4）在“字体”下拉列表中设定首字的字体为楷体。

（5）在“下沉行数”文本框中输入首字占据的行数，默认值为 3，可单击增量按钮进行调节或直接输入下沉的行数。

（6）在“距正文”文本框中设置首字与正文的距离，默认值为 0，可单击增量按钮进行调节或直接输入数值。

（7）单击“确定”按钮，设置效果如图 4.16 所示。

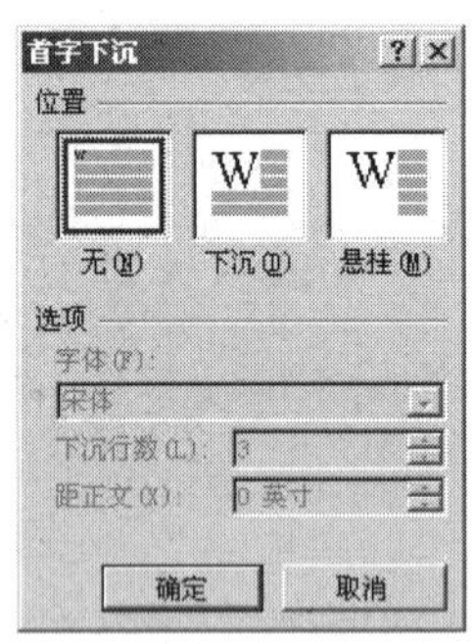

图 4.15 “首字下沉”对话框

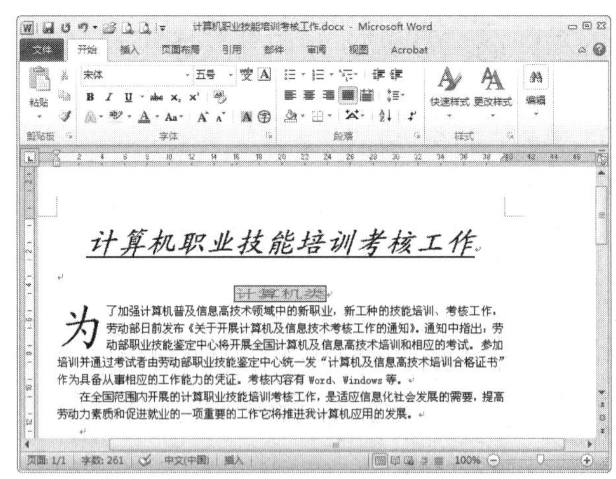

图 4.16 首字下沉效果图

另外还有一种悬挂下沉方式，设置时只要在“首字下沉”对话框的“位置”栏中，选择“悬挂”方式即可。若在“位置”栏中选择“无”，则取消首字下沉。

4.1.4 设置字符的其他格式

Word 2010 还提供了很多特殊的字符排版功能，例如可以给中文添加拼音、给字符加圈、竖直排版、合并字符等。

1. 给文字添加拼音

（1）选定要加拼音的文字。

（2）单击“开始”选项卡上“字体”组中的“拼音指南”按钮，打开“拼音指南”对话框，如图 4.17 所示。

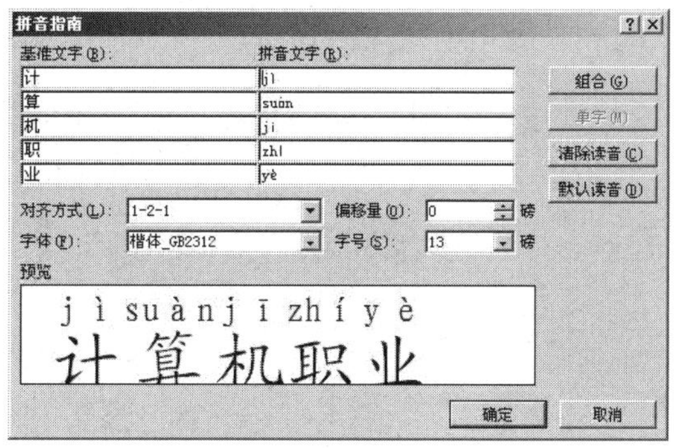

图 4.17 “拼音指南”对话框

（3）在“基准文字”栏中显示刚才所选定的文字，在“拼音文字”栏中将显示与每个文字对应的拼音与声调。

（4）在“对齐方式”、“字体”和“字号”列表框中选定所需的对齐方式、字体和字号，并可以在“预览”框中观察效果。

（5）单击“确定”按钮，效果如图 4.18 所示。

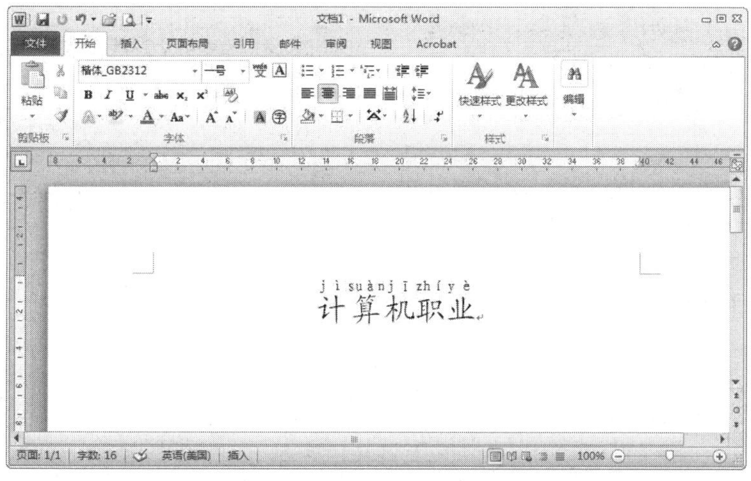

图 4.18 给选定文本加拼音

选定已添加拼音的文字后，单击“拼音指南”对话框中的“清除读音”按钮可取消拼音。

2. 设置“带圈字符”

（1）选定要加圈的文字。

（2）单击“开始”选项卡上“字体”组中的“带圈字符”按钮㊕，打开“带圈字符”对话框，如图 4.19 所示。

（3）在“文字”框中显示选中的字符，在“圈号”栏中选择每个汉字所需的“圈号”样式。

（4）在“样式”栏中选择所需样式。如果选择“无”，则撤销以前“带圈字符”设置。

（5）单击“确定”按钮。效果如图 4.20 所示。

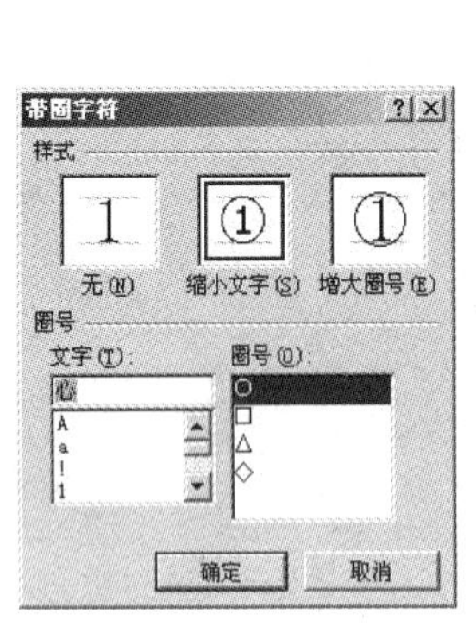

图 4.19　“带圈字符”对话框

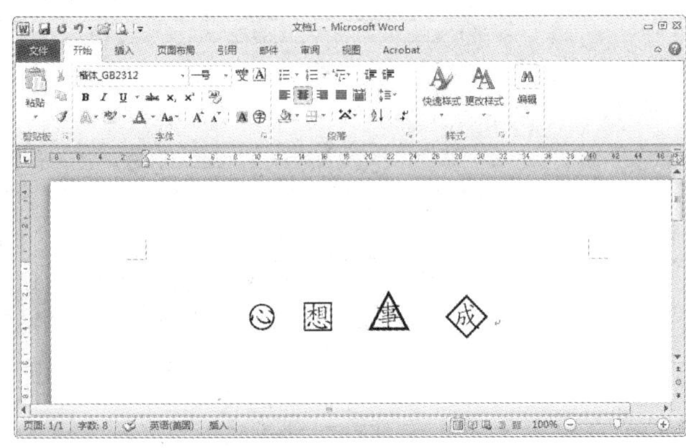

图 4.20　给字符加圈

3. 合并字符

合并字符是指将选定的多个字或字符组合为一个字符。

（1）先选定要合并的字符（最多六个汉字）。

（2）单击“开始”选项卡上“段落”组中的“中文版式”按钮，选择“合并字符”命令，打开“合并字符”对话框，如图 4.21 所示。

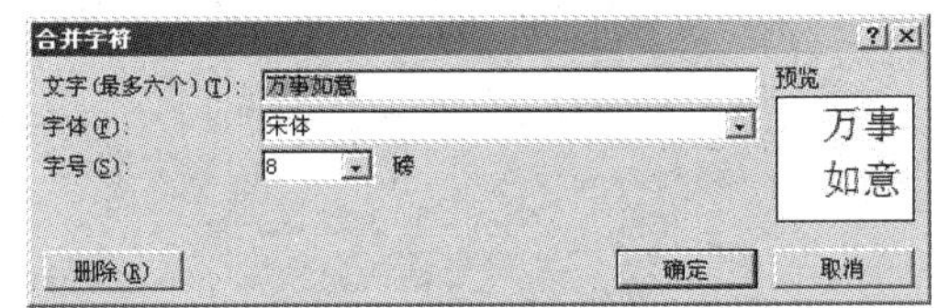

图 4.21　“合并字符”对话框

（3）选定的字符将出现在“字符”文本框中，在“字体”列表框和“字号”列表框中，选择所需的字体和字号。

（4）单击“确定”按钮。效果如图 4.22 所示。

图 4.22　合并字符示例

如果要撤销合并字符，可选定合并后的字符，然后在“合并字符”对话框中单击“删除”按钮。

4．设置竖直排版方式

一般情况的书籍版式是从左向右横向排列，但有时由于某些原因需要改变文字的排列方向。

（1）选定改变文字方向的文档，或将插入点移至要竖直排版的文本框或表格单元格中。

（2）单击“页面布局”选项卡上“页面设置”组中的“文字方向”按钮，选择“文字方向选项”命令，打开“文字方向-主文档”对话框，如图 4.23 所示。

（3）在“方向”栏中选中所需的文字排列方式，在“预览”区中可以查看相应的效果。

（4）单击“确定”按钮。效果如图 4.24 所示。

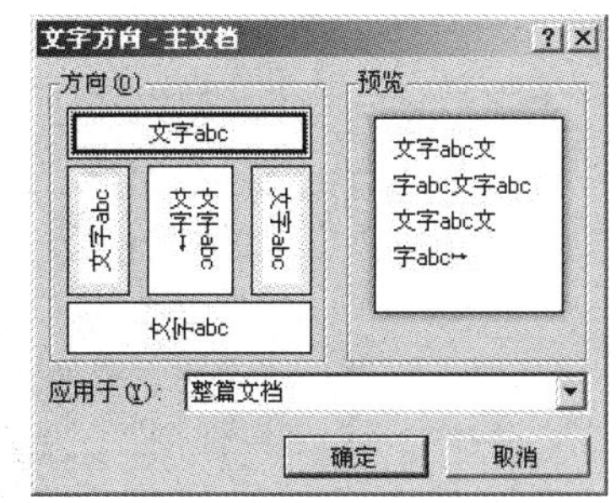

图 4.23　“文字方向-主文档”对话框

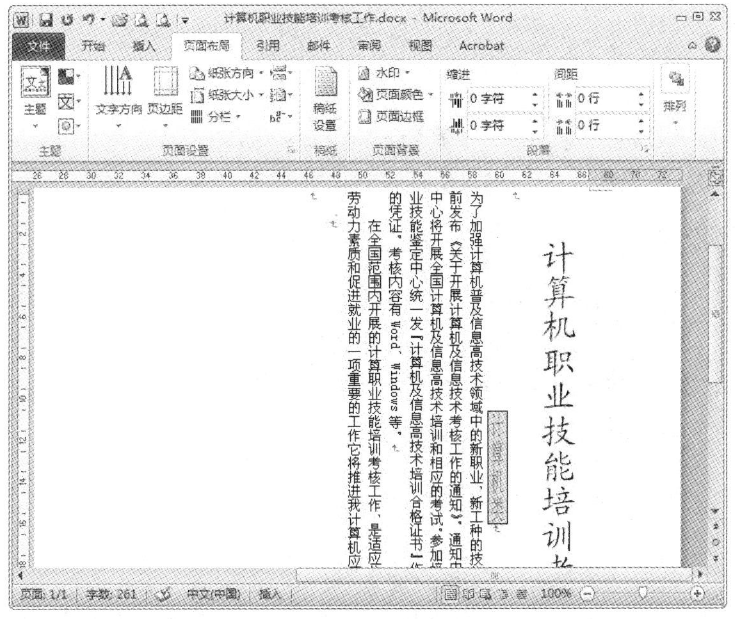

图 4.24　改变文字排列方向

4.1.5　格式刷的应用

在文档中往往有多处相同的字符设置，如果每处都需要重复设置既烦琐也容易造成失误。“开始”选项卡上“剪贴板”组中的“格式刷”可以快捷方便地将某种字符设置复制给其他文本。

（1）选定已设置所需格式的文字。

（2）单击“开始”选项卡上“剪切板”组中的“格式刷”按钮，此时鼠标指针变为形状。

（3）按住鼠标左键拖动鼠标经过要进行格式设置的文本块，松开鼠标左键。重复操作直至完成所有同样的格式设置。

（4）再次单击“格式刷”工具按钮。

4.1.6 删除字符格式

Word 2010 的格式化命令、按钮和快捷键都有打开和关闭格式功能的触发开关。例如，选定字符并单击“加粗”按钮，可使字符变成加粗格式。再次选定该字符并单击“加粗”按钮，可取消字符的加粗格式。但是如果要一次全部删除所有的格式设置，将它们恢复为默认格式，再用上面的方法就太过烦琐了，应按【Ctrl＋Shift＋Z】组合键。

4.2 段落格式化

段落的格式化包括段落缩进、行距、段间距、对齐方式等，通过段落格式化很容易达到各种复杂的排版效果。设置段落格式可以采用右键菜单中的“段落”命令，或使用“开始”选项卡上“段落”组中的工具按钮两种方法。

在 Word 中一个回车符就是一个段落标记。段落标记可以通过“开始”选项卡上“段落”组中的“显示/隐藏”按钮来隐藏。同样，也可以通过该按钮来显示段落标记。

4.2.1 段落缩进

段落缩进分为左、右缩进和悬挂缩进两种。增加或减少左、右缩进量，是指改变文本和页边距之间的距离。悬挂缩进就是将段落内除首行以外的文本进行缩进。

设置和改变段落缩进的常用方法有以下四种。

1. 用“开始”选项卡上“段落”组中的工具按钮增加或减少左缩进

（1）选定需要更改缩进的段落（若所选的段落只有一个，可将光标置于该段内任意位置）。

（2）单击“增加缩进量”或“减少缩进量”按钮。

“开始”选项卡上“段落”组中的“增加缩进量”或“减少缩进量”按钮形状为“ ”。每单击一次缩进按钮，所选文本的减少或增加的缩进量为一个汉字。

【例 4.8】将示例文档中的第一段右缩进两个字

操作步骤是如下所示。

（1）将光标置于第一段的任意位置，如图 4.25 所示。

（2）单击“增加缩进量”按钮两次，如图 4.26 所示，可以看到该段落向右缩进了两个汉字的距离。

将以上操作中的步骤（2）改为单击“格式”工具栏中的“减少缩进”按钮，使该段落向左移动两个汉字的距离。

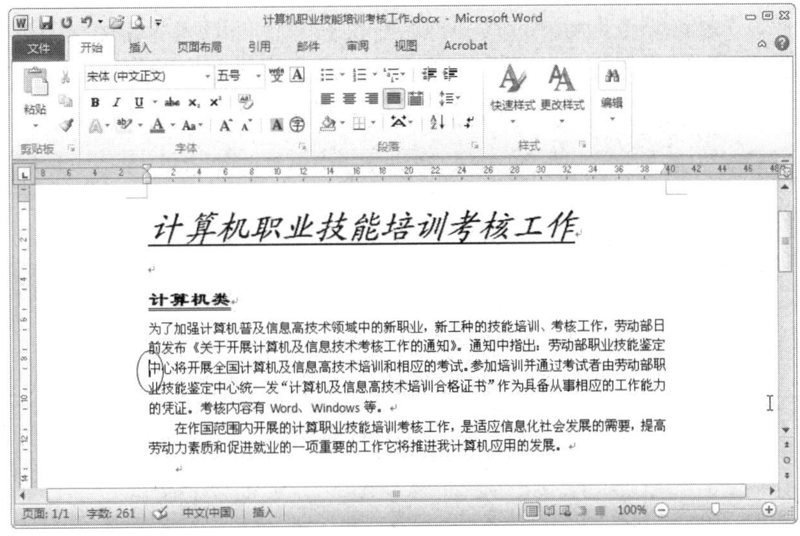

图 4.25　将光标置于第一段任意位置

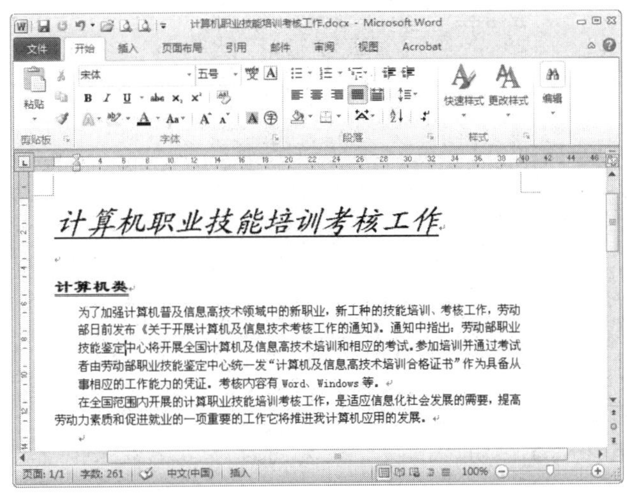

图 4.26　使光标所在段落向右缩进两个汉字

2. 用标尺设置缩进量

标尺上有四个滑动块分别为左缩进、悬挂缩进、首行缩进和右缩进，如图 4.27 所示。利用这些滑动块可以设置段落缩进。

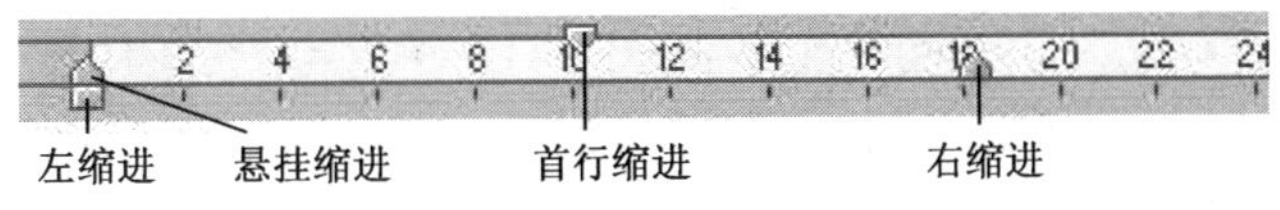

图 4.27　标尺

操作方法如下所示。

（1）选定需要缩进的段落（若所选的段落只有一个，将光标置于该段落内就可以了）。

（2）拖动标尺顶端的“首行缩进”标记，可将选定段落中的第一行文本进行左缩进。

（3）拖动“悬挂缩进”标记，可将段落中除首行以外的文本进行左缩进。

（4）拖动“左缩进”标记，可将段落中的所有文本进行左缩进。

（5）拖动“右缩进”标记，可将段落中的所有文本进行右缩进。

【例 4.9】将示例文档的第一段左缩进 2 厘米。

操作步骤如下所示。

（1）将插入光标置于第一段内。

（2）拖动标尺上的方形滑块到 2 厘米处，然后松开鼠标，效果如图 4.28 所示。

用同样的方法可以实现第一段右缩进。

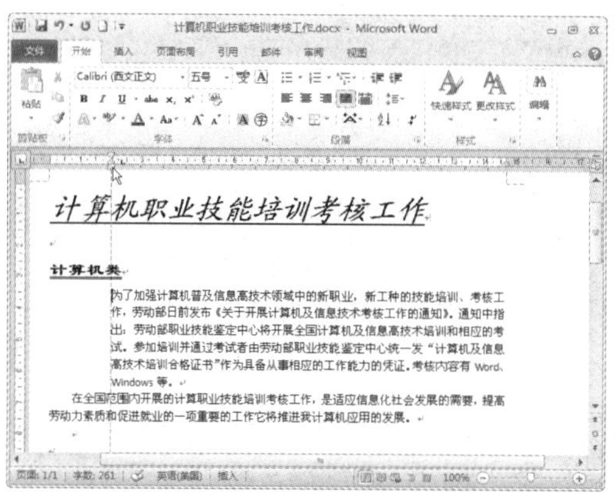

图 4.28　使用标尺实现第一段左缩进

【例 4.10】将示例文档的第一段的第一行再缩进 1 厘米

操作步骤如下所示。

（1）将光标置于要进行首行缩进的段落内。

（2）拖动标尺上的倒三角形滑块，使其向右移动 1 厘米，然后松开鼠标，效果如图 4.29 所示。

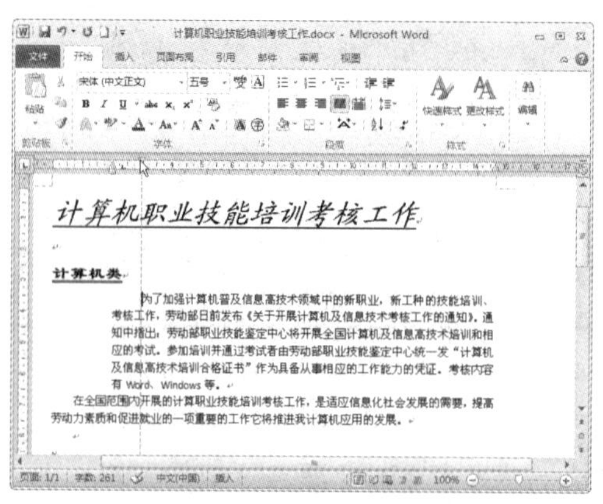

图 4.29　使用标尺实现第一段首行缩进

3．用“段落”命令设定缩进

若要精确地设置段落缩进，则需通过右键菜单中的“段落”命令。

用“段落”命令设置段落缩进，操作步骤如下所示。

（1）选定需要缩进的段落。

（2）右击鼠标，在菜单中选择“段落”命令，打开“段落”对话框，或者单击“开始”选项卡上“段落”组中的“段落”按钮，显示“段落”对话框，如图4.30所示。

（3）选定“缩进和间距”选项卡。

（4）选择或输入缩进栏下要左缩进、右缩进的数值。

（5）单击“确定”按钮。

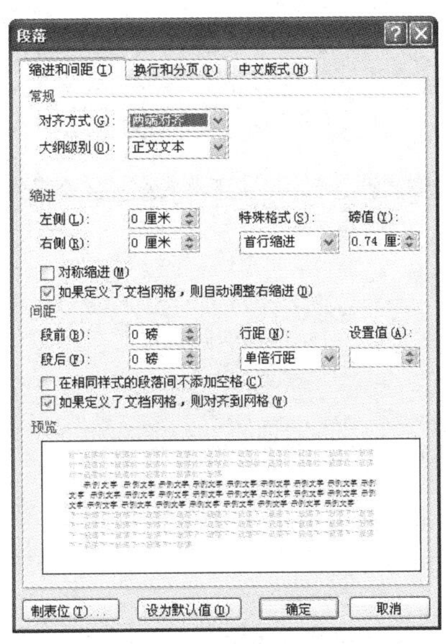

图4.30 “段落”对话框

> **教你一招**
>
> “特殊格式”选项用以设定“首行缩进”和“悬挂缩进”。

4．使用Tab键缩进正文

单击一次Tab键，可以将光标所在段落的首行缩进两个字。操作的步骤如下所示。

（1）将插入光标置于该段落的开始处。

（2）按Tab键。

4.2.2 更改标尺单位

在设置段落缩进时，使用“厘米”作为度量单位，有时并不直观，在Word中还可以设置“字符”作为度量单位。具体操作步骤如下所示。

（1）单击“文件”选项卡中的“选项”命令，如图4.31所示。

（2）弹出“选项”对话框，再选中“高级”选项卡，选中“以字符宽度为度量单位”复选框，如图4.32所示。

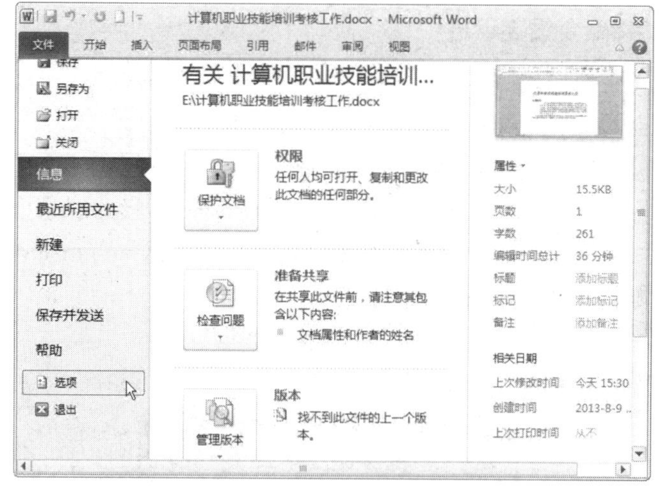

图 4.31　“文件”选项卡中的“选项”命令

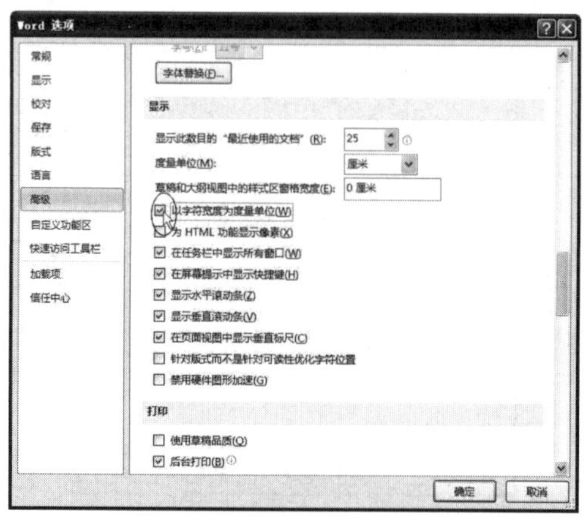

图 4.32　“高级”选项卡

（3）单击“确定”按钮。

4.2.3 行距与段间距

1. 行距

行距是指一个段落内行与行之间的距离，在 Word 中默认的行距是单倍行距，每行的行距为该行最大字体的高度加上一点额外的间距。例如，对于五号字的文本，单倍行距的值比五号字（10.5 磅，3.7 毫米）稍大一些。如果不想使用默认的单倍行距，可以在“段落”对话框内进行设置。

设置行距的方法如下所示。

（1）选定要改变行距的段落，或单击该段落的任意处，使插入点位于要改变行距的段落。

（2）单击“开始”选项卡上“段落”组中的“段落”按钮，打开“段落”对话框。

（3）单击“缩进和间距”选项卡。

（4）单击“行距”选项框下的向下箭头，打开行距选项列表，选中所需行距。如图 4.33 所示。

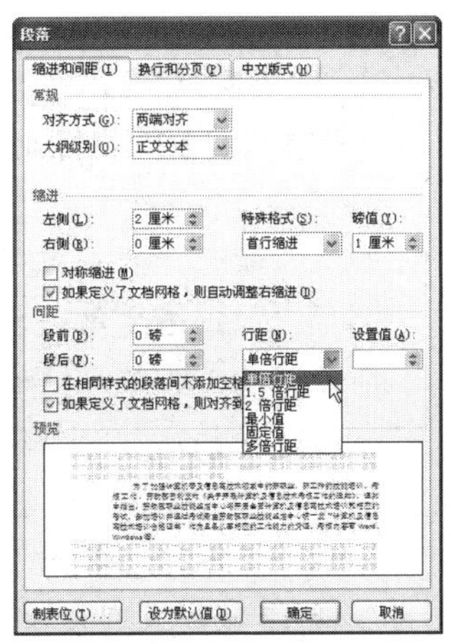

图 4.33　在“行距”下拉列表中选择行距

（5）若行距选项不能满足需要，也可以在“设定值”中直接给定行距值。

（6）单击“确定”按钮。

【例 4.11】将示例文档的第一段设置为 1.5 倍行距。

操作步骤如下。

（1）将插入光标置于第一段落内。

（2）单击“开始”选项卡上“段落”组中的“段落”按钮，打开“段落”对话框。

（3）在“段落”对话框“缩进和间距”选项卡中的“间距”组框内单击“行距”框右面的向下箭头。

（4）在“行距”下拉列表中选择“1.5 倍行距”。

（5）单击对话框中的“确定”按钮，文档的第一段已经发生变化，如图 4.34 所示。

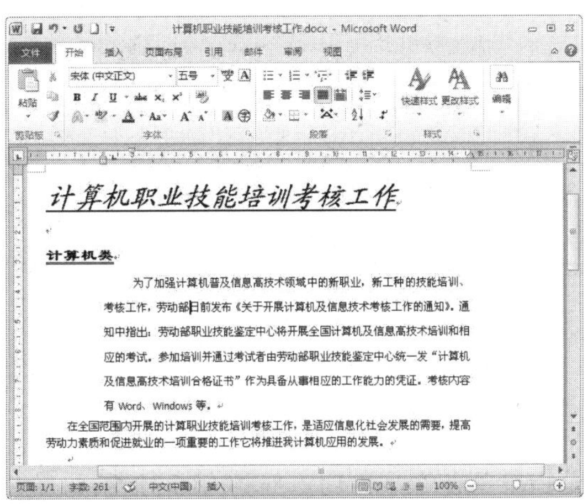

图 4.34　第一段文本为“1.5 倍行距”

2. 段间距

段间距是段落与段落之间的距离，它分为段前距与段后距，即：选定段落与前一段之间的距离和与后一段之间的距离。通过“段落”命令可以对段间距进行设置。

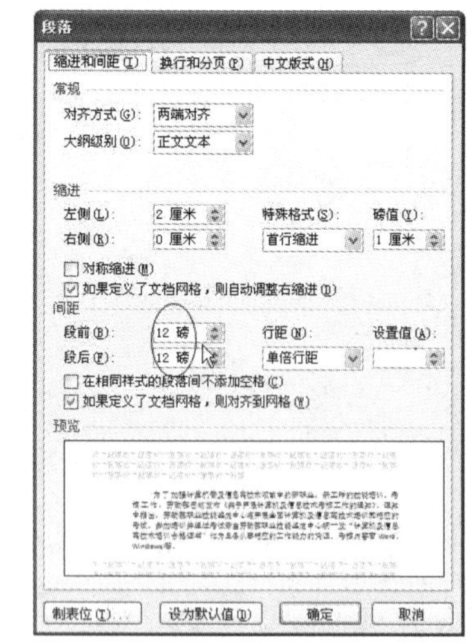

图 4.35　在“间距”组框中，“段前”、“段后”均设为 12 磅

【例 4.12】将示例文档中第一段的“前间距”设置为 12 磅（约 4.23 毫米），“后间距”也设置为 12 磅。

操作方法如下所示。

（1）选定第一段，或将光标置于该段落内。

（2）单击“开始”选项卡上“段落”组中的“段落”按钮，打开“段落”对话框。

（3）在对话框中“缩进和间距”选项卡下的“间距”组框中，单击“段前”框右边的向下箭头，选择 12 磅，或直接用键盘输入“12”。同样，将“段后”设置为 12 磅，如图 4.35 所示。

（4）单击对话框中的“确定”按钮，效果如图 4.36 所示。第一段与小标题“计算机类”与第二段的间距扩大了。

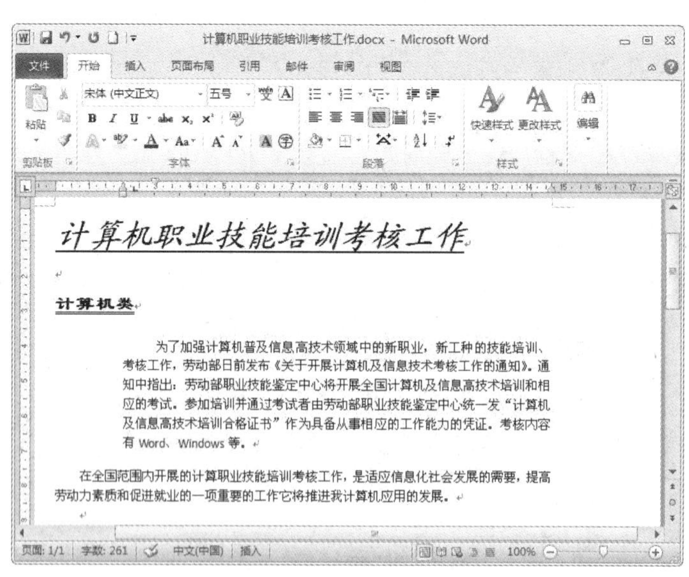

图 4.36　改变段间距后的文档

4.2.4 对齐方式

段落的对齐方式是指段落在水平方向以何种方式对齐。如果对一个段落使用段落对齐命令，可以不选中该段文本，但是光标必须定位在该段落中。如果是多个段落设定段

落对齐，则要先选中它们，才可以执行段落对齐排版命令。

对齐方式共有以下四种。

两端对齐：将所选段落的两端（末行除外）同时对齐或缩进。

居中对齐：将所选文本居中排列。

右对齐：使所选的文本右边对齐，左边不对齐。

分散对齐：通过调整空格，使所选段落的各行等宽。

在“开始”选项卡上的“段落”组中，左对齐、居中对齐、右对齐、两端对齐、分散对齐分别用五个按钮来标明它们的功能。按钮形状为 。

1. 两端对齐

Word 中默认的对齐方式是两端对齐方式，如示例文档中所示。一般来说，刚输入的文本就以这种对齐方式显示，工具栏中的“两端对齐”按钮为选中状态。

切换这种对齐方式，只需单击此按钮或按相对应的【Ctrl+J】组合键即可。

将所选段落的两端对齐，操作如下所示。

（1）将光标插入到要设置两端对齐的段落内。

（2）单击“格式”工具栏中的“两端对齐”按钮。

2. 居中对齐

在一篇文档中，通常将标题排放在一行的正中央，使它醒目突出。单击“居中对齐”按钮或按相对应的【Ctrl+E】组合键可以实现这样的操作。

【例 4.13】将示例文档的大小标题居中。

操作步骤如下。

（1）选定大小标题。

（2）单击工具栏中的“居中对齐”按钮，或按相对应的【Ctrl+E】组合键。这时，可以看到文档的标题已经居于该行的正中央位置了，如图 4.37 所示。

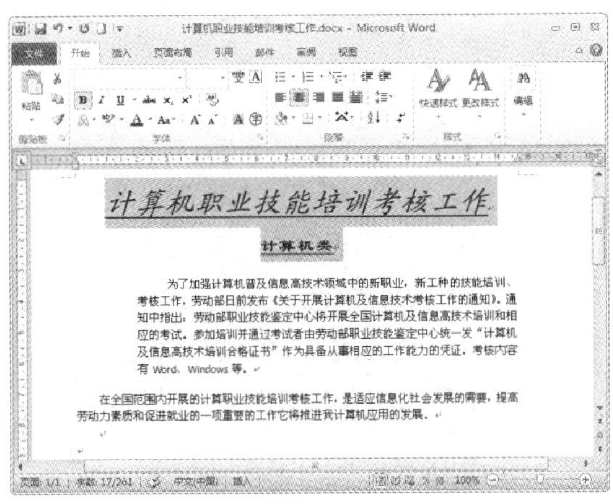

图 4.37　标题“居中”对齐

3．右对齐

设置右对齐方式，操作步骤如下所示。

（1）选定要右对齐的文本或将光标放置于该段的任意一个位置上。例如选定大、小标题。

（2）单击工具栏中的“右对齐”按钮，或按相对应的【Ctrl+R】组合键。如图 4.38 所示。

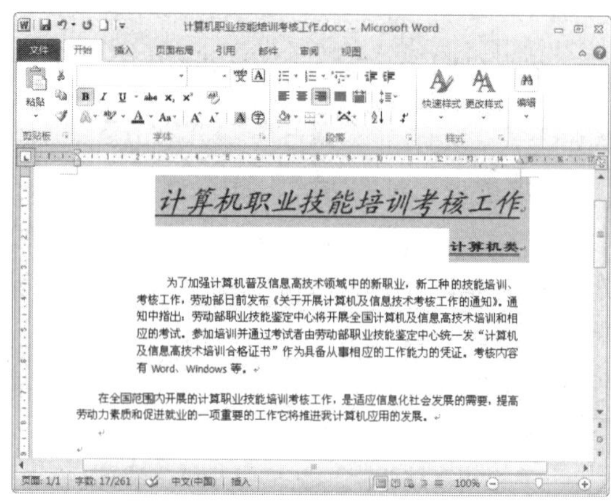

图 4.38　标题“右对齐”

4．分散对齐

“分散对齐”操作的结果是使所选段落的各行文本等宽。

【例 4.14】 将示例文档的大、小标题进行分散对齐。

操作的步骤如下。

（1）选定所要分散对齐的大、小标题。

（2）单击工具栏中的“分散对齐”按钮，可以看到，文档的排列发生了变化，如图 4.39 所示。

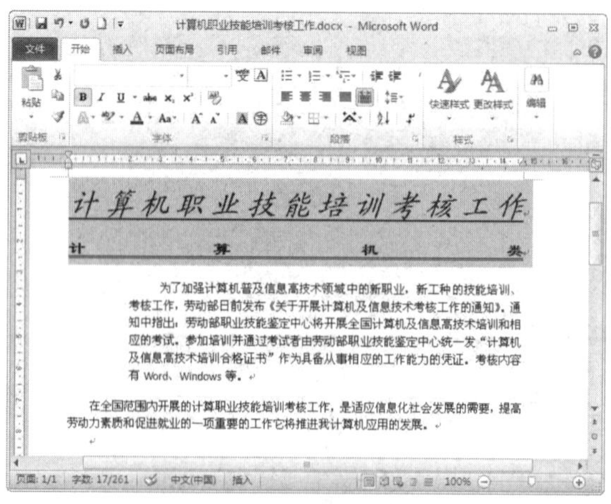

图 4.39　标题“分散对齐”

4.2.5 项目符号和编号

1. 添加项目符号和编号

为了方便阅读，可以在文本中添加项目符号或编号。方法是：先选定要添加项目符号和编号的段落，然后单击“开始”选项卡上“段落”组中的“项目符号”按钮☰▾或“编号”按钮☰▾进行设置，也可以用右键菜单中的“项目符号”和“编号”命令进行设置。

【例 4.15】为下面的文字分别添加项目符号和编号

专业设置为:
计算机应用
财务会计
英语

添加项目符号的效果：

专业设置为:
- ◆ 计算机应用
- ◆ 财务会计
- ◆ 英语

添加编号的效果：

专业设置为:
1. 计算机应用
2. 财务会计
3. 英语

操作的步骤如下。

把光标插入到有项目符号或编号的文本中，单击工具栏中的“项目符号”或“编号”按钮，即可删除已添加的项目符号或编号。

2. 自动创建项目符号和编号

在 Word 2010 中，键入文本时可以自动创建项目符号或编号。如果要创建项目符号，可在段落的开头输一个星号（*）号，后跟一个空格，然后再输入文本。当按【Enter】键时，星号自动转换成黑色圆点形式的项目符号，并且在新的一段中自动添加该项目符号。当要结束创建项目符号时，按【Enter】键开始一个新段，再按【Backspace】键删除为该段添加的项目符号即可。

如果要自动创建编号，可在段落的开头先输入“1.”或“①”等格式的编号，后跟一个空格，然后输入文本。当按【Enter】键时，在新的一段开头会自动续接上一段的编号。

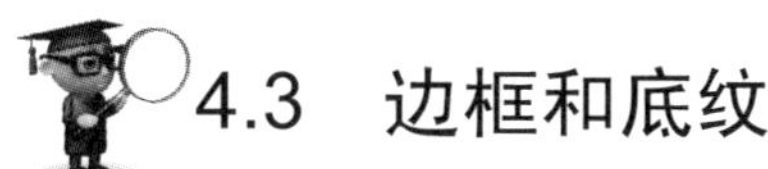

4.3 边框和底纹

为了修饰文本，可以对所选的内容（包括字符、段落、表格等）加上边框和底纹。

4.3.1 为选定段落添加边框

操作步骤如下。

（1）选定需添加边框的段落。

（2）单击“页面布局”选项卡上“页面背景”组中的“页面边框”按钮，打开“边框和底纹”对话框；或者单击“开始”选项卡上“段落”组中 按钮旁边的下拉箭头，选择“边框和底纹”命令，来打开“边框和底纹”对话框，如图 4.40 所示。

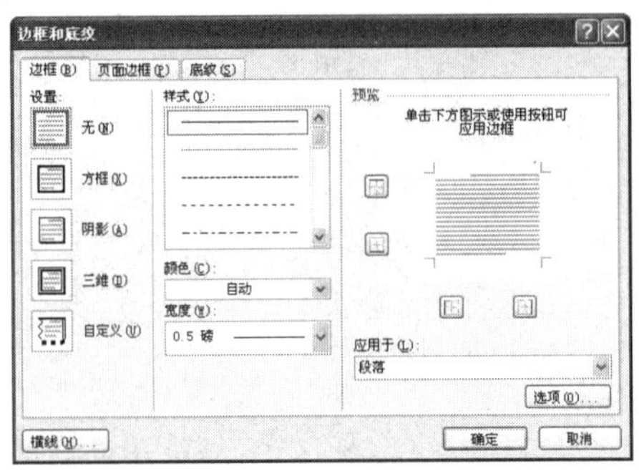

图 4.40　“边框和底纹”对话框

（3）单击“边框”选项卡。

（4）单击“设置”栏中的“方框”项，选定边框的形式。

（5）若要删除边框，则选择“无”选项。

（6）若要添加或删除上、下、左、右边框，分别单击“预览”栏中的四个按钮。

（7）选择所需的线型、颜色和宽度。

（8）在“应用范围”列表中选择“段落”选项。

（9）单击“确定”按钮。

4.3.2 为选定段落添加底纹

操作步骤如下。

（1）选定要添加底纹的段落。

（2）单击“页面布局”选项卡上“页面背景”组中的“页面边框”按钮，打开“边框和底纹”对话框。

（3）单击“底纹”选项卡，如图 4.41 所示。

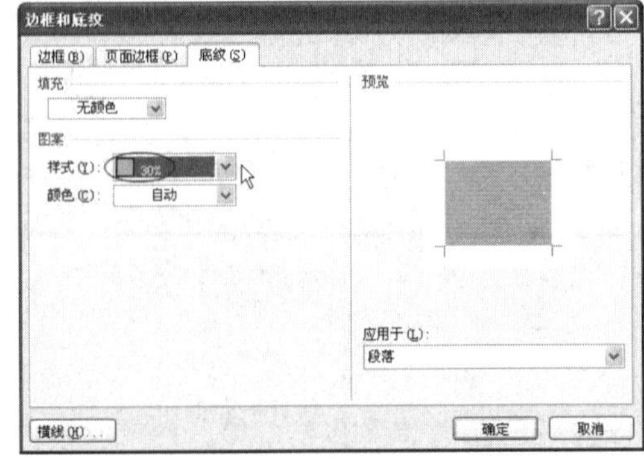

图 4.41　“底纹”选项卡

（4）选择所需的图案样式、颜色和填充颜色。

（5）单击“应用于”列表右面的下拉按钮，选择“段落”选项。

（6）单击“确定”按钮。

4.3.3 应用举例

【例 4.16】为示例文档第一段加底纹和最后一段加边框。

操作步骤如下。

（1）给第一段添加底纹。

① 选定第一段。

② 单击“页面布局”选项卡上“页面背景”组中的“页面边框”按钮，打开“边框和底纹”对话框。

③ 单击“底纹”选项卡。

④ 选择图案样式中的 30%。

⑤ 单击“应用范围”列表中的“段落”选项。

⑥ 单击“确定”按钮。

（2）为示例文档最后一段添加边框。

① 选定最后一段。

② 单击“页面布局”选项卡上“页面背景”组中的“页面边框”按钮，打开“边框和底纹”对话框。

③ 单击“边框”选项卡。

④ 单击“设置”下“方框”项，选择“单线型”。

⑤ 选择所需的线型宽度为 0.5 磅。

⑥ 在“应用范围”列表中选择“段落”选项。

⑦ 单击“确定”按钮。

为示例文档第一段加底纹和最后一段添加边框，效果如图 4.42 所示。

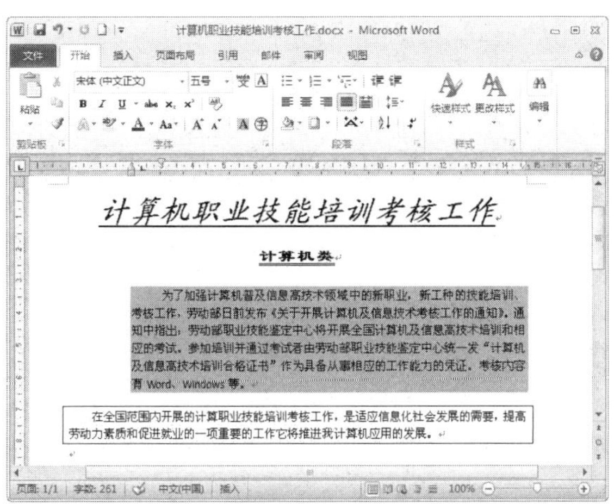

图 4.42　为示例文档第一段加底纹和最后一段加边框

4.3.4 页面边框

除了可以给文本添加边框以外，还可以为整个文档添加页面边框。

添加页面边框时，首先打开“边框和底纹”对话框，在“页面边框”选项卡中可以设置页面边框，如图 4.43 所示。

“页面边框”中的内容与“边框”中的内容大体类似，差别是多了“艺术型”列表框，在“应用范围”列表框中可选范围也发生了变化。

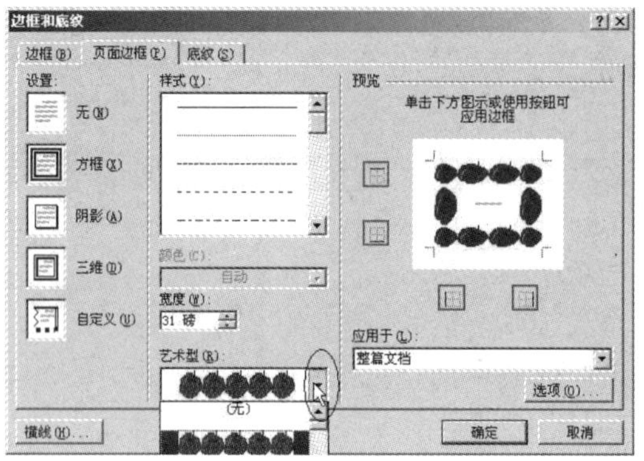

图 4.43 “页面边框”选项卡

【例 4.17】给文档添加艺术型的页面边框。

操作步骤如下。

（1）单击“页面布局”选项卡上“页面背景”组中的“页面边框”按钮，打开“边框和底纹”对话框。

（2）选择“页面边框”选项卡，在“艺术型”栏中选择任意一种边框效果，如图 4.43 所示。

（3）单击“确定”按钮，完成页面边框的设置。效果如图 4.44 所示。

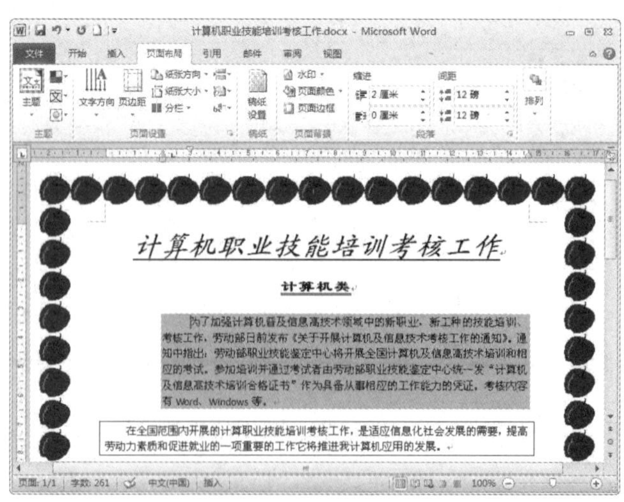

图 4.44 页面边框显示效果

4.4 页面设置

在完成了文档的录入、编辑、排版后，准备打印之前，必须考查页面设置的情况是否与实际纸张情况一致。一般来说，Word 设置的页边距、纸张、纸张方向的默认值，就能为我们打印出漂亮的文档。但对于一些特殊情况或是我们的一些特殊要求，必须进行页面设置。

通过“页面布局”选项卡上的“页面设置”组中的命令，可以调整页边距、纸张和纸张方向等一般页面设置。

4.4.1 页面设置

1. 页边距

页边距是正文与页面边缘的距离。通过菜单可以调整页边距，操作步骤如下所示。

（1）单击“页面布局”选项卡上“页面设置”组中的“页边距”按钮，选择“自定义边距”命令，或双击标尺上的灰色区域，打开页面设置对话框。

（2）单击对话框中的“页边距”选项卡，如图 4.45 所示。

（3）给定上、下、左、右页边距值。

（4）在“应用于”选项框中给定应用范围。

（5）单击“确定”按钮。

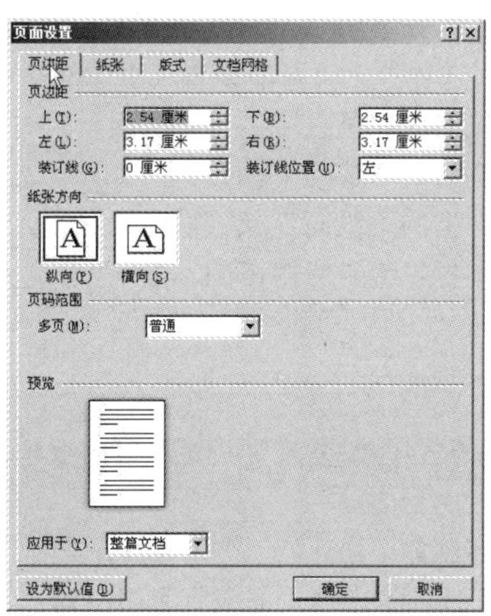

图 4.45 “页边距”选项卡

教你一招

在“页边距”选项卡中还可设置其他选项，如装订位置等。

用标尺可以快速改变页面边距。操作步骤如下所示。

（1）单击“视图”选项卡上“文档视图”组中的“页面视图”按钮，使文档处于页面视图状态。

（2）如果要改变左、右页边距，可用鼠标指向水平标尺上的页边距边界（灰白交界处），待鼠标箭头变成双向箭头后拖动页边距边界，如图 4.46 所示。

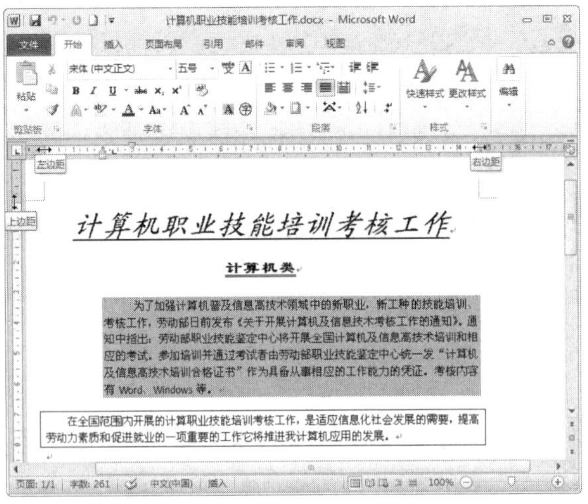

图 4.46　拖动标尺上“页边距”边界改变页边距

（3）如果要改变上、下页边距，可用鼠标指向垂直标尺上的页边距边界，待鼠标箭头变成双向前头后拖动页边距边界。

2．选择纸张方向

选择纸张方向的操作步骤如下所示。

（1）单击“页面布局”选项卡上“页面设置”组中的“页边距”按钮，选择“自定义边距”命令，或双击标尺上的灰色区域，打开页面设置对话框。

（2）单击对话框中“页边距”选项卡。

（3）选择“纸张方向”下的“纵向”或“横向”选项。

（4）在“应用于”选项框中给定应用范围。

（5）单击“确定”按钮。

3．选择纸张规格

Word 默认的纸张规格为 A4，如果需要其他规格的纸张，应用“页面设置”功能就可以达到改变纸张规格设置的目的。

改变纸张规格的操作步骤如下所示。

（1）单击“页面布局”选项卡上“页面设置”组中的“页边距”按钮，选择“自定义边距”命令，或双击标尺上的灰色区域，打开“页面设置”对话框。

（2）单击对话框中“纸张”选项卡，如图 4.47 所示。

（3）选择“纸张大小”列表中某特定规格的纸张，例如，选择“自定义大小”，然后给定纸张宽度和高度。

（4）在“应用于”选项框中给定应用范围。

（5）单击“确定”按钮。

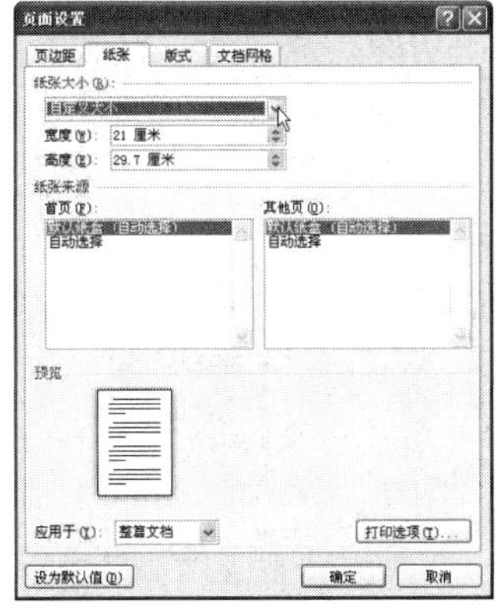

图 4.47 “纸张”选项卡

> **教你一招**
>
> *若要修改文档中一部分纸张的大小，可选定文本并修改设置。选择“应用于”框中的“所选文字”项。*

4.4.2 插入分页符

分页符是一页结束另一页开始的标记。分页符一般根据页面及纸张自动设置。如果需要，也可人工设置。

插入人工分页符有两种方法：使用快捷键或使用“页面布局”选项卡上“页面设置”组中的“分隔符”按钮 分隔符 。

1. 使用快捷键插入人工分页符

（1）单击需要重新分页的位置。

（2）按【Ctrl+Enter】组合键。

2. 使用“页面布局”选项卡插入人工分页符

操作步骤如下。

（1）单击需要重新分页的位置。

（2）单击“页面布局”选项卡上“页面设置”组中的“分隔符”按钮，如图 4.48 所示。

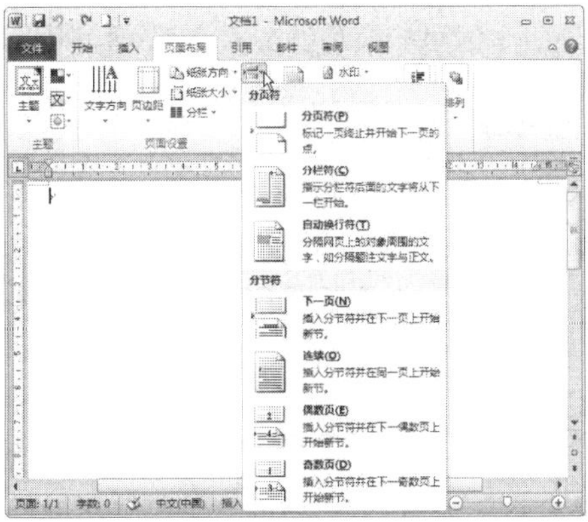

图 4.48 “页面布局”选项卡中的“分隔符”按钮

（3）单击“分页符”命令，如图 4.49 所示。

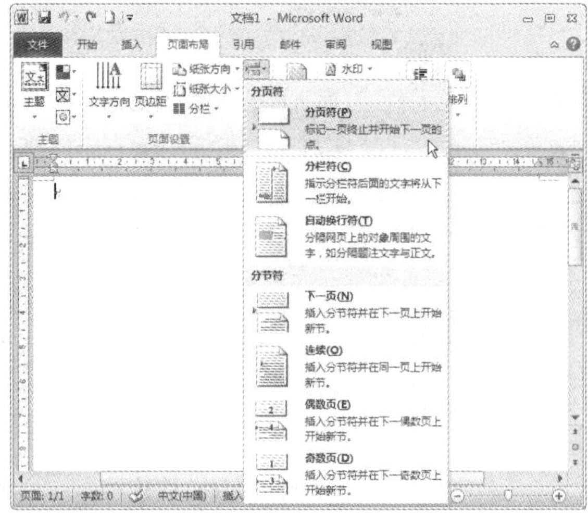

图 4.49 “分页符”命令

（4）单击“确定”按钮。

4.4.3 分节符

节是一个非常重要的概念。整个文档可以是一个节或分成几个节。当在一个文档中需要不同的页面设置、页眉和页脚、页码格式及分栏时，通常要分节。“分节符”可以在“分隔符”窗口中设置，如图 4.49 所示，其中：

下一页：插入一个分节符，新节从下一页开始。

连续：插入一个分节符，新节从当前行的下一行开始。

奇数页或偶数页：插入一个分节符，新节从下一个奇数页或偶数页开始。

分节符在普通视图中可以看到它用双虚线标识，此后其他操作的应用范围中就可以设定为“本节”了。

4.4.4 分栏

分栏排版在报纸和杂志中经常使用。执行分栏命令时，Word 将自动在分栏的文本内容上下各插入一个分节符，以便与其他文本区分。分栏的实际效果只能在页面视图方式或打印预览中才能看到。

1. 创建分栏

（1）选定需要分栏的文本。

（2）单击“页面布局”选项卡上“页面设置”组中的“分栏”按钮 分栏，选择“更多分栏”命令，打开“分栏”对话框，如图 4.50 所示。

（3）在“分栏”对话框中可以设置“预设”、“栏数”、“宽度和间距”及“应用于”等。

“预设”栏可以选择“一栏”、“两栏”、“三栏”、“左”和“右”。如果栏数不够，可以在“栏数”框中设定所需的栏数，最多为 11 栏；在“宽度和间距”中可以设置每栏的宽度和栏间距；在“应用范围”中可以设置分栏的范围；如果选中“分隔线”复选框，可以在各分栏之间加上分隔符，将各栏隔开。

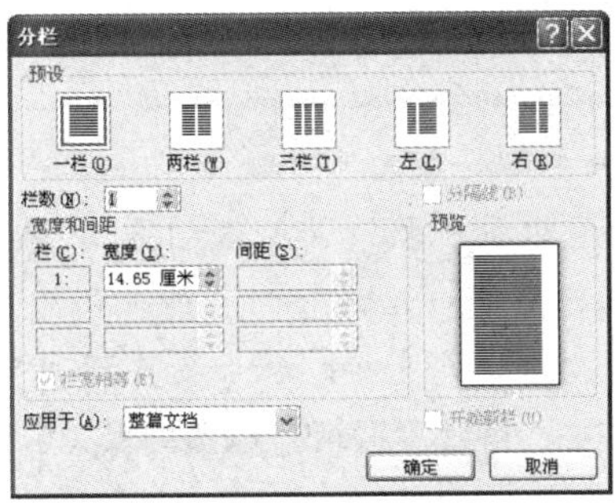

图 4.50 “分栏”对话框

（4）单击“确定”按钮。

【例 4.18】将文档“白雪公主”分为三栏，并添加分隔线。

操作步骤如下。

（1）选定文档“白雪公主”的第一段。

（2）打开“分栏”对话框，如图 4.50 所示。

（3）选择“三栏”，并选中“分隔线”复选框。

（4）单击“确定”按钮。分栏效果如图 4.51 所示。

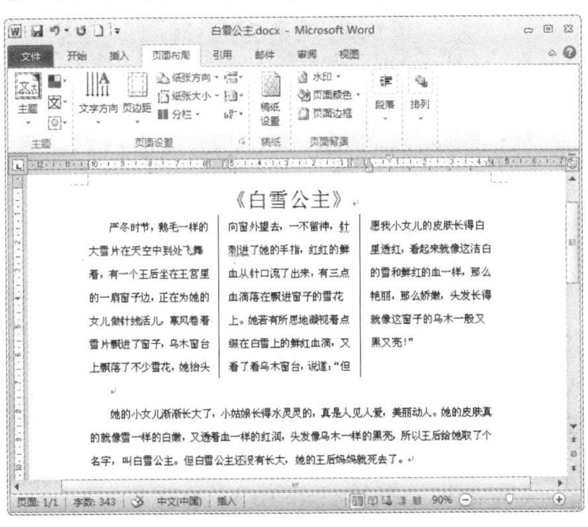

图 4.51 显示分栏效果

2. 修改栏宽和栏间距

当选择多栏时，在“宽度和间距”区中出现各栏的栏宽和间距，这时可以在这个区域内调整各栏的宽度和间距的数值，以符合实际需要。如果选中了“栏宽相等”复选框，Word 将自动调整各栏宽度为统一值。分栏的效果可以通过“预览”框查看。

【例 4.19】将文档“白雪公主”分为二栏，且栏宽不等，并加分隔线。

操作步骤如下。

（1）选定文档“白雪公主”的第一段。

（2）打开“分栏”对话框，如图 4.50 所示。

（3）选择“二栏”，并选中“分隔线”复选框。

（4）在“宽度和间距”区中首先取消“栏宽相等”，在第一栏宽度中设置 9 厘米，栏间距设置 0.65 厘米，第二栏宽度自动调整为 5 厘米（按页面总宽度进行调整）。

（5）单击“确定”按钮。分栏设置和效果如图 4.52 所示。

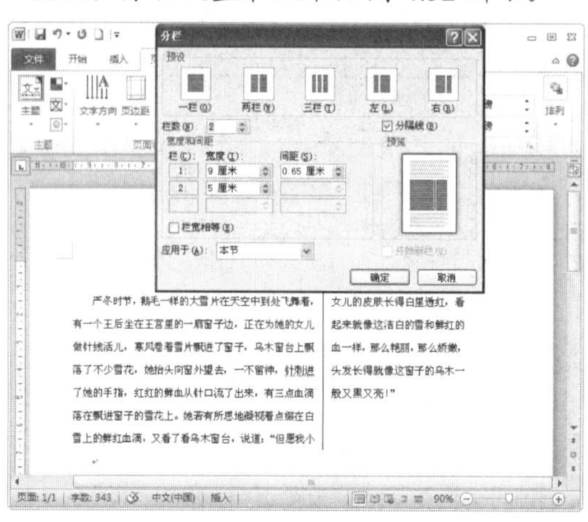

图 4.52　栏宽不等示例

如要快速进行栏宽调整，可将插入点移至要修改栏宽的任一栏中，拖动水平标尺上的分栏标记，可将栏宽及栏间距按需调整。

3. 取消分栏

如要取消分栏恢复为单栏版式。可将插入点置于要恢复为单栏版式的文档中。在“页面布局”选项卡上“页面设置”组中单击“分栏”按钮，选择“更多分栏”命令，打开“分栏”对话框。在“预设”选项组中选中“一栏”框。单击“确定”按钮，即可将多栏版式恢复为单栏版式。

4.4.5 页眉、页脚、页码

页眉与页脚是指每页顶端或底部的特定内容，如：文档标题、日期、页码等。最简单的页眉和页脚是页码。

1. 创建页眉与页脚

创建页眉或页脚的操作步骤如下所示。

（1）在“插入”选项卡上“页眉和页脚”组中单击“页眉”或“页脚”按钮，如图 4.53 所示。

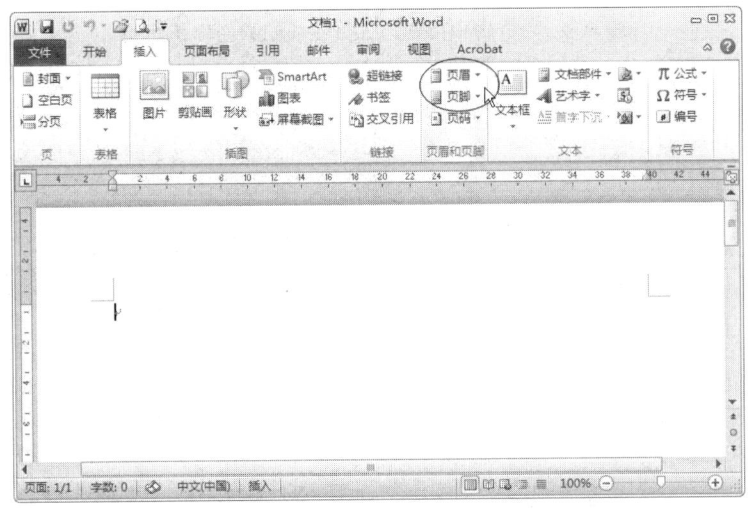

图 4.53　“页眉和页脚”组中的“页眉”和“页脚”按钮

（2）在弹出的菜单中选择所需的页眉或页脚设计，页眉或页脚即被插入文档的每一页中，如图 4.54 所示。

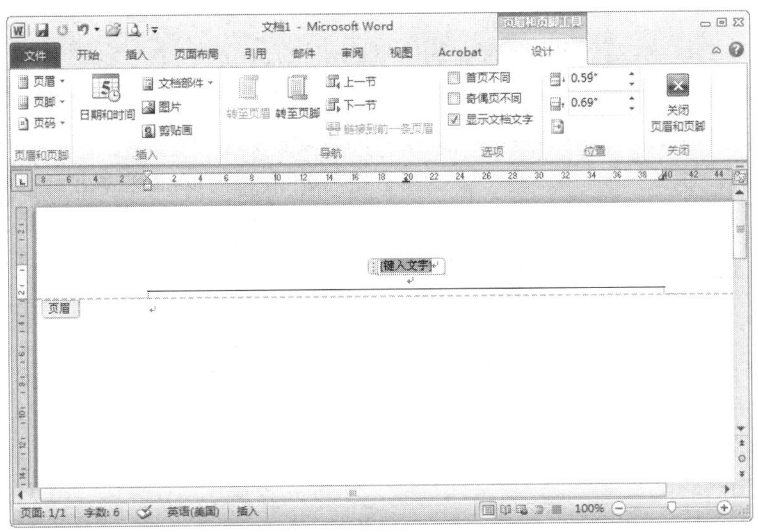

图 4.54　页眉区及“页眉/页脚”工具栏

（3）若要创建一个页眉，可在页眉区输入文字或图形，也可单击“页眉/页脚”工具栏中的按钮。例如，单击“日期和时间”按钮，可在页眉或页脚输入当前日期。“页眉和页脚”工具栏各按钮的功能，见表 4.2。

（4）若要创建一个页脚，可先单击工具栏“转至页脚”按钮，移至页脚区，再输入页脚内容。

（5）完成以上步骤后，单击“关闭页眉和页脚”按钮。

表 4.2 “页眉和页脚”工具栏按钮的名称和功能

按　钮	功　能
页眉 页脚 页码	页眉、页脚组。设置页眉、页脚、页码的样式
日期和时间 文档部件 图片 剪贴画	插入组。插入日期时间、文档部件、图片、剪贴画
转至页眉 转至页脚 上一节 下一节 链接到前一条页眉	导航组。页眉和页脚之间切换，上、下节之前切换
首页不同 奇偶页不同 显示文档文字	选项组。设置首页、奇偶页不同
页眉顶端距离：1.5 厘米 页脚底端距离：1.75 厘米 插入“对齐方式”选项卡	位置组。设置页眉、页脚位置及对齐方式
关闭页眉和页脚	关闭页眉和页脚工具栏

2. 浏览、编辑页眉或页脚

浏览和编辑页眉或页脚的操作方法如下所示。

（1）单击“视图”选项卡上“文档视图”组中的“页面视图”按钮或“文件”选项卡下的“打印”按钮，切换到页面视图或打印预览状态。

（2）选择“插入”选项卡上“页眉和页脚”组中的“页眉”或“页脚”命令。

（3）若要移至所需的页眉或页脚，可单击“页眉和页脚”工具栏中所需按钮。

（4）对页眉或页脚进行修改。

教你一招

修改页眉或页脚时，Word 自动对整个文档中相同的页眉或页脚进行修改。在页面视图中，只需双击变暗的页眉或页脚或变暗的文档文本，就可迅速地在页眉或页脚与文档文本之间进行切换。

3. 页码

插入“页码”的方法是使用“插入”选项卡上“页眉和页脚”组中的“页码”按钮来插入页码。

（1）插入页码操作步骤如下所示。

① 在“插入”选项卡上“页眉和页脚”组中单击“页码”按钮，如图 4.55 所示。

② 在打开的“页码”面板中选择页码的插入位置，用户可以选择“页面顶端”、“页面底端”、“页边距”或“当前位置”作为页码的插入位置。例如，选择“页面底端”，然后在打开的页码样式库中选择合适的页码，如图 4.56 所示。

（2）删除页码的操作方法如下所示。

① 双击包含页码的页眉或页脚区。

② 选定某页的页码。

③ 按【Delete】键。

Word 将自动删除整篇文档的页码。

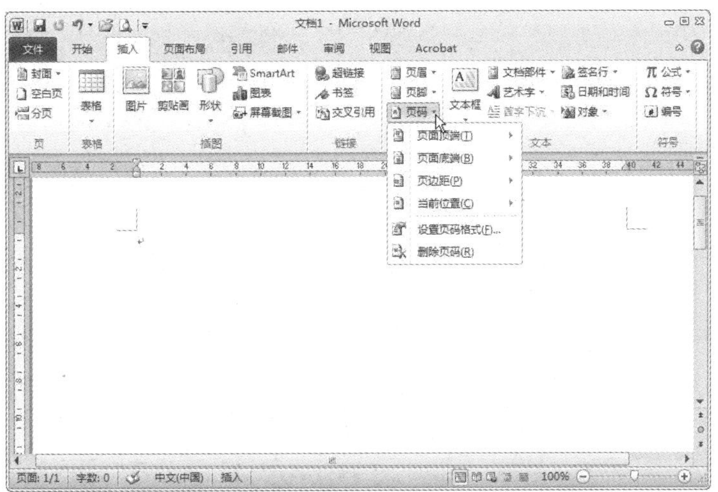

图 4.55 “插入”选项卡中的“页码”按钮

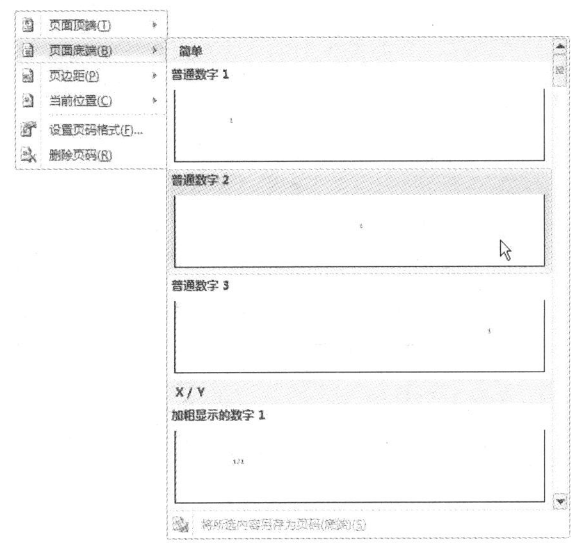

图 4.56 选择页码样式

4.5 打印预览及打印

4.5.1 打印预览

在正式打印之前，往往需要对文本进行打印预览。它是按一定的比例显示文档页面内容或多页的布局情况。

1．将“打印预览模式”按钮添加到“快捷访问工具栏”

（1）选择“文件”选项卡上的“选项”命令，如图 4.57 所示。打开“选项”对话框，如图 4.58 所示。

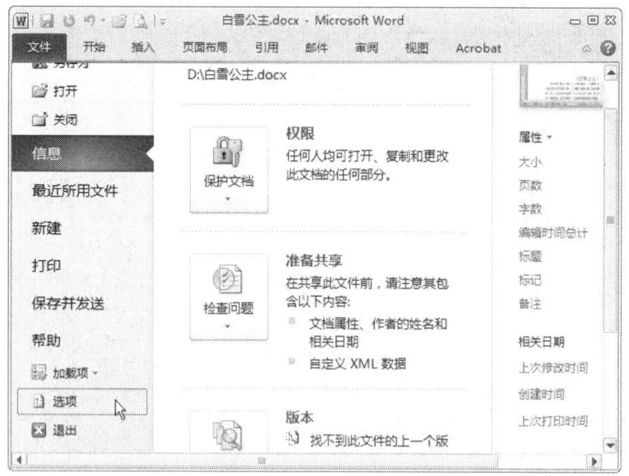

图 4.57 “文件”选项卡上的“选项”命令

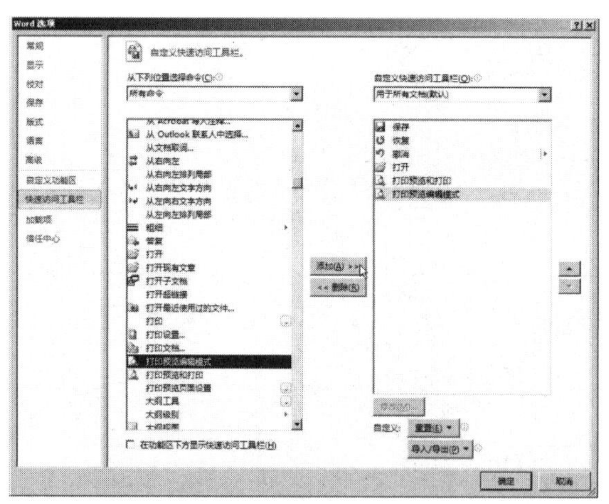

图 4.58 添加“打印预览编辑模式”按钮

（2）在“选项”对话框中左面选项卡中选择“快速访问工具栏”，单击右面选项卡中“从下列位置选择命令”下的“选择命令”按钮▼，选择“所有命令”。然后在下面的列表对话框中找到“打印预览编辑模式”并单击“添加”按钮，将其添加到“快速访问工具栏”。

2．单击“打印预览编辑模式”

“打印预览编辑模式”按钮，屏幕显示如图 4.59 所示的文档预览窗口，其中有一个“打印预览”工具栏，表 4.3 列出了“打印预览”工具栏上各按钮的功能，利用这些按钮可以设置预览方式。另外，使用水平标尺还可以更改页边距的大小。

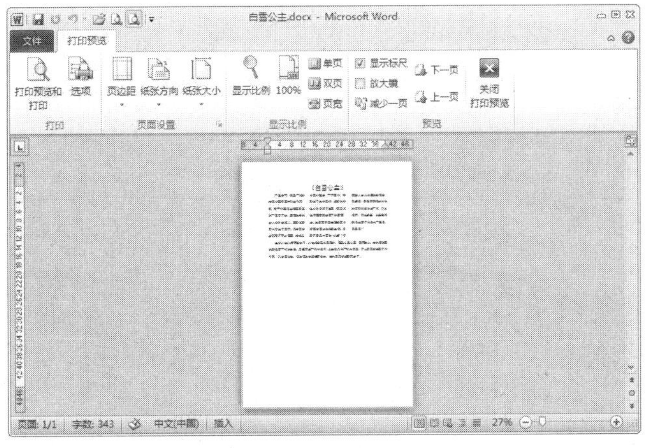

图 4.59 打印预览窗口

表 4.3 “打印预览”工具按钮说明

按　钮	功　能
打印预览和打印 选项	打印组。设置打印选项和 word 选项
页边距 纸张方向 纸张大小	页面设置组。设置页边距、纸张方向、纸张大小
显示比例 100% 单页 双页 页宽	显示比例组。设置显示比例、单双页与页宽显示
显示标尺 放大镜 减少一页 下一页 上一页 关闭打印预览	预览组。设置显示标尺、放大镜、减少一页、上下页切换、关闭预览

4.5.2 打印文档

1. 默认方式打印

选择“文件”选项卡中的“打印”命令，在窗口中单击打印按钮，文档将直接按默认方式进行全文打印。

2. 指定方式打印

选择“开始”选项卡中的“打印”命令，会弹出如图 4.60 所示的“打印”窗口，用户可以在此设置打印机，指定打印范围和打印份数等。

（1）设置打印机的属性。

在打印机名称下拉列表框中列出了已安装的全部打印机，用户可从中选择一台，单击“打印机属性”按钮，可以设置已选打印机的属性。

（2）设置页面范围。

指定打印的文本范围，单击“设置”下面的下拉箭头，如图 4.61 所示。

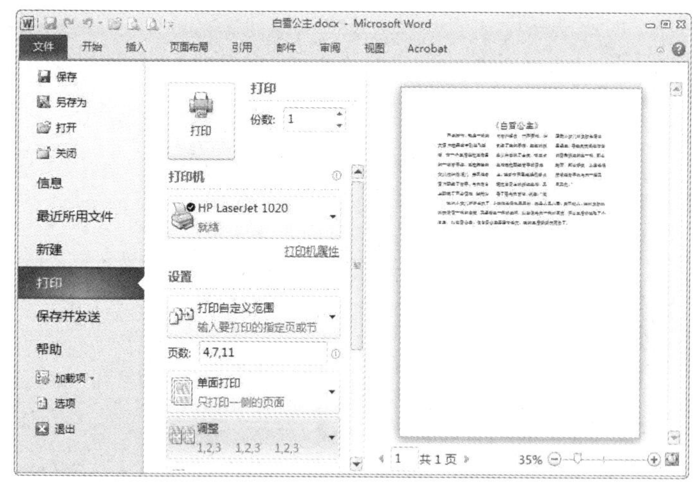

图 4.60 “打印”窗口

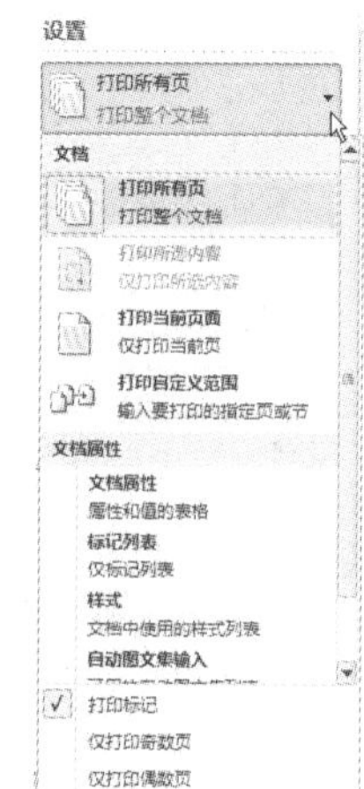

图 4.61 打印文档“设置”对话框

各选项含义如下。

打印所有页：打印整个文档。

打印当前页面：打印插入点所在的页。

打印自定义范围：打印指定的页。例如，图 4.60 中所示的“4，7，11”表示打印第 4 页、第 7 页和第 11 页。如果打印文档中连续的几页，如从第 5 页至第 12 页，可在“页码范围”栏中输入“5-12”。

打印所选内容：打印当前选定的文本。

（3）设置打印份数。

在“份数”框中设定打印的文档份数，其默认值为 1。

（4）确定打印内容。

在“设置”下拉列表中可以选择打印一些特殊内容，其中有文档、文档属性、标记列表、样式、自动图文集输入和键分配等，默认的是文档。

（5）设定打印范围。

在“设置”下拉列表中，可以指定打印的页面范围，有所选页面、奇数页和偶数页三个选项。

（6）缩放。

在“每版打印页数”中，可以选择一张纸上打印文档的页数。

在“缩放至纸张大小”中，可以选择在打印文档时所选用的纸张大小，并根据纸张大小进行缩放打印。

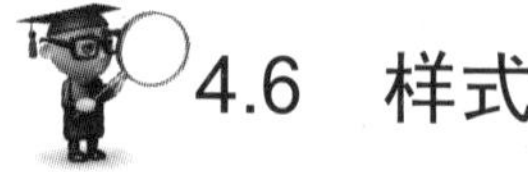

4.6 样式

所谓样式，就是系统和用户定义并保存的一系列排版格式，包括字符格式、段落格式。使用样式不仅可以轻松快捷地编排大量具有统一格式的段落，而且可以使文档格式严格保持一致（如某段设置。字体设为楷体加粗；段落设置为加边框底纹，左对齐且段前 3 磅；

可将它定义，并命名为aa样式，并可将此样式可应用于其他需要的段落)。

在Word中，样式可以按两种方式分类，从应用的角度，可以分为段落样式和字符样式；从定义的角度，分为内置样式和自定义样式。内置样式是Word提供的样式。如果内置样式不能满足使用需要，可以创建自定义样式。

4.6.1 应用样式

1. 使用“快速样式”库应用样式

（1）选中需要应用样式的段落或文本。

（2）在“开始”选项卡上“样式”组中单击“其他”按钮，如图4.62所示。

（3）在打开的“快速样式”库中指向合适的快速样式，在Word文档正文中可以预览应用该样式后的效果。单击选定的快速样式，即可应用该样式。如图4.63所示，单击所用样式，如“标题1”。

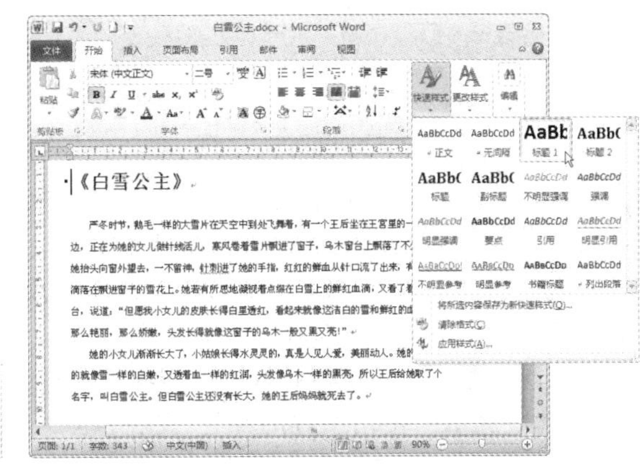

图4.62 单击“其他”按钮　　图4.63 对选定的文本应用样式

2. 使用“样式”对话框应用样式

（1）选中需要应用样式的段落或文本。

（2）在“开始”选项卡上的“样式”组中单击显示“样式”窗口按钮，弹出“样式”对话框，如图4.64所示。

（3）在任务窗格中的列表框中选择所需样式。

在“样式”框中，段落样式名前显示段落标记“↵”，字符样式名前显示字母“a”。

4.6.2 创建样式

在Word 2010中，虽然已经内置了很多样式，如仍不能满足使用需要，可创建新的自定义样式。

1. 基于已排版的文本创建样式

（1）选定已排版的文本。

（2）在如图4.64所示对话框中单击“新建样式”按钮，弹出“根据格式设置创建新样式”对话框。

（3）在对话框的“名称”文本框中输入新的样式名。

（4）单击“确定”按钮。

2. 使用“样式”对话框创建样式

（1）在如图 4.64 所示对话框中单击“新建样式”按钮，弹出“根据格式设置创建新样式”对话框，如图 4.65 所示。

图 4.64 “样式”对话框

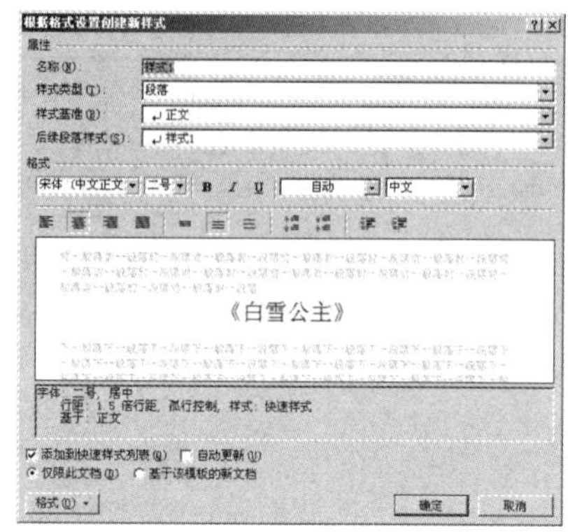

图 4.65 “根据格式设置创建新样式”对话框

（2）在“名称”文本框中输入新建样式的名称。

（3）在“样式类型”下拉列表中提供五个选项：“段落”、“字符”、“链接段落和字符”、“表格”和“列表”。选择“段落”选项可以定义段落样式，选择“字符”选项可以定义字符样式。

（4）在“样式基准”列表框中可以选择一种样式作为基准。默认情况下，显示的是“正文”样式。如果不想指定基准样式，可以在列表框中选择“无样式”选项。

（5）如果要为下一段落指定一个已存在的样式名，可以在“后续段落样式”列表框中选择样式名。通常情况下，标题样式的下一个段落是有关该标题的正文文字，应在“后续段落样式”列表框中选择“正文”样式。

（6）单击“格式”按钮，打开“格式”菜单，如图 4.66 所示。从“格式”菜单中选择相应的命令来定义样式的格式。

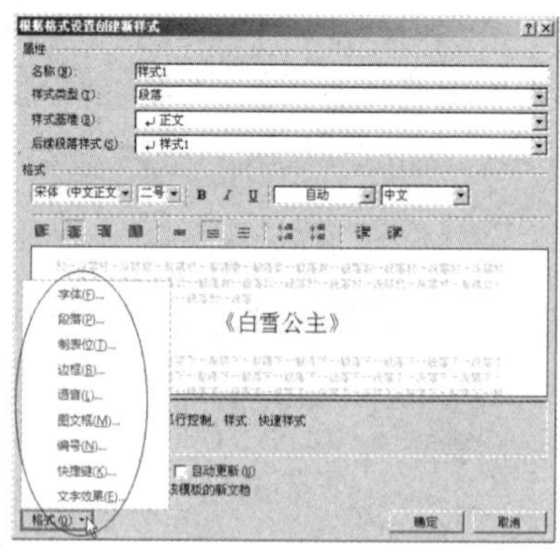

图 4.66 “格式”菜单

（7）如果要把新样式添加到“快速样式”列表中，可勾选“添加到快速样式列表”项。

（8）单击“确定”按钮，返回到文档中。

4.6.3 修改样式

Word 可以以同样的方式使用和修改内置样式和自定义样式，如修改样式“标题一”格式设置中的字体由宋体改为黑体，将段前段后间距均改为 20 磅，操作步骤如下。

（1）打开样式对话框。

（2）单击“管理样式”按钮，打开“管理样式”对话框，如图 4.67 所示。

（3）单击“修改”按钮，打开“修改样式”对话框，如图 4.68 所示。

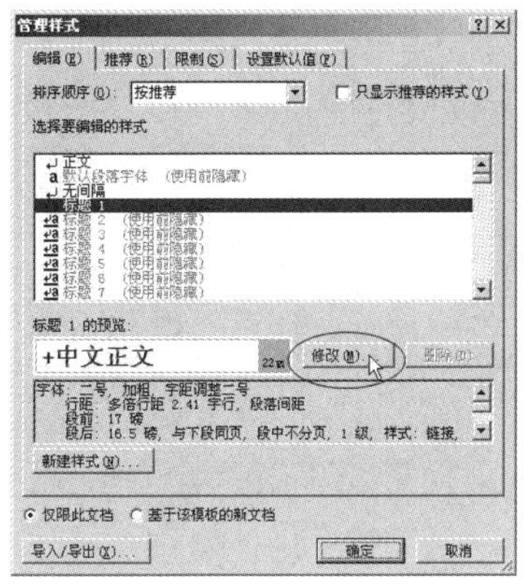

图 4.67 “标题 1”下拉列表选择“修改”

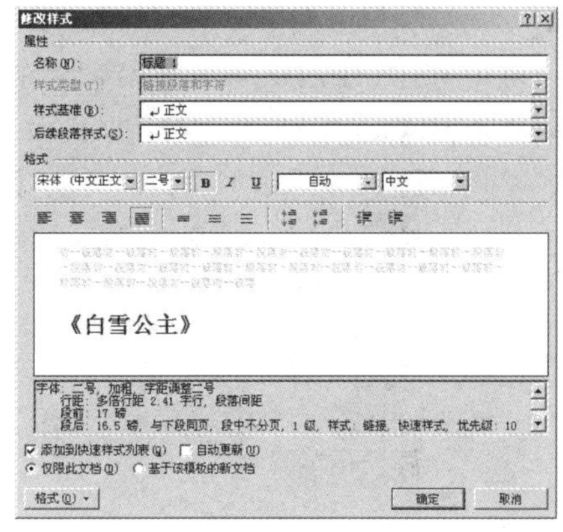

图 4.68 “修改样式”对话框

（4）在“格式”选项的“字体”对话框中将字体改为黑体。

（5）单击“格式”按钮，选择“段落”选项，在“段落”对话框中修改“段前”、“段后”为 20 磅，然后单击“确定”按钮。返回到“修改样式”对话框。

（6）单击“确定”按钮。对“标题 1”样式的修改完成。

如果要把修改的样式应用于其他文档中，则可以在“修改样式”对话框中选中“基于该模板的新文档”选项。如果要更新活动文档中所有使用此样式的文本，应选中“自动更新”复选框。

4.6.4 删除样式

在 Word 2010 中，可以在“管理样式”对话框中删除样式。打开“管理样式”对话框，在“选择要编辑的样式”列表中选择需要删除的样式，单击“删除”按钮，再单击提示框中的“是”按钮，即可删除该样式。

> **教你一招**
>
> 内置样式是无法被删除的。

4.7 模板

模板是一种带有特定格式的扩展名为.dot 的文档，它包括特定的字体格式、段落样式、页面设置、快捷方案、宏等格式。在 Word 中，任何文档都是以模板为基础的，模板决定了文档的基本结构和文档设置。

当要编辑多篇格式相同的文档时，可以使用模板来统一文档的风格，以提高工作效率。

4.7.1 使用模板创建文档

Word 默认的是一个名为 Normal 的模板，新建的空白文档都是基于该模板的。此外 Word 2010 中还带有其他一些常用的文档模板，使用这些模板可以有帮助于快速创建基于某种类型和格式的文档。

通过模板创建文档，可单击“文件”选项卡上的“新建”命令，打开“可用模板”任务窗格，如图 4.69 所示。

图 4.69　“可用模板”窗格

该任务窗格提供了多种类型的模板，可以根据需要选择使用。如选择“样本模板”中的“基本简历”，在右侧的“新建”选项组中选择“文档”单选按钮，可以确定所创建的是文档，然后单击“创建”按钮，即可打开一个应用了所选模板的新文档，如图 4.70 所示。

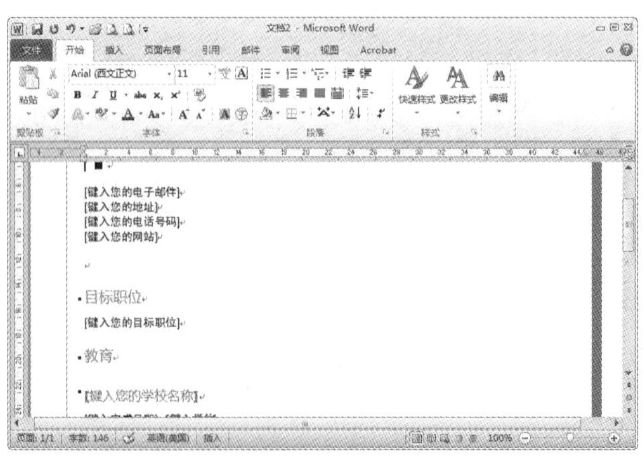

图 4.70　“基本简历”模板的新文档

在该文档中，可以看到不同位置都带有提示信息，告诉该位置应该输入什么内容。只需根据提示输入相关内容即可。

4.7.2 创建模板

在 Word 2010 中，可以根据需要创建新模板。创建新模板方法有两种：一是利用已存文档创建模板，二是根据已有模板创建新的模板。

1. 利用已存文档创建模板

创建模板最简单的方法就是将一份文档作为模板来进行保存，具体操作步骤如下所示。

（1）打开要作为模板保存的样本文档。

（2）单击“文件”选项卡上的“另存为”命令，打开“另存为”对话框。

（3）选择模板的保存位置，在“文件名”框中输入新模板的名称。

（4）在“保存类型”下拉列表框中，选择“Word 模板”。

（5）单击“保存”按钮，即创建好一个新的模板。

执行以上操作后，选择“文件”选项卡上的“新建”命令时，该模板将出现在“我的模板”中，该模板保存着样本文档中的一切格式。

2. 根据已有模板创建新模板

（1）选择“文件”选项卡上的“新建”命令，打开“可用模板”任务窗格。在“模板”窗格中选择与要创建的模板相似的模板，选中“新建”栏下的“模板”单选按钮，然后单击“确定”按钮。

（2）在打开的模板中根据需要进行页面设置、文本格式设置和图片等的修改。

（3）单击“文件”菜单中的“另存为”命令，打开“另存为”对话框。

（4）选择模板的保存位置，在“文件名”框中，输入新模板的名称。

（5）在“保存类型”下拉列表框中，选择“Word 模板”。

（5）单击“保存”按钮，即创建好一个新的模板。

4.7.3 应用模板

Word 只允许直接创建基于内部模板的文档，而不能直接创建基于自己的模板的文档，但是通过加载的方法，可以在当前的文档中应用自定义的模板。

具体操作步骤如下所示。

（1）单击“文件”选项卡，选择“选项”命令。

（2）在打开的“Word 选项”对话框中，单击左窗格中的“加载项”按钮。

（3）单击右窗格下方的“管理”下拉按钮，在弹出的列表中选择“Word 加载项”，如图 4.71 所示。

（4）单击“转到”按钮，打开“模板和加载项”对话框，如图 4.72 所示。

（5）单击“模板”选项卡，选中“自动更新文档样式”复选框。

（6）单击“选用”按钮，打开“选用”对话框，如图 4.73 所示。

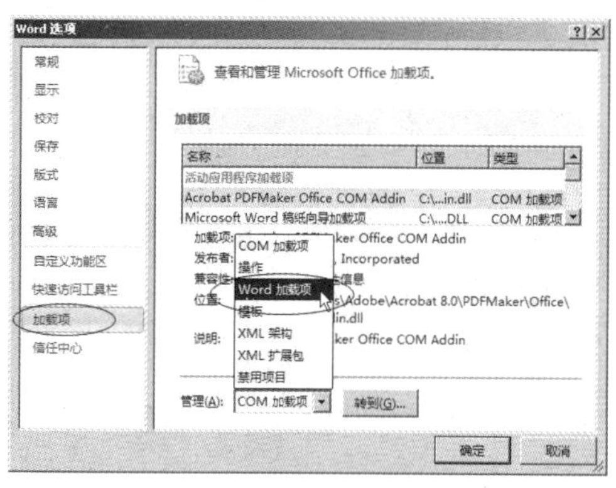

图 4.71 “Word 选项”对话框

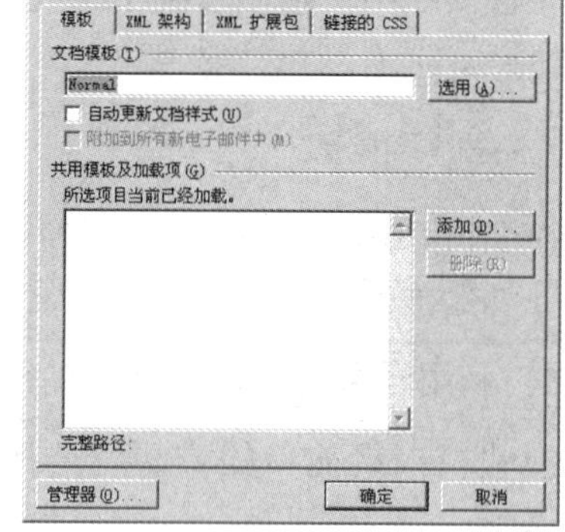

图 4.72 “模板和加载项”对话框

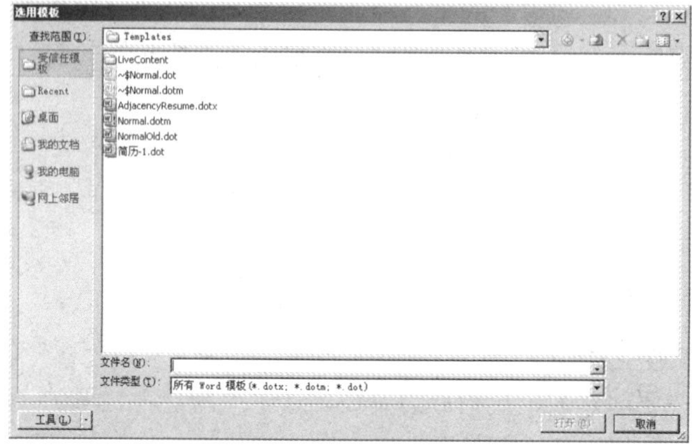

图 4.73 “选用模板”对话框

（7）打开“查找范围”下拉列表框，选中被应用模板所在的文件夹。

（8）在浏览框中双击所用模板，返回“模板和加载项”对话框。

（9）单击“确定”按钮，关闭对话框。

执行以上操作后，模板中的样式就会替代文档原来的样式格式，如果打开样式列表，就会发现在该模板中建立的样式都会在此列表中显示出来。

4.8 实例——制作“华清有限责任公司简介”

4.8.1 实例分析

公司简介是公司对外宣传的重要内容。在制作公司简介之前应对简介的内容加以分析：例如公司简介是写给什么人的，是写给投资者、客户还是应聘者等，对象不同内容也不同；目标对象关注的重点是什么，例如投资者关注公司资质、资金、项目的运营情况等，客户则关心公司业务领域的资质和信誉度，应聘者则更关心公司的人力资源规划和发展规划等。

本章以华清有限责任公司简介为例，介绍如何利用 Word 制作公司简介。本章公司简介对象是客户，所以在公司简介中主要对公司的成立时间、资质、业务范围、业绩、人员组成、服务理念等内容加以说明。在制作过程中可以对一些文字进行特殊处理，让读者有一个好的视觉感受，提高宣传效果。公司简介完成后的预览效果如图 4.74 所示。

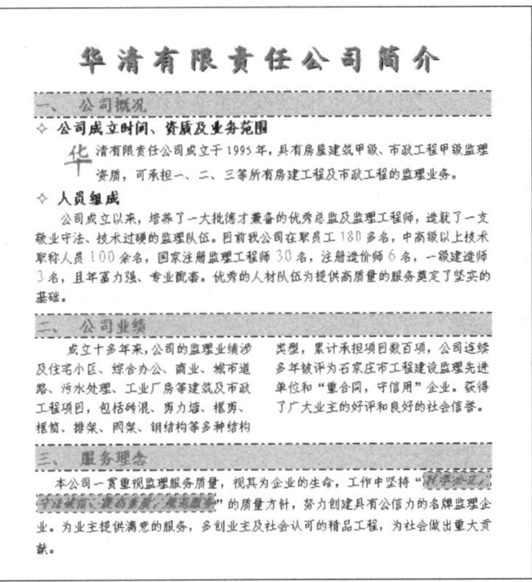

华清有限责任公司简介

一、 公司概况

✧ 公司成立时间、资质及业务范围

华清有限责任公司成立于 1995 年，具有房屋建筑甲级、市政工程甲级监理资质，可承担一、二、三等所有房建工程及市政工程的监理业务。

✧ 人员组成

公司成立以来，培养了一大批德才兼备的优秀总监及监理工程师，造就了一支敬业守法、技术过硬的监理队伍。目前我公司在职员工 180 多名，中高级以上技术职称人员 100 余名，国家注册监理工程师 30 名，注册造价师 6 名，一级建造师 3 名，且年富力强、专业配套。优秀的人材队伍为提供高质量的服务奠定了坚实的基础。

二、 公司业绩

成立十多年来，公司的监理业绩涉及住宅小区、综合办公、商业、城市道路、污水处理、工业厂房等建筑及市政工程项目，包括砖混、剪力墙、框剪、框筒、排架、网架、钢结构等多种结构类型，累计承担项目数百项，公司连续多年被评为石家庄市工程建设监理先进单位和“重合同，守信用”企业。获得了广大业主的好评和良好的社会信誉。

三、 服务理念

本公司一贯重视监理服务质量，视其为企业的生命，工作中坚持“[illegible]”的质量方针，努力创建具有公信力的名牌监理企业。为业主提供满意的服务，多创业主及社会认可的精品工程，为社会做出重大贡献。

图 4.74　公司简介预览效果

4.8.2 设计思路

在制作公司简介的过程中，首先需要新建一个空白文档，然后对页面进行设置，采用熟悉的输入法输入文本，利用“字体”、“段落”对文本进行格式设置，在文档中可以合理地使用项目符号和编号使文档的层次关系更加清晰、更有条理。为了美化页面也可以为一些段落和文本添加边框和底纹，最后对文档进行保存。

本实例的基本操作思路如下所示。

（1）新建文档并对页面进行设置。

（2）输入文本并设置标题格式。

（3）添加项目编号。

（4）为段落添加边框和底纹。

（5）添加项目符号。

（6）设置首字下沉。

（7）设置分栏。

（8）为文本添加边框和底纹。

（9）保存文档。

4.8.3 实例涉及的知识点

在本例的制作过程中主要用到了以下方面的知识点：页面设置、字体的设置、首字下沉、分栏、段落格式的设置、项目符号和编号的设置、边框和底纹的设置。

4.8.4 实例操作

本实例具体操作步骤如下所示。

1. 设置页面效果

（1）创建一个名为“文档 1”的空白文档。

（2）单击“页面布局”选项卡，在“页面设置”组中单击“纸张方向”按钮，在弹出的下拉列表中选择“横向”，就可改变纸张方向，如图 4.75 所示。

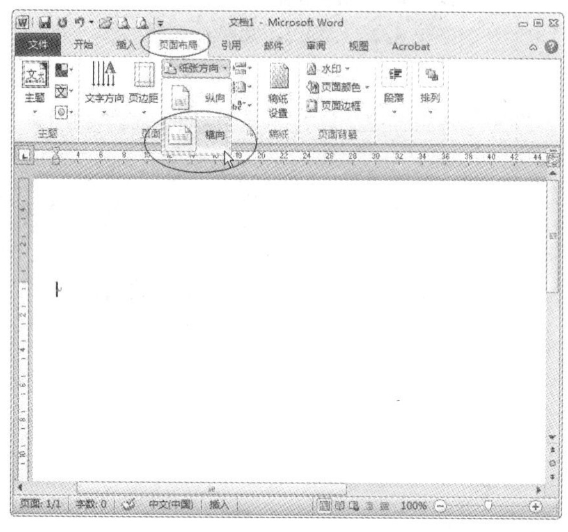

图 4.75 设置纸张方向

（3）在“页面设置”组中单击“纸张大小”按钮，在弹出的下拉列表中选择“B5（JIS）”就可改变用纸尺寸，如图 4.76 所示。

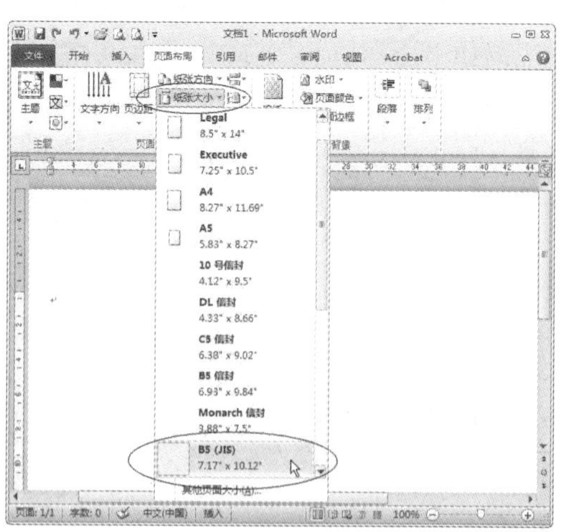

图 4.76 设置纸张大小

（4）在“页面设置”组中单击“页边距”按钮，在弹出的下拉列表中有几种设置好的格式。若没有合适的，可以通过选择“自定义边距”选项，在弹出的“页面设置”对话框中进行修改，如图 4.77 所示。

（5）单击“页面设置”对话框中的“页边距”选项卡，就可以设置“上”、“下”、“左”，“右”页边距。页边距是正文与页面边缘的距离。设置页边距时，单击2.54 厘米右面的向下的箭头，将“上”、“下”、“左”、“右”页边距分别改为 1.5 厘米，也可以在相应的文本输入框中直接进行修改，修改后如图 4.78 所示。其他设置保持不变，单击“确定”按钮，完成页面设置。

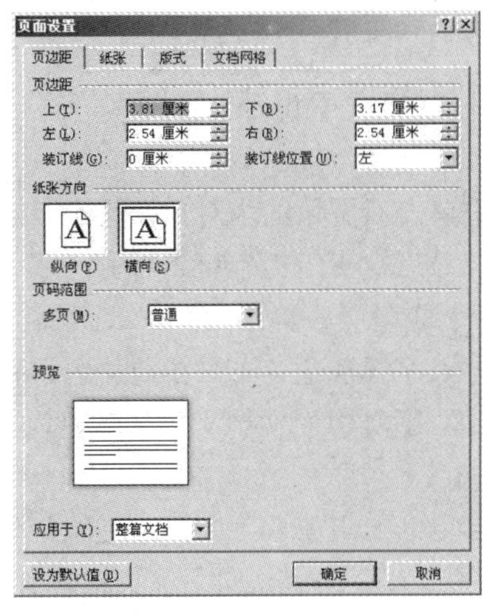

图 4.77　页面设置对话框

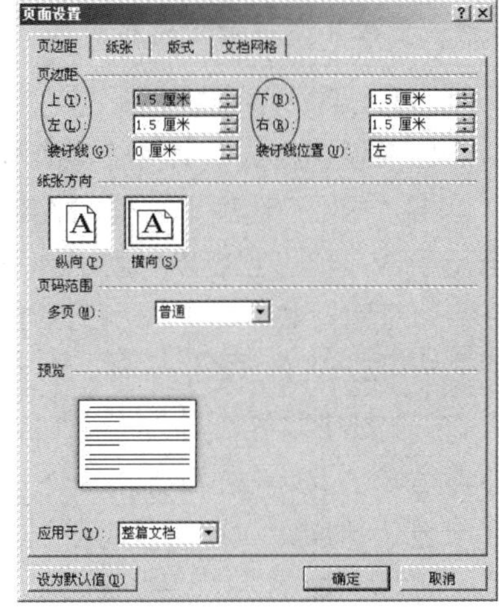

图 4.78　设置页边距

教你一招

还可以使用标尺快速改变页面边距，操作步骤如下所示。

① 选择“视图”选项卡上“文档视图”组中的“页面视图”命令，使文档处于页面视图状态。

② 若页面上没有显示标尺，我们可以选择“视图”选项卡上“显示”组中的“标尺”选项，这样标尺就可以在页面上显示出来，如图 4.79 所示。

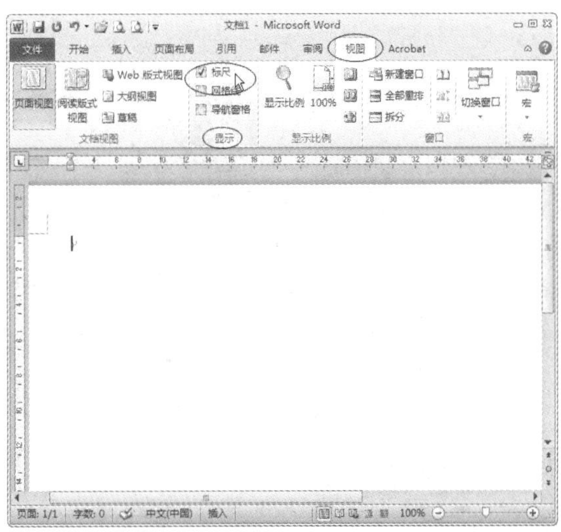

图 4.79　设置标尺

③ 如果要改变左、右页边距，可用鼠标指向水平标尺上的页边距边界（灰白交界处），待鼠标箭头变成双向箭头后拖动页边距边界，如图 4.80 所示。

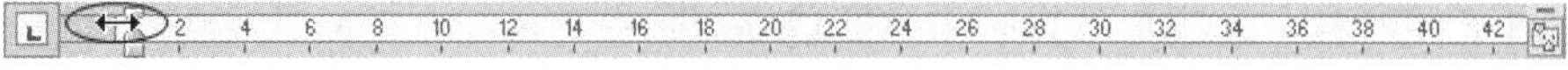

图 4.80　用标尺改变水平页边距

④ 如果要改变上、下页边距，可用鼠标指向垂直标尺上的页边距边界，待鼠标箭头变成双向前头箭头后拖动页边距边界。

2. 输入文本并设置标题格式

（1）利用自己熟悉的输入法，输入文本，段落间按【Enter】键换行。

（2）选定要设置格式的文本“华清有限责任公司”。

（3）单击“开始”选项卡，在“字体”组中单击右下角的小对角按钮，该按钮被称为对话框启动器，单击它可以启动字体对话框，如图 4.81 和图 4.82 所示。

（4）字体对话框共有“字体”和“高级”两个选项卡。单击“字体”选项卡，在“字体”选项卡中可以设置文本的字体、字形、字号、字体颜色、下画线及颜色、着重号和一些效果。在本例中设置标题为“楷体”,“加粗”，字号为“一号”，字体颜色为“红色”，如图 4.83 所示。

（5）设置字符间距。单击“高级”选项卡，在“间距”项中单击右面的 标准 向下的箭头，选择“加宽”。单击“磅值”右面的 向上、向下箭头将磅值设为“4磅”，也可以在相应的文本输入框里直接修改，修改后如图 4.84 所示。单击“确定”按钮，标题文本格式设置完毕。

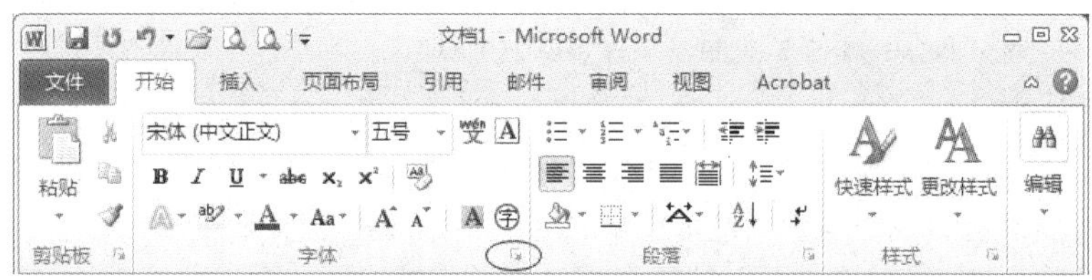

图 4.81　单击对话框启动器

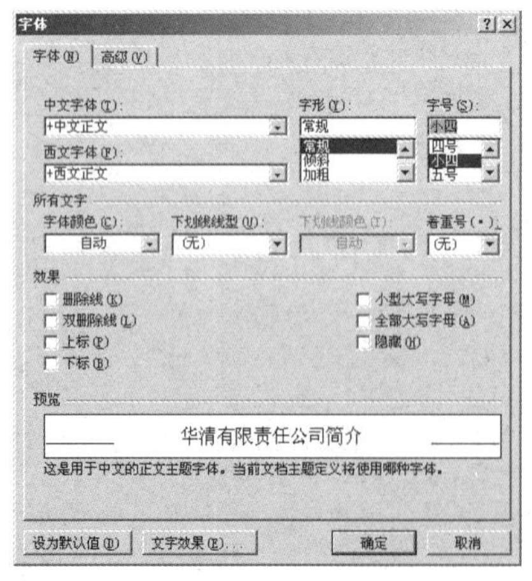

图 4.82　“字体”对话框

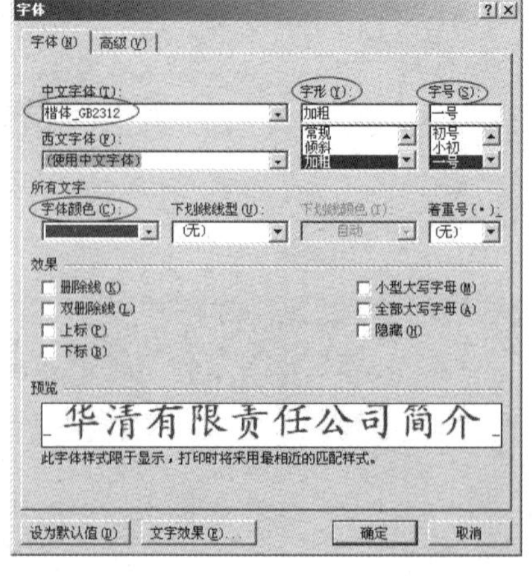

图 4.83　设置文本格式

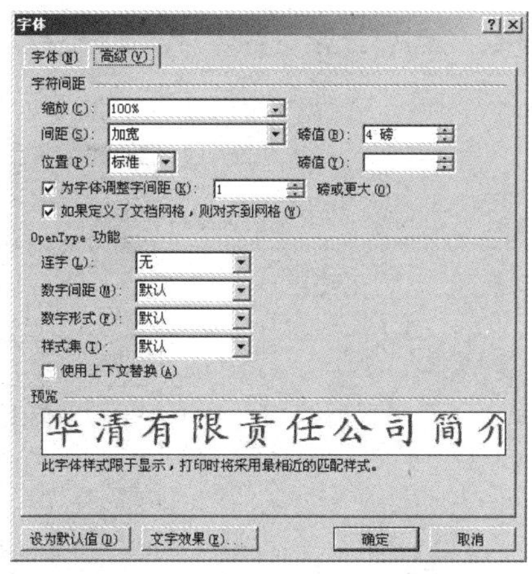

图 4.84　设置“间距”和“磅值”

（6）单击“段落”组中的 居中按钮，将“标题”居中对齐。

3．添加项目编号

选定“公司概况”，在按住【Ctrl】键的同时选中“公司业绩”和“服务理念”。单击“段落”组中的 项目编号右面向下的箭头，选择如图 4.85 所示的编号。

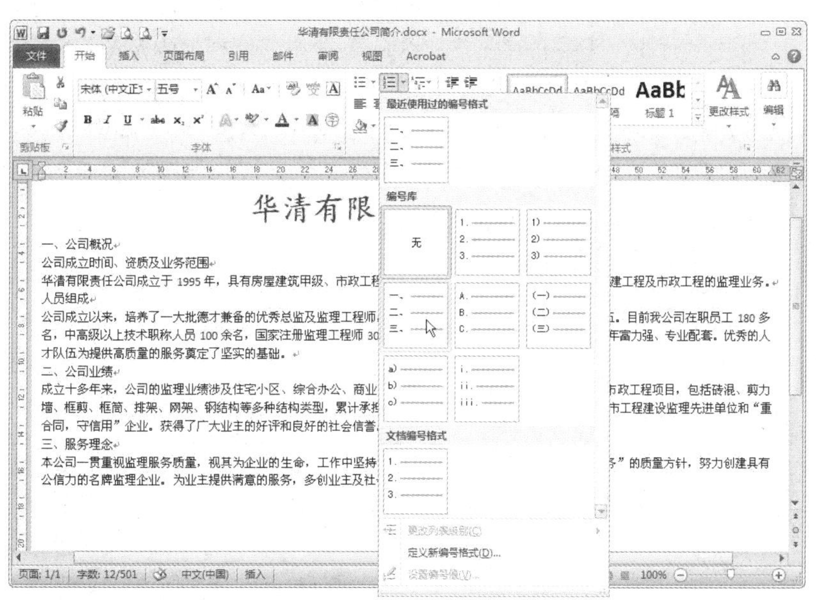

图 4.85　设置项目编号

4．对文本第一段进行文本、段落格式设置并添加边框和底纹

（1）选定“一、公司概况”文字，设置文本格式。单击“开始”选项卡上“字体”组中“字体”框右面的向下箭头，在下拉列表中选择“仿宋”。单击“字号”框右边的向下箭头，将字号设置为“小三”。单击“字体颜色”框右面的向下箭头，将字体颜色设置为“红色”，单击 加粗按钮，将文本设为加粗，如图 4.86 所示。

（2）设置段间距和行距。单击“段落”组右下角的小对角按钮，启动“段落”对话框，如图 4.87 所示。

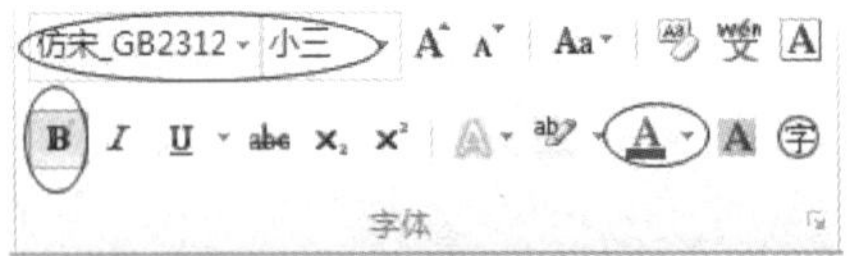

图 4.86　“字体”组设置

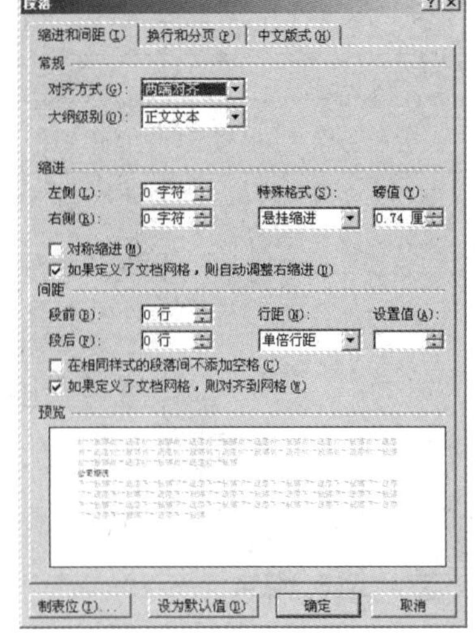

图 4.87　“段落”对话框

选择“缩进和间距”选项卡，在“间距”选项中，单击段前的向上箭头，改为 0.5 行。单击“行距”下方的向下箭头，选择“固定值”，在设置值下方的输入框中输入“18 磅”，单击“确定”按钮，如图 4.88 所示。

（3）设置边框。单击“段落”组中的“边框和底纹”向下的箭头，在下拉列表中选择“边框和底纹”命令，弹出“边框和底纹”对话框，如图 4.89 所示。

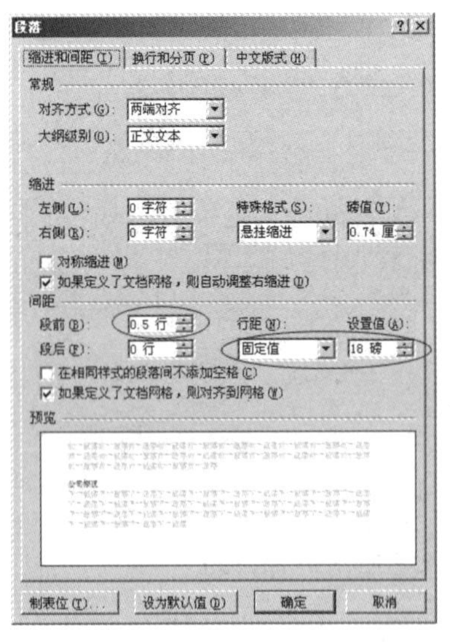

图 4.88　设置间距

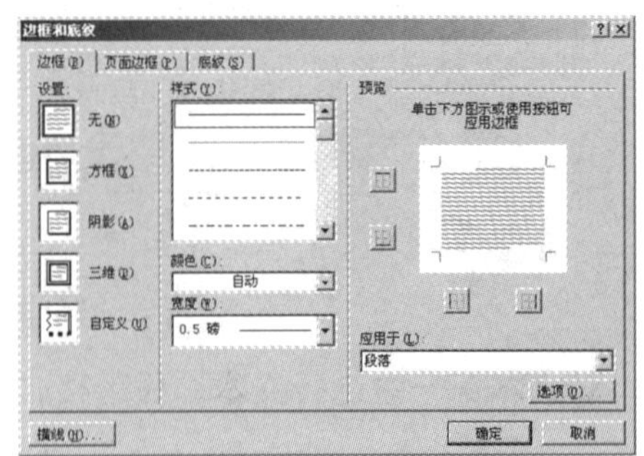

图 4.89　“边框和底纹”对话框

（4）单击“边框”选项卡，在“应用于”选项中单击下方的向下箭头，选择“段落”选项。

（5）单击“样式”下方的向上、向下箭头选择合适的线形。单击“宽度”下方的向下箭头，选择 1.5 磅。

（6）单击“预览”下方的、，将左、右边线去掉，选项卡如图 4.90 所示。

（7）单击“底纹”选项卡，在“应用于”选项中单击下方的向下箭头，选择段落。

（8）单击“填充”下方的向下箭头，在颜色框中选择合适的颜色，如图 4.91 所示。

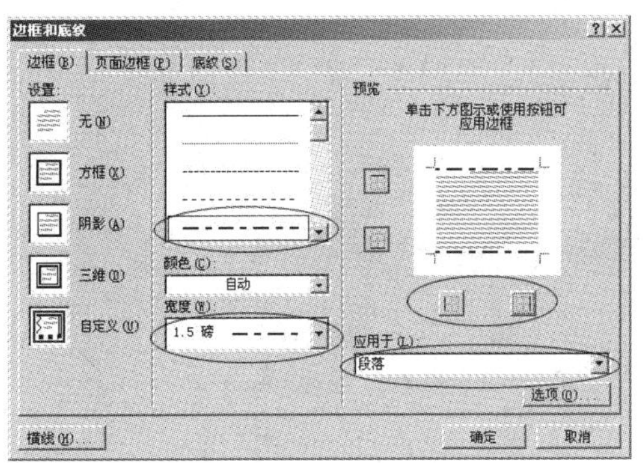

图 4.90　设置“边框”选项卡

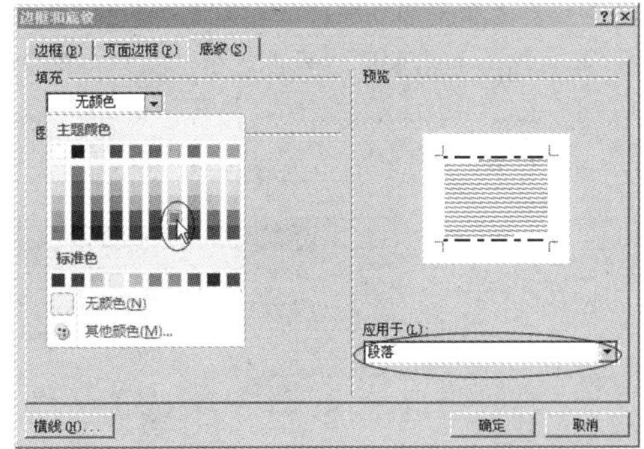

图 4.91　设置“底纹”选项卡

教你一招

添加边框和底纹时，一定要弄清楚是段落还是文本，在“应用于”选项下方的中正确选择，否则会产生错误。

（9）单击“确定”按钮，边框和底纹设置完毕，效果如图 4.92 所示。

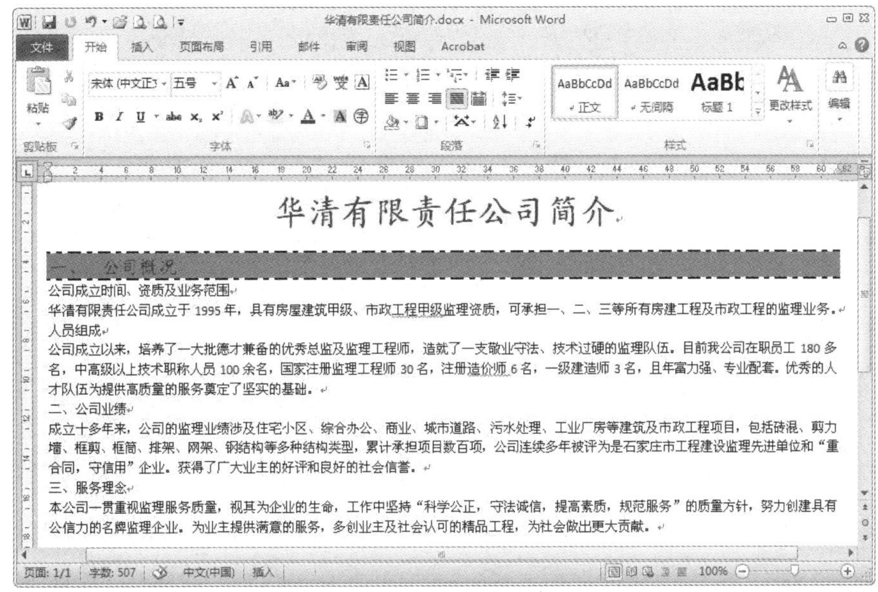

图 4.92　设置后的第一段效果

教你一招

除了可以给文本添加边框以外，还可以为整个文档添加页面边框。添加页面边框时，单击“段落”组中的 “边框和底纹”向下的箭头，在下拉列表中选择“边框和底纹”命令，弹出“边框和底纹”对话框。在“页面边框”选项卡中可以设置页面边框。

“页面边框”中的内容与“边框”中的内容大体类似，所不同的是多了“艺术型”列表框，在“应用范围”列表框中的可选范围也发生了变化。

给文档添加艺术型的页面边框，操作步骤如下所示。

① 启动“边框和底纹”对话框，单击“页面边框”选项卡。

② 在“艺术型”栏中选择任意一种边框效果，如图 4.93 所示。

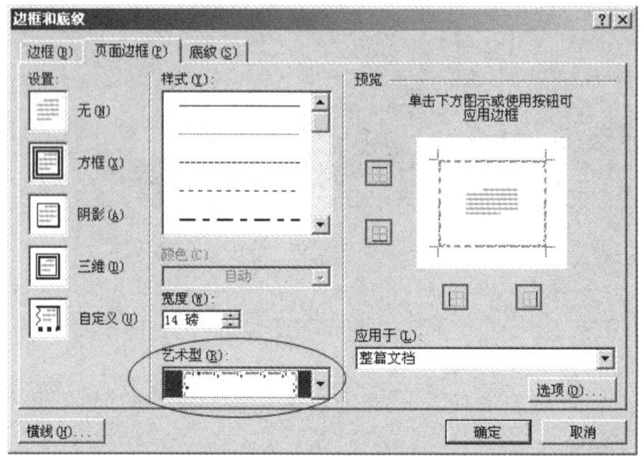

图 4.93　设置艺术页面边框

③ 单击“确定”按钮，完成页面边框的设置，效果如图 4.94 所示。

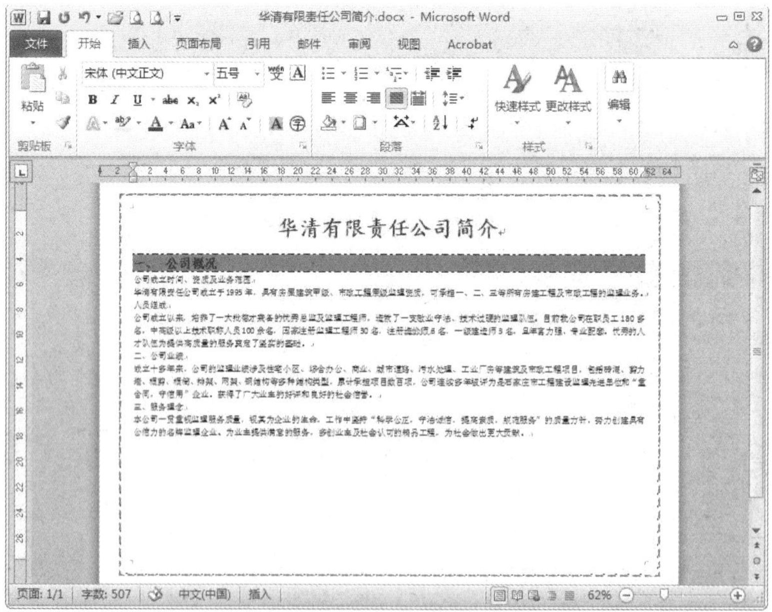

图 4.94　设置页面边框后的效果

5. 利用格式刷复制第一段的格式

“公司业绩”和“服务理念”两段的设置与第一段相同，如果对每一处都重复设置既烦琐也容易造成失误。可以利用“格式刷”按钮快捷方便地将设置复制给其他文本设置步骤如下所示。

（1）选定第一段文字。

（2）双击的“剪贴板”组中的“格式刷”按钮，此时鼠标指针变为 形状，如图 4.95 所示。

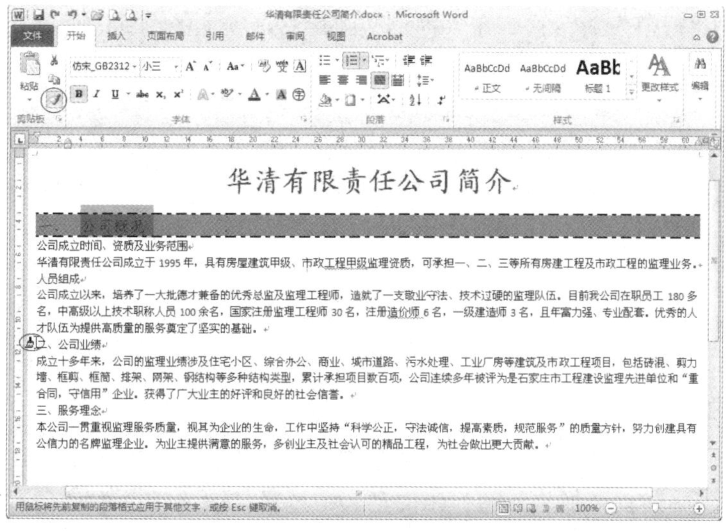

图 4.95　格式刷的使用

（3）按住鼠标左键拖动鼠标，分别选中“公司业绩”和“服务理念”两段，松开鼠标左键，效果如图 4.96 所示。

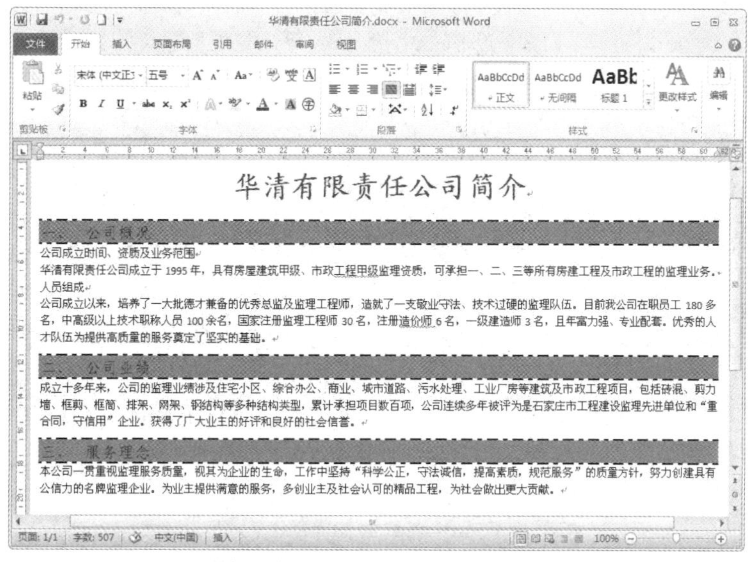

图 4.96　使用格式刷后的效果

（4）再次单击“剪贴板”组中的“格式刷”工具按钮，释放“格式刷”按钮。

教你一招

Word 中提供了快速多次复制格式的方法。双击格式刷，可以将选定的格式复制到多个位置，单击时只可以使用一次。再次单击格式刷即可关闭格式刷。

6．对其他段落设置字体和行距

（1）同时选中第二、三、四、五、七、九段，在“字体”组中设置字体为“仿宋”。

（2）启动“段落”对话框。在“缩进和间距”选项卡中设置“行距”为“18 磅”。

教你一招

在利用 Word 软件进行日常办公的时候，有些格式命令非常有用，希望无论执行任何操作时都可以使用这些命令。Word 2010 中浮动工具栏的出现提供了一个更快捷的方法。使用方法如下所示。

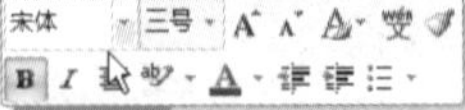

图 4.97　浮动工具栏

（1）通过拖动鼠标选择文本，然后用鼠标指向所选的文本。

（2）浮动工具栏以淡出的形式出现，如果鼠标指向浮动工具栏，它的颜色会加深，可以单击其中的选项进行格式设置，如图 4.97 所示。

7．添加项目符号

（1）同时选中“公司成立时间、资质及业务范围”和“人员组成”两段。单击“段落”组中的☰▾中的向下箭头，在弹出的列表中选择如图 4.98 所示的项目符号。

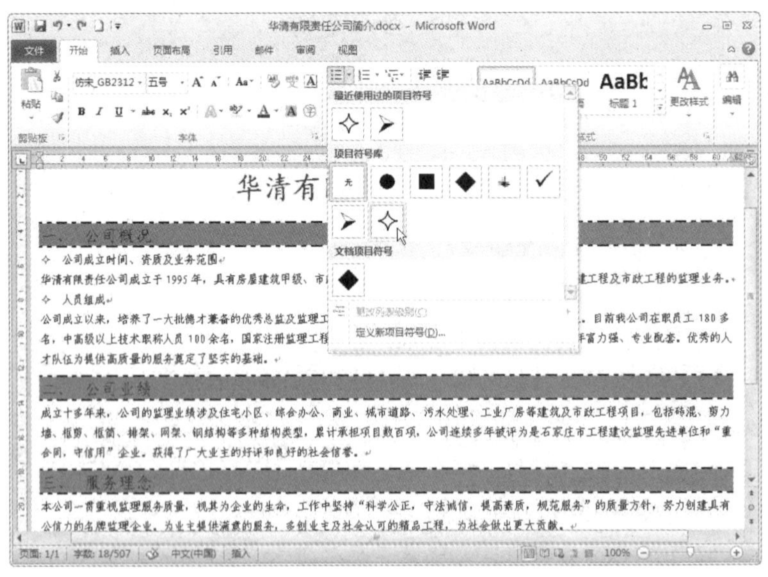

图 4.98　设置项目符号

教你一招

如果项目符号列表中没有需要的项目符号，可以先单击项目符号按钮，然后在弹出的列表中选择“定义新项目符号”选项，打开“定义新项目符号”对话框，如图 4.99 所示。

单击“符号”按钮，打开“符号”对话框，可在其中选择需要的符号，如图 4.100 所示。

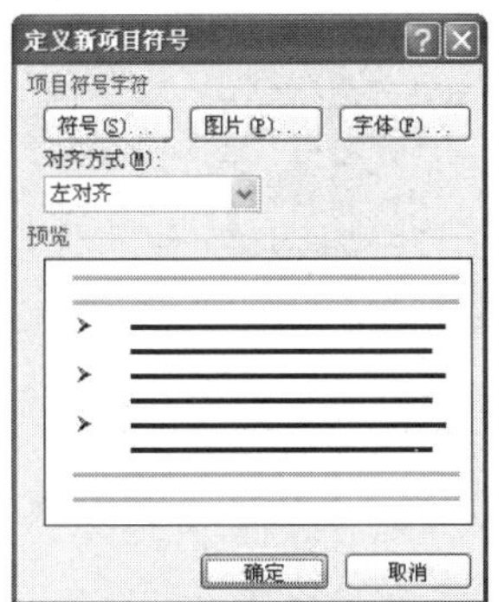

图 4.99 定义新项目符号”对话框

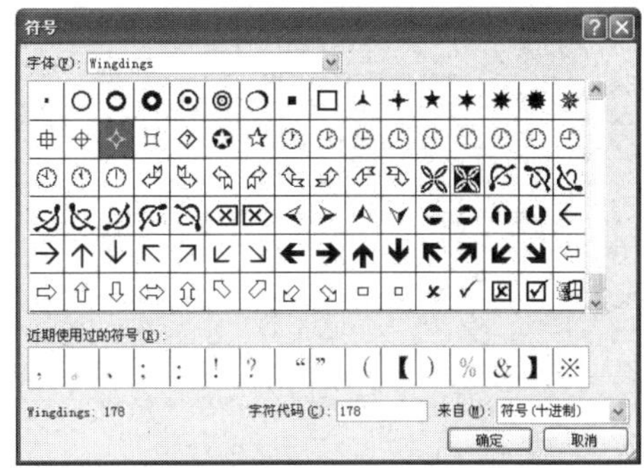

图 4.100 “符号”对话框

单击“字体”按钮，打开“字体”对话框，可在其中设置符号颜色等特性。在对齐方式中还可以选择项目符号的对齐方式。

(2) 在“字体”组中，将字号设置为“四号”。单击加粗 **B** 按钮，将文本设为加粗。

8. 为段落设置首行缩进

(1) 同时选中第三、第五、第七、第九段，启动“段落”对话框。在“缩进和间距”选项卡。“缩进”选项中单击“特殊格式”下方的 (无) 向下箭头，在下拉列表中选择首行缩进，磅值为 2 个字符，如图 4.101 所示，然后单击“确定”按钮。

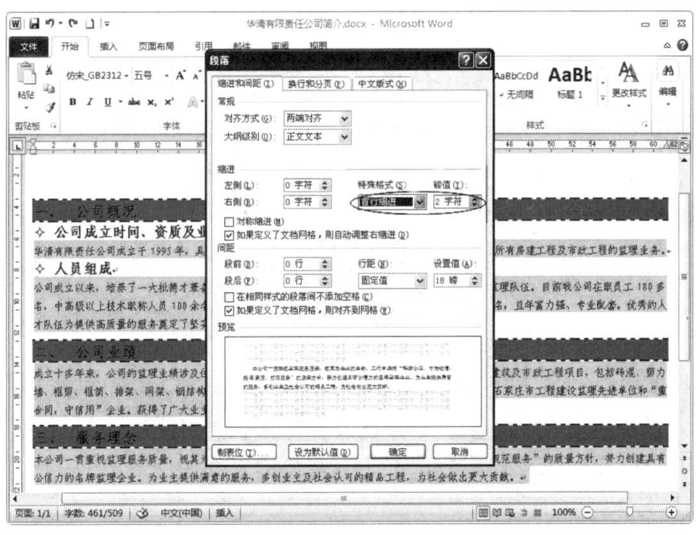

图 4.101 设置首行缩进

教你一招

如何更改标尺单位

在设置段落缩进时，在实际操作中有时对度量单位的要求不同，有时使用“厘米”作为度量单位，有时使用“字符”作为度量单位，那么如何在 Word 2010 中更改标尺单位呢？具体操作步骤如下所示。

① 单击“开始”选项卡，选择“选项”命令，如图 4.102 所示。

图 4.102　选择“选项”命令

② 在弹出的“Word 选项”对话框中，单击“高级”选项，在“显示”一节中清除“以字符宽度为度量单位”复选框。单击“确定”后就以“厘米”为单位。选中“以字符宽度为度量单位”复选框就以“字符”为单位。默认情况下该复选框处于选中状态，如图 4.103 所示。

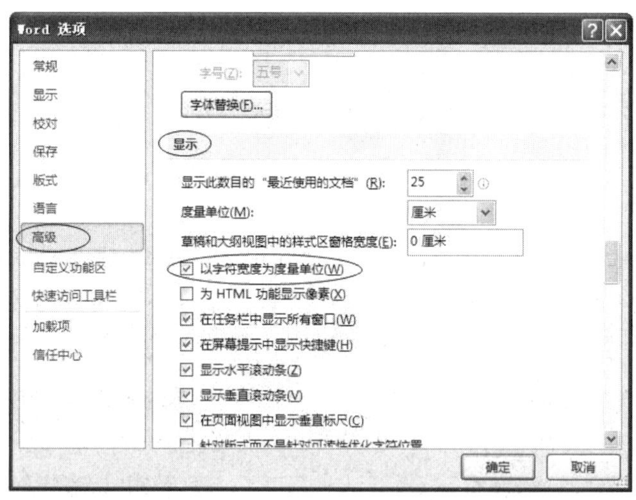

图 4.103　修改标尺单位

9. 设置首字下沉

（1）将光标移至第三段的任意位置，单击“插入”选项卡，在“文本”组中单击“首字下沉”的向下箭头，在弹出的列表中选择“首字下沉选项”，如图 4.104 所示，弹出“首字下沉”对话框，如图 4.105 所示。

（2）在“首字下沉”对话框中的“位置”选项中，选择选项。在“选项”中设置“字体”为“华文新魏”，在“下沉行数”文本框中输入首字占据的行数，默认值为

“3”，可单击增量按钮进行调节或直接输入下沉的行数。在本例中设置“下沉行数”为“2”，如图 4.106 所示。其他选项不变，单击“确定”按钮。

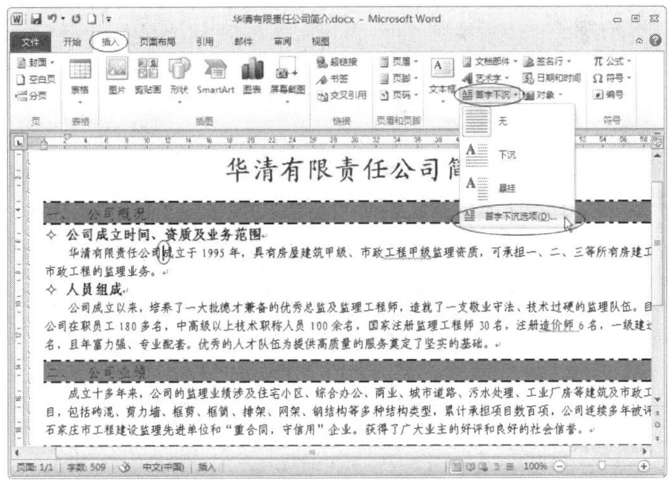

图 4.104　设置“首字下沉”

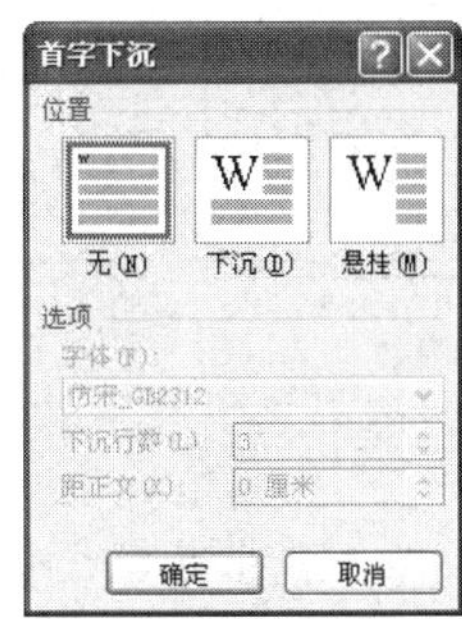

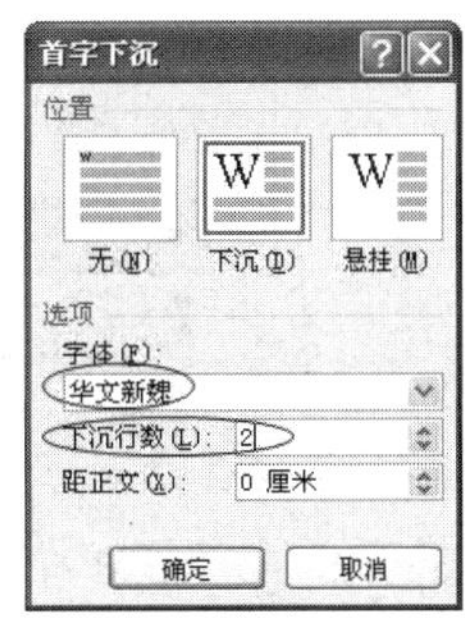

图 4.105　“首字下沉”对话框　　图 4.106　设置“首字下沉”选项

（3）在“字体”组中，将“字体颜色”设置为“红色”，设置后效果如图 4.107 所示。

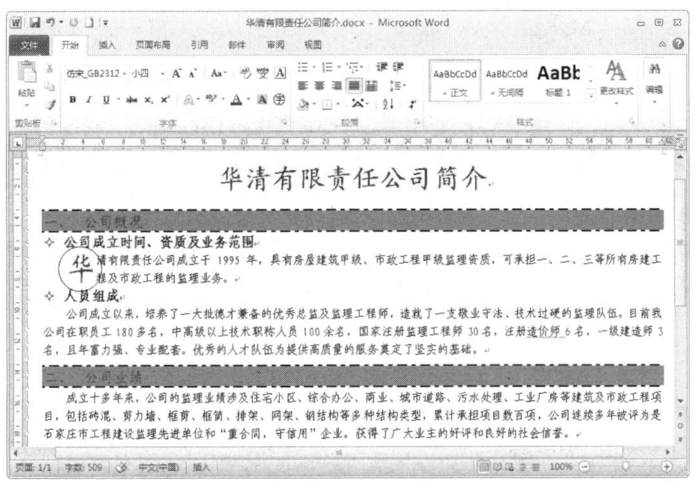

图 4.107　设置首字下沉后的效果

另外还有一种悬挂下沉方式，设置时只要在“首字下沉”对话框的“位置”栏中，选择“悬挂”方式即可。若在“位置”栏中选择“无”，则取消首字下沉。

10. 设置字符的缩放

（1）同时选中第五段中的5个数字，启动字体对话框，在“字体”选项卡中修改字体颜色为“红色”。

（2）选择“高级”选项卡，单击“缩放”选项右面的 100% 向下的箭头，选择“200%”。如图4.108所示。然后单击“确定”按钮。

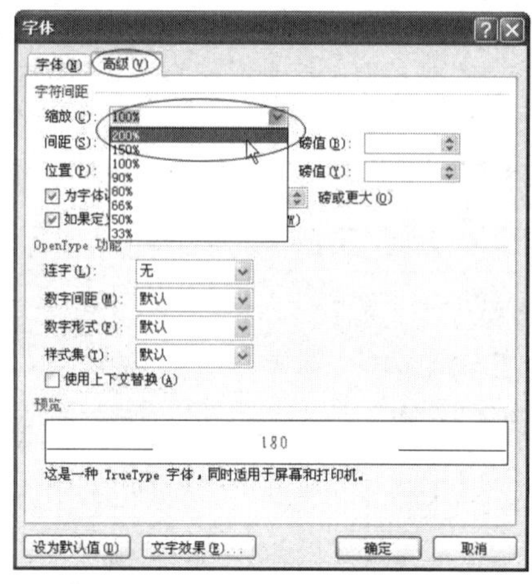

图4.108 设置字符“缩放”

11. 设置分栏

（1）选中第七段。单击“页面布局”选项卡，在“页面设置”组中单击 分栏 中向下的箭头，在弹出的列表中选择“两栏”，如图4.109所示。分栏后，效果如图4.110所示。

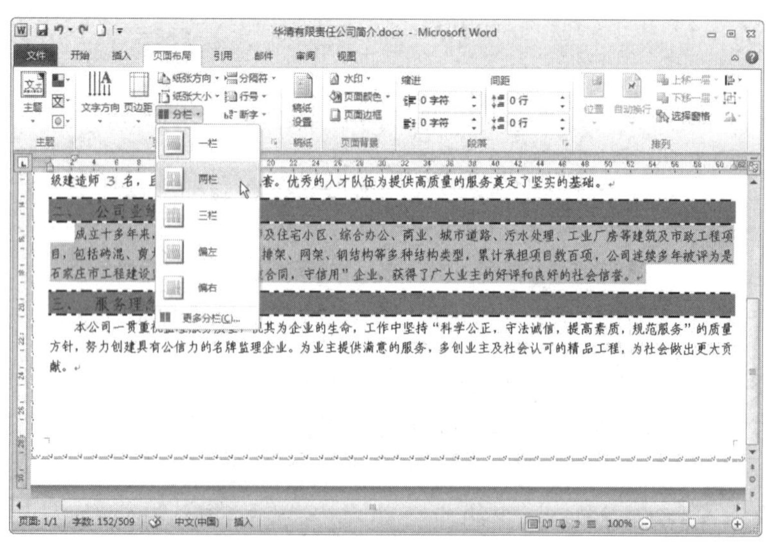

图4.109 设置分栏

12. 为文字添加边框和底纹

（1）选中第九段的“科学公正，守法诚信，提高素质，规范服务”，在“开始”选项卡上“字体”组中单击“加粗”、“倾斜”按钮，设置字体颜色为“红色”。

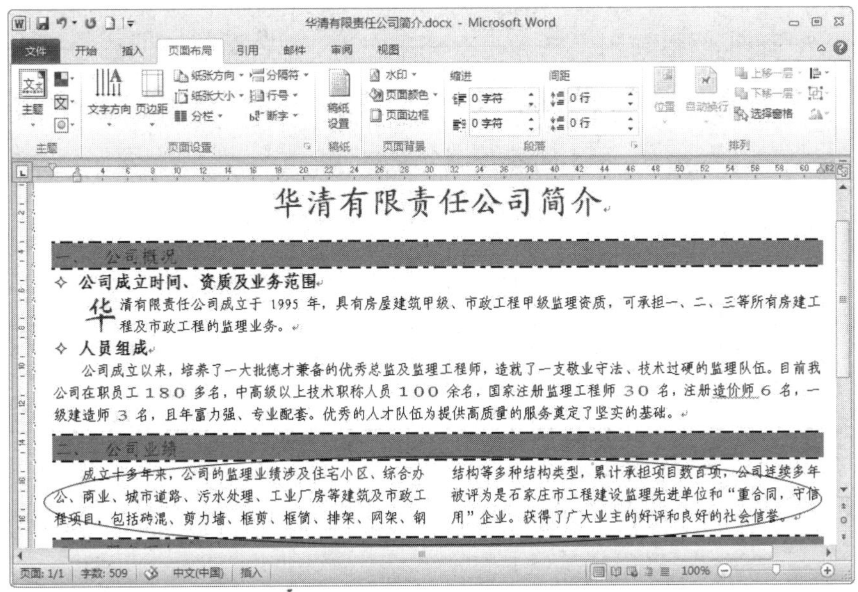

图 4.110　分栏后的效果

（2）启动字体对话框。选择“高级”选项卡，单击“位置”选项右面的标准向下的箭头，选择“提升”，“磅值”选择“2 磅”。如图 4.111 所示，然后单击“确定”按钮。

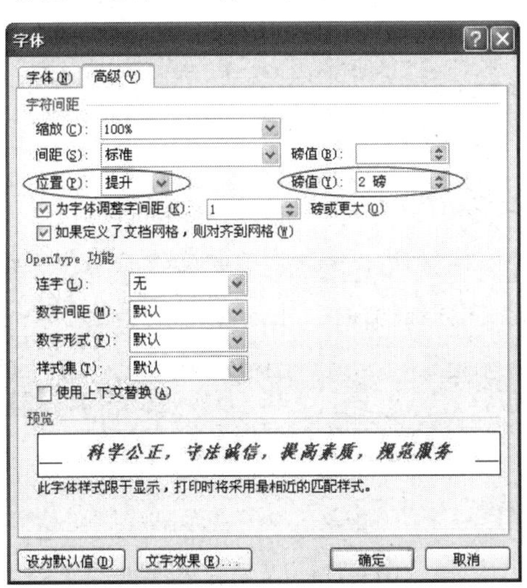

图 4.111　设置字符“提升”效果

（3）设置边框。按前面讲述的方法启动“边框和底纹”对话框。

（4）单击“边框”选项卡，在“应用于”选项中单击下方的向下箭头，选择“文字”。

（5）在“样式”选项中选择合适的线型。边框“颜色”选择“蓝色，深色 50%”；“宽度”选择“1 磅”，如图 4.112 所示。

（6）单击“底纹”选项卡，在“应用于”选项中选择“文字”。在“填充”选项中选择“红色，淡色 60%”，单击“样式”右边的 清除 的向下箭头，在下拉列表中选择“5%”，如图 4.113 所示。

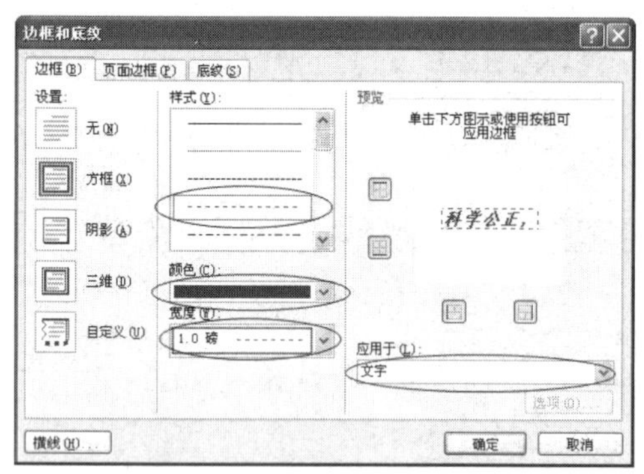

图 4.112　设置文字边框

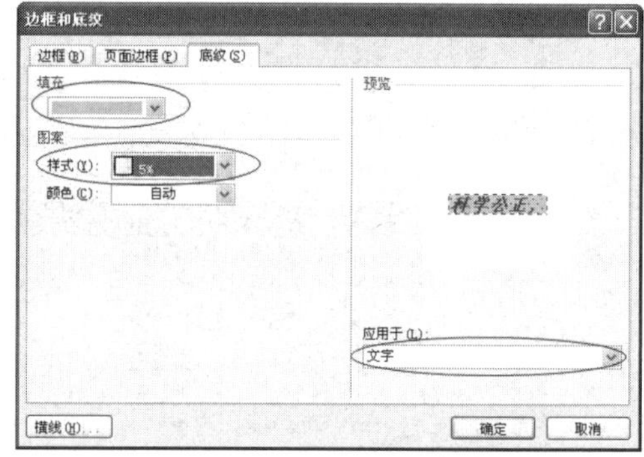

图 4.113　设置文本底纹

（7）单击“确定”按钮。至此公司简介文档制作完毕，效果如图 4.114 所示。

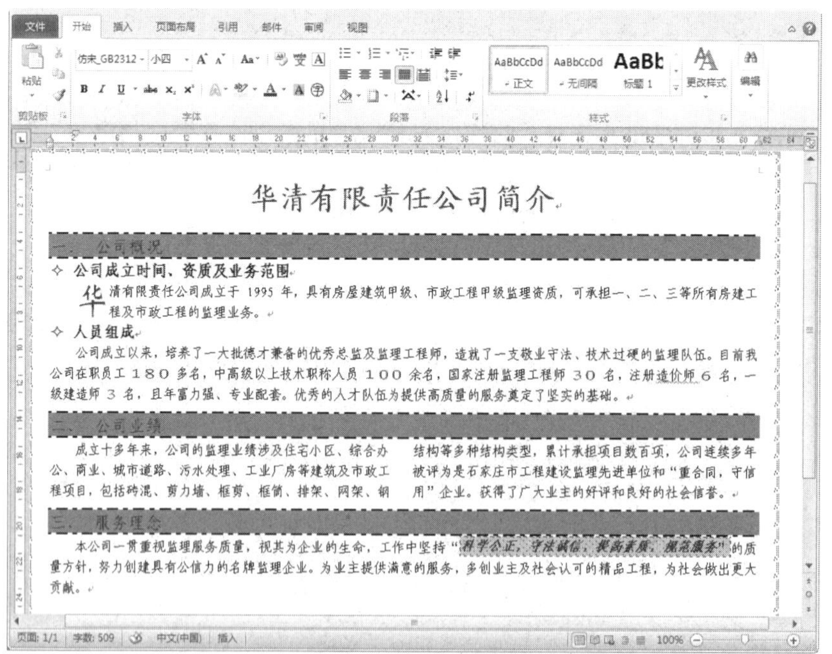
华清有限责任公司简介

一、　公司概况

✧ 公司成立时间、资质及业务范围

华清有限责任公司成立于 1995 年，具有房屋建筑甲级、市政工程甲级监理资质，可承担一、二、三等所有房建工程及市政工程的监理业务。

✧ 人员组成

公司成立以来，培养了一大批德才兼备的优秀总监及监理工程师，造就了一支敬业守法、技术过硬的监理队伍。目前我公司在职员工 180 多名，中高级以上技术职称人员 100 余名，国家注册监理工程师 30 名，注册造价师 6 名，一级建造师 3 名，且年富力强、专业配套。优秀的人才队伍为提供高质量的服务奠定了坚实的基础。

二、　公司业绩

成立十多年来，公司的监理业绩涉及住宅小区、综合办公、商业、城市道路、污水处理、工业厂房等建筑及市政工程项目，包括砖混、剪力墙、框剪、框筒、排架、网架、钢结构等多种结构类型，累计承担项目数百项，公司连续多年被评为是石家庄市工程建设监理先进单位和“重合同，守信用”企业。获得了广大业主的好评和良好的社会信誉。

三、　服务理念

本公司一贯重视监理服务质量，视其为企业的生命，工作中坚持“科学公正，守法诚信，提高素质，规范服务”的质量方针，努力创建具有公信力的名牌监理企业。为业主提供满意的服务，多创业主及社会认可的精品工程，为社会做出更大贡献。

图 4.114　文档最终效果

（8）单击快速访问工具栏上的保存按钮，对文档进行保存。

4.8.5 实例总结

通过本实例的制作，主要学习了文本的字体、字号、字体颜色、粗体的设置，纸张的方向、大小，页边距的设置，段落的缩进效果、行距、段间距的设置，项目编号和项目符号的设置，段落和文本的边框和底纹的设置、首字下沉及格式刷的应用。其中关键之处在于利用 Word 2010 的基本排版功能对文本格式进行设置，使文档变得美观、大方。

利用本实例类似的做法，可以非常方便的完成各种计划、备忘录、总结、报告等纯文字材料的排版。

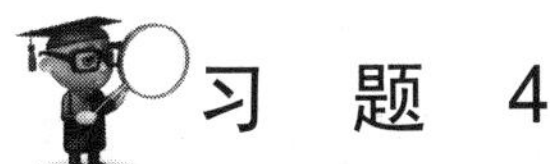

习 题 4

一、思考题

1. 文档的格式设置包括哪几个部分？
2. 简述为段落和字符添加边框与底纹的方法。
3. 简述如何设置段间距。

二、填空题

1．两端对齐是指段落中的各行均匀地沿________对齐，最后一行为__________。

2. 字符格式设置可以设置字符的___________、___________、___________等格式，从而改变其显示效果。

3．在 Word 中，每页底端的特定内容称为_________，每页顶端的特定内容称为___________。

4. 在“打印”对话框中页码范围是“4-6，23，40”表示打印的是__________。

三、选择题

1．执行分栏命令后，Word 将自动在分栏的文本内容上、下各插入一个（　　），以便与其他文本进行区分。

A．分页符　　B．分节符　　C．分栏符　　D．分段符

2．在 Word 中，对已选定的文字四周加上单线边框，可以单击“格式”工具栏中的（　　）。

A．**B**按钮　　B．*I*按钮　　C．U按钮　　D．A按钮

3．对于 Word 分栏操作，下列说法正确的是（　　）。

A．一节中可以包含多种分栏格式

B．在普通视图下也能显示分栏效果

C．对选定内容分栏，则选定内容将成单独的一节

D．如果不选定分栏的内容而执行分栏操作，则将对当前的整个文档进行分栏

4．Word 中的段落是指（　　）结尾的一段文字。

A．句号　　B．空格　　C．回车符　　D．Shift+回车符

四、上机操作题

输入原文件，按要求设置成最终效果。

（一）新闻特写

1．原文件

北京市日前发布《关于实施出租汽车租价与油价联动机制的通知》，实施出租汽车租价与油价联动机制，当北京的93号汽油价格超过6.50元/升时，即启动该联动机制，即：93号汽油价格在6.50（不含）～7.10（含）元/升区间时，在由政府和企业向出租车驾驶员发放临时燃油补贴的基础上，向乘客加收燃油附加费。

据有关部门介绍，2009年11月10日，北京的93号汽油价格由6.28元/升上调至6.66元/升，93号汽油价格已超过联动机制规定的实行加收燃油附加费的价格（6.50元/升）。

2．要求

（1）设置纸张大小为A4纸；方向为纵向；页边距为上边距2.3厘米，下边距2厘米，左、右边距均为2.5厘米；装订线位置在距左侧1厘米的距离。

（2）在页面的“页眉和页脚”项中设置为“首页不同”。

（3）给文档添加标题：新闻30分。

（4）将标题设置为小二号、黑体、加粗、居中、加绿色双下画线。

（5）设置正文字体为楷体、小四号、加粗、蓝色。

（6）设置段落首行缩进2个汉字；第一段与第二段的段间距为0.5行；行间距为固定值12磅。

（7）将正文第二段加上线型为“细—粗—细”，宽度为2.25磅的段落边框，并设置文字的底纹为紫色20%。

（8）设置第一段首字下沉。下沉位置为悬挂，下沉行数为3行，距离正文为0.4厘米。

（9）设置在页面顶端居左的位置输入页眉，内容为新闻特写，并设置为隶书、四号字。

3．最终效果

文档设置后最终效果如图4.115所示。

新闻特写

新闻30分

北京市日前发布《关于实施出租汽车租价与油价联动机制的通知》，实施出租汽车租价与油价联动机制，当北京的93号汽油价格超过6.50元/升时，即启动该联动机制，即：93号汽油价格在6.50(不含)–7.10(含)元/升区间时，在由政府和企业向出租车驾驶员发放临时燃油补贴的基础上，向乘客加收燃油附加费。

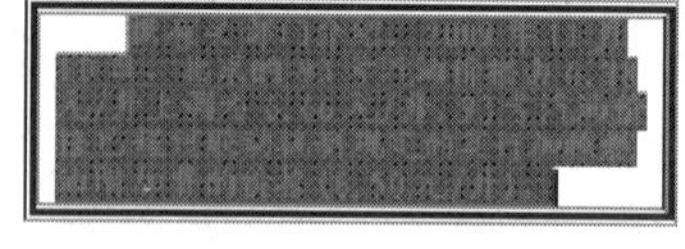

图4.115　文档设置后的最终效果

（二）软件宣传

1.原文件

瑞星杀毒软件

一、提供检测结果报告和实时监控记录

在每次检测和清除病毒结束后，会自动生成结果报告文件，以方便查询；同时实时监控记录也将保存。保存信息包括含带毒文件名、所在的绝对路径、病毒名称、处理结果。

二、查杀病毒速度无与伦比

“瑞星杀毒软件”【DOS版】在PII266/32兆内存的环境下，查毒速度平均每秒可达100多个文件，是其他杀毒软件的2～30倍，这大大减少了用户为检测、清除病毒所花费的时间，可以极大地提高工作效率。

要查杀病毒，首先必须了解病毒寄生的宿主文件结构，WORD宏病毒所寄生的

WORD 文件采用 OLE2 结构，这种结构非常复杂，且微软公司（Microsoft）从未公开过。WORD 文件结构的特点：任何信息（包括宏）并不是采用连续存放，而是分散在文件的不同地方，WORD 系统在处理信息时会自动完成拼装，使你看到的信息是连续完整的。

2．要求：

（1）将全文中的“查杀病毒”用“查杀毒”替换。

（2）将英文大写的“WORD”全部改为英文小写的“word”。

（3）页面设置。设置纸张为 16 开，页边距，上下左右均为 2cm。

（4）字体和字号。将文档的标题“瑞星杀毒软件”设置为黑体四号、居中对齐。

（5）其他文字为宋体、小四号、深蓝色。

（6）段落设置。标题外的其他段落悬挂缩进 0.8cm，行间距为固定值 15 磅，两端对齐，段前间距 5 磅、段后间距 15 磅。

（7）为“提供检测结果报告和实时监控记录”和“查杀病毒速度无与伦比”两段内容添加项目符号。并对这两段添加边框和底纹，字符间距加宽 5 磅。

（8）将第三、第四两段首字下沉两行。

3．最终效果

文档设置后的最终效果如图 4.116 所示。

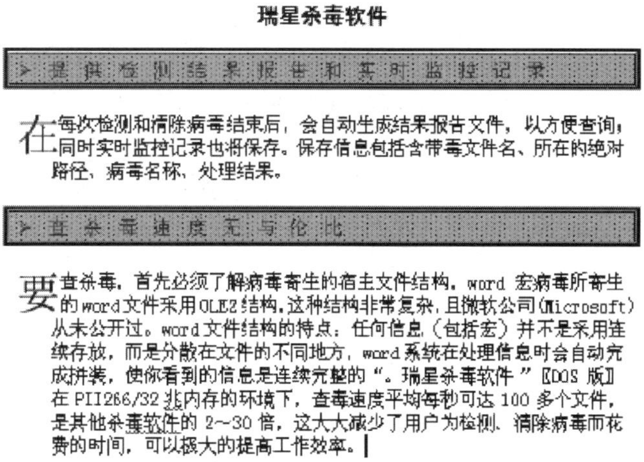

瑞星杀毒软件

➢ 提 供 检 测 结 果 报 告 和 实 时 监 控 记 录

在每次检测和清除病毒结束后，会自动生成结果报告文件，以方便查询，同时实时监控记录也将保存。保存信息包括含带毒文件名、所在的绝对路径、病毒名称、处理结果。

➢ 查 杀 毒 速 度 无 与 伦 比

要查杀毒，首先必须了解病毒寄生的宿主文件结构，word 宏病毒所寄生的 word 文件采用 OLE2 结构，这种结构非常复杂，且微软公司（Microsoft）从未公开过。word 文件结构的特点：任何信息（包括宏）并不是采用连续存放，而是分散在文件的不同地方，word 系统在处理信息时会自动完成拼装，使你看到的信息是连续完整的“。瑞星杀毒软件”【DOS 版】在 PII266/32 兆内存的环境下，查毒速度平均每秒可达 100 多个文件，是其他杀毒软件的 2~30 倍，这大大减少了用户为检测、清除病毒而花费的时间，可以极大的提高工作效率。

图 4.116　文档设置后的最终效果

（三）文章：素质教育要注重开发

1．原文件

素质教育要注重开发

在教育实践中，开发、调用学生的能动因素主要有两种方式：一是学生自我开发、调用；二是教师指导开发、调用。

学生自我开发、调用，是指个体在实践中受某种因素的影响，发挥本体能动因素在某个方面的长处进行尝试，用己之长获得成功的，而使能动因素得到长足发展的一种方式。这种方式对绝大多数学生，特别是低年级学生来说往往有一定的难度，需要教师做必要的指导。

同时它又具有不稳定性、盲目性和缓慢性等缺点，因而在素质教育中仅可以作为一种辅助方式。

教育者指导开发、调用，指教师在研究学生本体能动因素的基础上，根据个体的差异性，采取诱导性或强制性手段，指导学生参与同本体能动因素相适合的学习活动，使之个性、才能得到发展。诱导性方式是教师引导学生参与适合其个体能动因素的学习活动，

2．要求：

（1）纸张尺寸 B5；将第一行作为标题，字体为楷体、小二、居中、加粗。

（2）第二段首行缩进 2 个字符，段间距段前 2 行，段后 1 行；行距固定值 20 磅，添加边框，颜色为蓝色，宽度 1.5 磅。

（3）将“尝试”作为上标；“往往”提升 7 磅。

（4）给文档中斜体部分加上项目编号为 1、2、3、4、5、6。

（5）将文档中所有“学生”替换为“students”，颜色红色。

（6）新建字符样式。名称为“字符格式”；格式为幼圆，小三，颜色为紫色，添加 0.5 磅双实线方框。

（7）将“字符格式”样式应用于第一段。

3．最终效果

文档设置后的最终效果如图 4.117 所示。

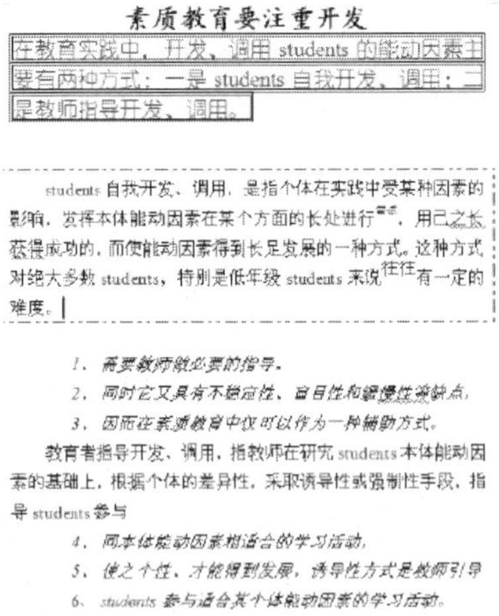

素质教育要注重开发

在教育实践中，开发、调用 students 的能动因素主要有两种方式：一是 students 自我开发、调用；二是教师指导开发、调用。

students 自我开发、调用，是指个体在实践中受某种因素的影响，发挥本体能动因素在某个方面的长处进行尝试，用己之长获得成功的，而使能动因素得到长足发展的一种方式。这种方式对绝大多数 students，特别是低年级 students 来说往往有一定的难度。

1. *需要教师做必要的指导。*
2. *同时它又具有不稳定性、盲目性和缓慢性等缺点，*
3. *因而在素质教育中仅可以作为一种辅助方式。*

教育者指导开发、调用，指教师在研究 students 本体能动因素的基础上，根据个体的差异性，采取诱导性或强制性手段，指导 students 参与

4. *同本体能动因素相适合的学习活动，*
5. *使之个性、才能得到发展，诱导性方式是教师引导*
6. *students 参与适合其个体能动因素的学习活动。*

图 4.117　文档设置后的最终效果

（四）文章：网络电视

1．原文件

网络电视的承诺十分简单，网络冲浪不再是电脑用户的特权，您现在可以用类似有线电视盒的电视预置设备访问万维网。

这个盒子（或是游戏机，如世嘉土星或苹果 Pippin）内部藏有调制解调器及所有必需的网络浏览软件。将这个盒子连接在电视及电话线上，您就能安坐在沙发中浏览网页了。这种有如家用电器般的轻松使用与设置是 WebTV 的魅力之所在。用户无须安装软

件，也不用担心兼容性或花时间去学习使用程序，所有的工作都将由 WebTV 自动完成。

如果您会使用电视遥控器或游戏机手柄，您就能操作 WebTV。并且，用 WebTV 访问网络所需的设备投资只是家用电脑的一小部分，一部 WebTV 设备的价格通常只是 PC 的 1/5～1/3。

2．要求：

（1）为本文添加标题“网络电视”，字号为小三，颜色为绿色、字体为宋体，并居中显示。

（2）将正文第一段的行间距设置为 1.5 倍行距。

（3）设置页眉为“网络电视”。

（4）将文中第二段的行间距设置为固定值 18 磅：段前距设置为 5 磅，段后距设置为 6 磅。

（5）将第二段中的“或是游戏机，如世嘉土星或苹果 Pippin”的字体设置为红色、加粗、斜体、加下画线的宋体。

（6）为文中第三段字间距设置为加宽 4 磅，并设置蓝色的三维边框、10%的绿色底纹。

（7）将全文的“游戏”全部加着重号，字形设置为“粗体”，颜色为深蓝。

（8）设置所有段落的首行缩进两个字符。

3．最终效果

文档设置后的最终效果如图 4.118 所示。

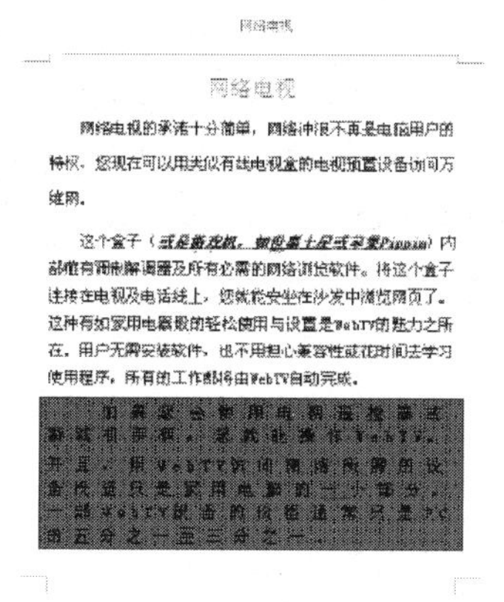

网络电视

网络电视

网络电视的承诺十分简单，网络冲浪不再是电脑用户的特权，您现在可以用类似有线电视盒的电视预置设备访问万维网。

这个盒子（***<u>或是游戏机，如世嘉土星或苹果Pippin</u>***）内部带有调制解调器及所有必需的网络浏览软件。将这个盒子连接在电视及电话线上，您就能安坐在沙发中浏览网页了。这种有如家用电器般的轻松使用与设置是WebTV的魅力之所在。用户无需安装软件，也不用担心兼容性或花时间去学习使用程序。所有的工作都将由WebTV自动完成。

如果您会使用电视遥控器或游戏机手柄，您就能操作WebTV。并且，用WebTV访问网络所需的设备投资只是家用电脑的一小部分，一部WebTV设备的价格通常只是PC的五分之一至三分之一。

图 4.118　文档设置后的最终效果

（五）文章：Internet 在中国

1．原文件

Internet 在中国

1994 年 4 月，中国作为第 71 个国家级网加入 Internet。目前国内有四大互联网络实现了同 Internet 的连接，即中科院的中国科技网 CSTNET，国家教委的中国教育和科研网 CERNET，信息产业部的中国互联网 CHINANET 和电子部的金桥网 GBNET。

全国各地区需要使用 Internet 服务的用户，可以通过不同的方式加入上述四大网络从而进入 Internet。目前，这四大网络已经相互联通，标志着 Internet 在中国迅速发展的时期已经到来。

2．要求：

（1）设置纸型宽度 21 厘米，高度 18 厘米；设置上边距为 3cm，下边距为 3cm，左边距为 3cm，右边距为 3cm。

（2）为本段文的标题“Internet 在中国”设置字体为楷体，字号为二号，颜色为红色，阴文效果，居中对齐，段后间距为 20 磅。

（3）将所有正文文字设置为华文中宋、小四。

（4）把文中的 Internet 替换为“因特网”并把“因特网”设置为二号字、隶书、粗体。

（5）将第一段分为不等的两栏，第一栏宽度为 5 厘米，加分隔线。设置边框和底纹，底纹为 25%橄榄色，淡色 40%。

（6）将第二段的“全”字设置首字下沉，下沉 2 行，字体设置为楷体。

3．最终效果

文档设置后的最终效果如图 4.119 所示。

因特网在中国

1994 年 4 月，中国作为第 71 个国家级网加入因特网。目前国内有四大互联网络实现了同因特网的连接，即中科院的中国科技网 CSTNET，国家教委的中国教育和科研网 CERNET，信息产业部的中国互联网 CHINANET 和电子部的金桥网 GBNET。

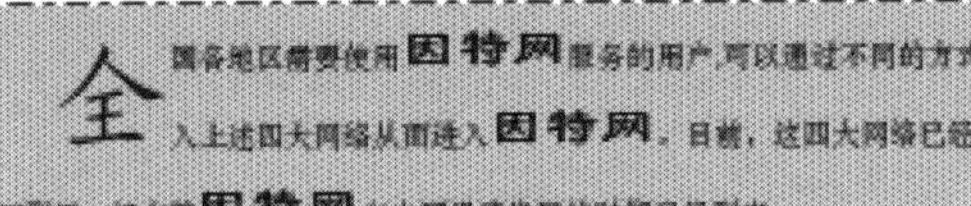

全国各地区需要使用因特网服务的用户，可以通过不同的方式加入上述四大网络从而进入因特网。目前，这四大网络已经相互联通，标志着因特网在中国迅速发展的时期已经到来。

图 4.119　文档设置后的最终效果

第 5 章

表　　格

在日常工作中，我们经常会处理各种表格，有些较为简单，如通信录，而有些则较为复杂。Word 2010 提供的表格处理功能，可以快捷方便地创建各种表格。

5.1　创建表格

表格由行和列组成。行与列相交形成的方格称为单元格，它是表格的基本单位，如图 5.1 所示。

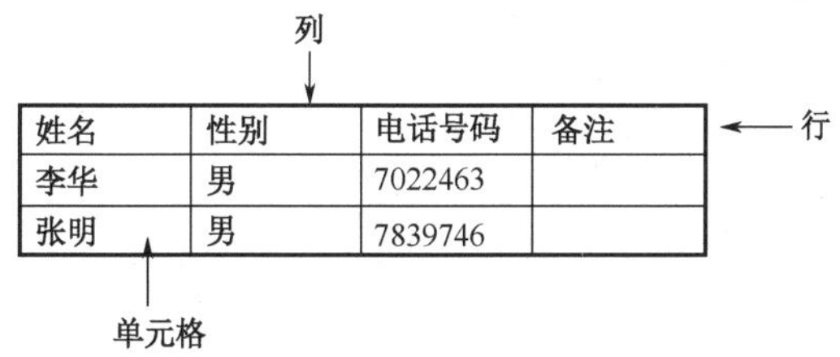

姓名	性别	电话号码	备注
李华	男	7022463	
张明	男	7839746	

图 5.1　表格的基本组成

5.1.1　创建规则表格

使用“表格”组中的“插入表格”命令可以创建规则的表格。

1．使用工具按钮创建表格

如果要快速创建简单表格，可使用“插入”选项卡上的“表格”组中的“表格”按钮，操作步骤如下所示。

（1）将插入点移到需要插入表格的位置。

（2）在“插入”选项卡上的“表格”组中单击“表格”按钮。弹出一个下拉选择框，如图 5.2 所示。

（3）在出现的选择框上拖动鼠标，选择行列数，选择框的上方显示出当前所选定表格的行数和列数。例如“4×3 表格”表示 4 列 3 行的表格。

（4）在选定位置单击鼠标左键，则在当前光标位置创建了 4 列 3 行的表格。此时表格的行高为一个汉字的高度，宽度占满整行，每一列的宽度平均分配。

用“表格”按钮创建表格，列宽往往不符合要求。如要指定列宽可选用菜单创建表格。

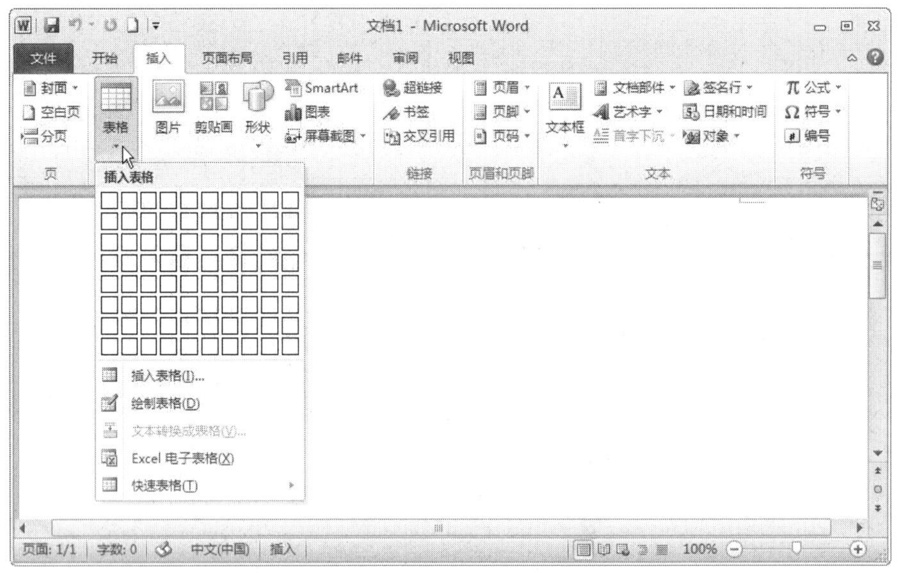

图 5.2　“表格”下拉选择框

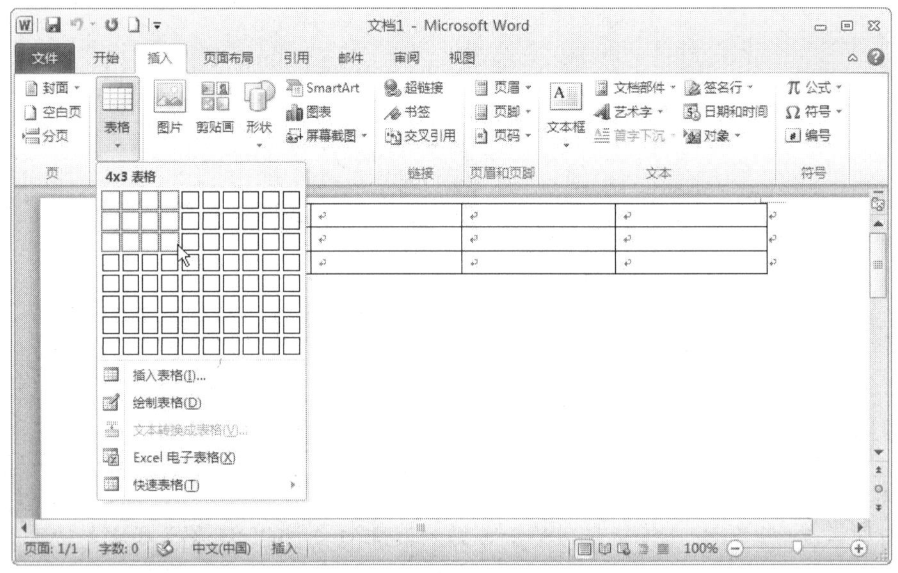

图 5.3　用“表格”按钮创建 4 列 3 行的表格

2. 用菜单创建表格

如果在插入表格的同时需要指定表格中的列宽，要选择“表格”菜单中的“插入表格”命令创建表格。

（1）将插入点移动到需要插入表格的位置。

（2）单击“插入”选项卡上的“表格”组中的“表格”按钮，选择“插入表格”命令，打开如图 5.4 所示的“插入表格”对话框。

（3）在“列数”、“行数”框中选择或分别输入表格的列数和行数。如选择 4 列 3 行。

（4）在“列宽”输入框中设置列宽。例如，将每一列的宽度设置为 2 厘米。

> **教你一招**
>
> 系统默认列宽设置为“自动”方式。即表格占满整行，每一列的宽度平均分配。需要指定表格中的列宽时，直接在该框中输入即可。

（5）设置完成后，单击“确定”按钮，则在当前插入位置创建了一个新的空白表格，如图 5.5 所示。

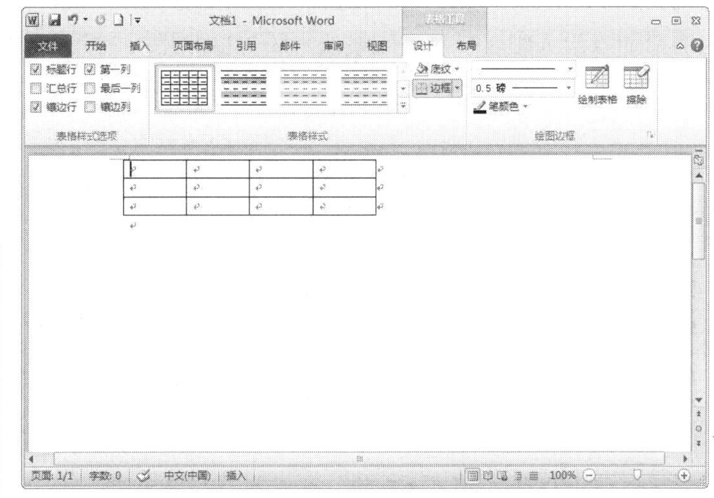

图 5.4　“插入表格”对话框　　　　图 5.5　新建的空白表格

5.1.2 绘制自由表格

Word 除了按上述命令制作表格以外，还提供了类似于手动制表的功能，即绘制自由表格功能。用它可以制作带斜线的复杂表格；也可以与命令制作表格相结合，简化表格的制作。

打开绘制自由表格功能的方法有两种：一种是单击“插入”选项卡上“表格”组中的“表格”按钮，选择“绘制表格”命令；另一种是在“开始”选项卡上的“段落”组中单击“文字边框”按钮，选择“绘制表格”命令。

任选其中一种方法之后，鼠标指针在工作区变成笔形。绘制开始后，屏幕将出现“表格工具”栏，如图 5.6 所示。

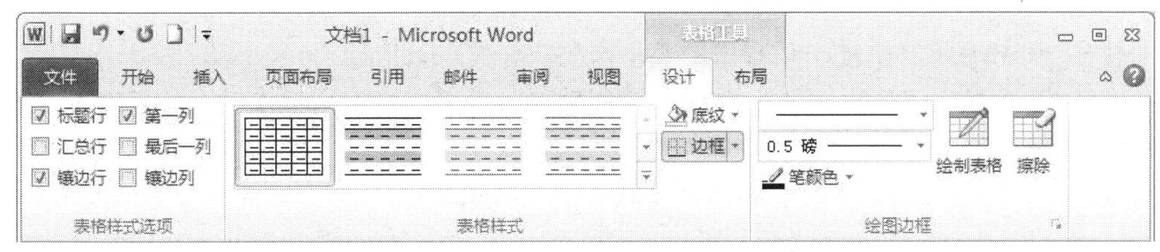

图 5.6　“表格工具”栏

此时可以按照以下步骤制作表格。

（1）在制作表格的左上角单击鼠标左键，拖动到制表结束位置，松开左键，以确定表格的外框。

（2）在框中绘制横线、竖线或斜线。方法仍然是在起始位置单击鼠标左键，拖动到终点位置，松开，如同笔绘一样。

（3）单击“表格工具”栏中的“擦除”按钮，鼠标指针将变成橡皮擦形状，拖动鼠标所到之处即可删除对应的表格线。

（4）在表格以外的任意位置单击鼠标，则光标恢复为插入状态。

（5）如果要绘制外粗里细的表格，即表格边框比较粗，框内线条比较细的表格。或表中需要插入一条比较粗一点的线条，还可以选择线型和线条粗细。

【例 5.1】按图 5.7 所示表样制表。

姓名		性别		出生年月		
序号		职称		职务		
家庭住址						
简历:					a b	
备注						

图 5.7　表样

这里设置表格的外框为 1.5 磅，框内线条为 0.5 磅。

操作步骤如下所示。

（1）单击“绘制表格”按钮。

（2）单击“笔样式”框右面的向下箭头，选择单线型。

（3）单击“笔画粗细”框右面的向下箭头选择线条的宽度，选择 1.5 磅。

（4）将变成了笔型的光标移到工作区，按下鼠标左键并拖动，绘制表格的外框。

（5）松开鼠标左键，则绘制出一个矩形框，如图 5.8 所示。

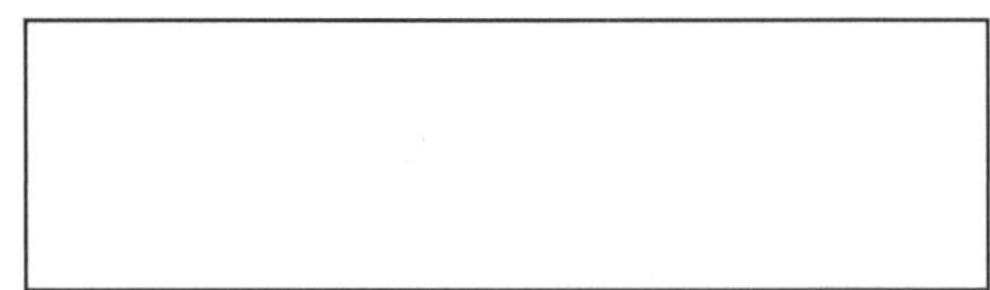

图 5.8　表格边框

（6）在笔画粗细框中，选择 0.5 磅，改变线条宽度。

（7）将笔型光标移到矩形框中绘制横线的起始位置，按下鼠标左键并拖动至横线的结束位置。

（8）松开鼠标左键，则绘制一条横线，如图 5.9 所示。

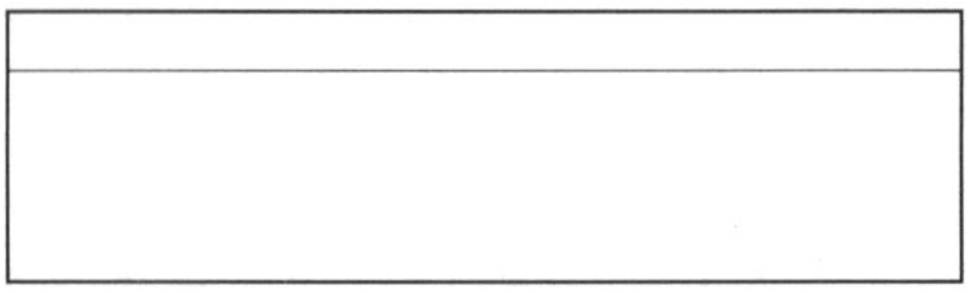

图 5.9　在表格边框中绘制一条横线

（9）然后在框中绘制横线、竖线。方法仍然是在起始位置按下鼠标左键拖动到终点位置，松开鼠标左键。

说明：表格绘制完毕后，如发现行高、单元格宽度不符合要求，可用鼠标拖动法进行修改。

【例 5.2】在表 5.7 中插入一条 1.5 磅的粗斜线，且将第四条横线删除。

操作步骤如下所示。

（1）单击“绘图边框”组中的“绘制表格”按钮。

（2）在笔画粗细框中，选择 1.5 磅。

（3）将笔型光标移至表中要插入斜线单元格左上角起始位置，按下鼠标左键并拖动至对角，松开鼠标左键，绘制斜线结束。

（4）单击“擦除”按钮，则鼠标变为一个橡皮形状，将其置于表格中的第四条横线上。

（5）按下鼠标左键，拖动到线条的末端，然后放开鼠标，即将第四条竖线删除。表格修改完毕，效果如图 5.10 所示。

姓名		性别		出生年月		
序号		职称		职务		
家庭住址						
简历：					a b	
备注						

图 5.10　修改后的表样

5.1.3 表格的填充

创建一个新的表格后，插入点总是位于首行首列单元格内，此时可向表格输入内容，包括文字、数字和图形等。向表格输入内容一般采用两种方法：横向输入和纵向输入。

（1）如果要输入表头，应当横向输入，在第一个单元格输入数据后按【Tab】键右移一个单元格，再输入数据，再按【Tab】键右移一个单元格，直到全部表头输入完毕。如果输入有错误，还可以用【Shift+Tab】组合键使插入点左移一个单元格进行修改。

（2）如果要输入表头下面的数据，一般用纵向输入，用下箭头键【↓】可以实现按列输入数据。

（3）表格中文本的编辑和格式设置方法与普通文本的操作相同。当输入内容到达单元格右边界时，文本自动换行，单元格的行高将随之改变，如要恢复原来的行高可调整列宽（将在下一节学习）。如果用【回车】键改变了行高，可用【BackSpace】键来恢复。

（4）为了快速输入和修改表格中内容，可用以下列快捷键移动插入点，见表 5.1。

表 5.1 使用快捷键在表格中移动插入点

快 捷 键	功 能
【Tab】键	移至行中的下一单元格（如果插入点在表格的最后一个单元格中，则增加一个新行。）
【Shift+Tab】组合键	移至行中上一单元格
【Alt+Home】组合键	移至行首单元格
【Alt+End】组合键	移至行尾单元格
【Alt+PageUp】组合键	移至列首单元格
【Alt+PageDown】组合键	移至列尾单元格
【↑】上箭头	移至上一行
【↓】下箭头	移至下一行

用鼠标移动插入点，只要在表格单元格中选定的位置上单击，就可以将插入点移至所需位置上。

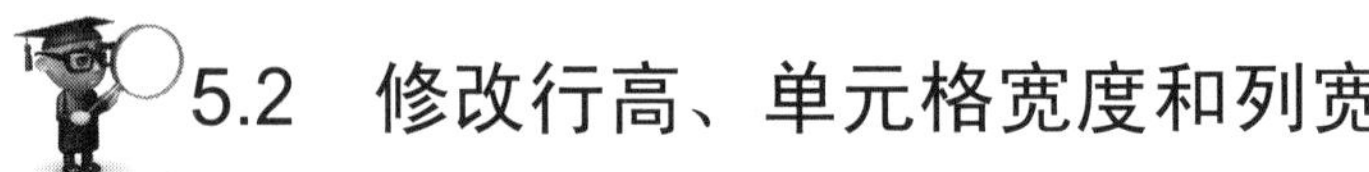

5.2 修改行高、单元格宽度和列宽

一个较规则的表格被创建后，往往会有一些不符合要求的地方，需要在原有表格上进行修改。本节学习修改行高、单元格宽度和列宽的方法。

根据 Word 先选定后操作的原则，编辑表格之前，也要首先选定欲操作的行、列、和单元格。

5.2.1 表格的选定

1．选定行

选中表格中的一行：用鼠标移动光标到需要选定行的左端外侧，当光标变成箭头形状时，单击左键，则该行被选中，如图 5.11 所示。

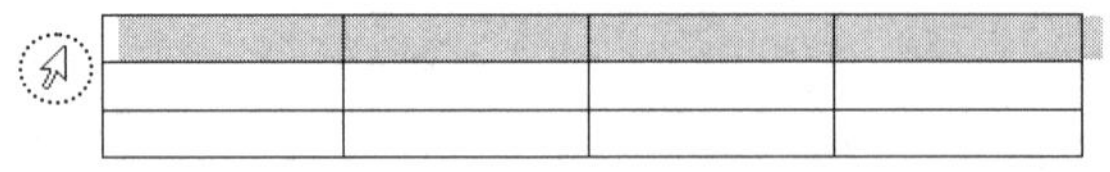

图 5.11 选定表中的一行

2．选定列

选中表格一列：移动光标到该列顶部的表格线上，当光标变成向下的实箭头形状时，单击左键，则选中该列，如图 5.12 所示。

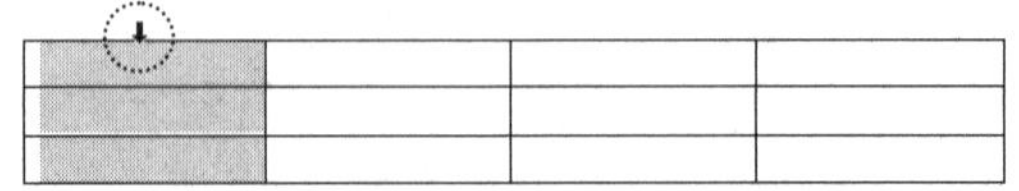

图 5.12 选定表中的一列

3．选定单元格

选中单元格：移动光标到单元格的左端，当光标变成箭头形状时，单击左键，则选中该单元格，如图 5.13 所示。拖动鼠标可以同时选中多个单元或多个行列，甚至是整个表格。

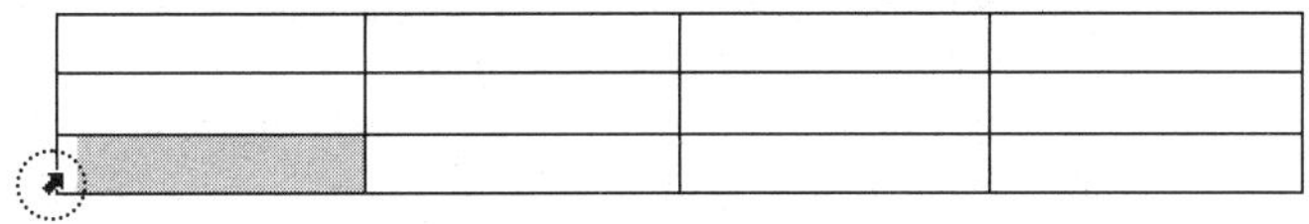

图 5.13　选定单元格

4．选定整个表格

将光标移到任意一个单元格内，右击鼠标，在弹出的快捷菜单中的选择“选择”命令，在其子菜单中选择“表格”命令，则整个表格被选定；或者将鼠标移至表格左上角，当出现“表格控制”按钮⊞时，单击该按钮即可选定整个表格。

5.2.2　修改行高、列宽和单元格宽度

1．修改行高

行高的修改有以下两种方法。

（1）用鼠标的拖动修改行高

① 先将视图切换到“页面视图”方式（在“视图”选项卡上“文档视图”组中单击“页面视图”按钮）。

② 将鼠标指向要修改行的下表线，使其变为形状“÷”。

③ 按下鼠标左键，将其拖动到所需要的位置，如图 5.14 所示。

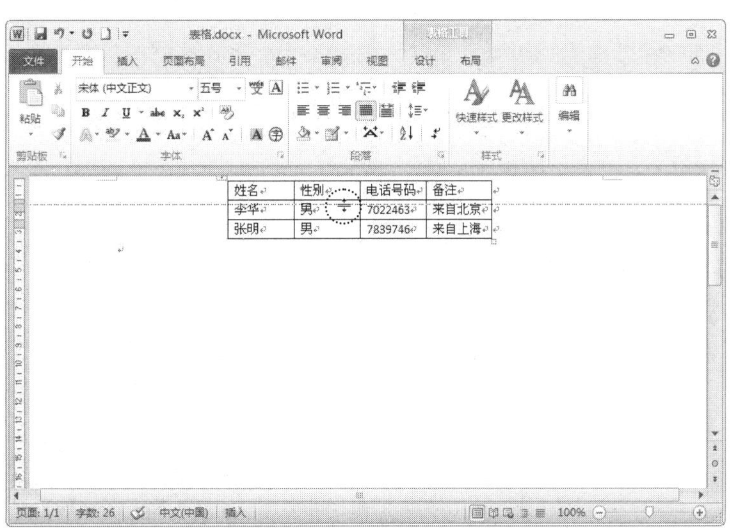

图 5.14　拖动鼠标改变行的高度

④ 松开鼠标左键。

（2）使用命令修改行高

使用“表格属性”命令可以精确设置行高。

① 单击“表格工具”中“布局”选项卡上“表”组中的“属性”按钮，将弹出如图 5.15 所示的“表格属性”对话框。

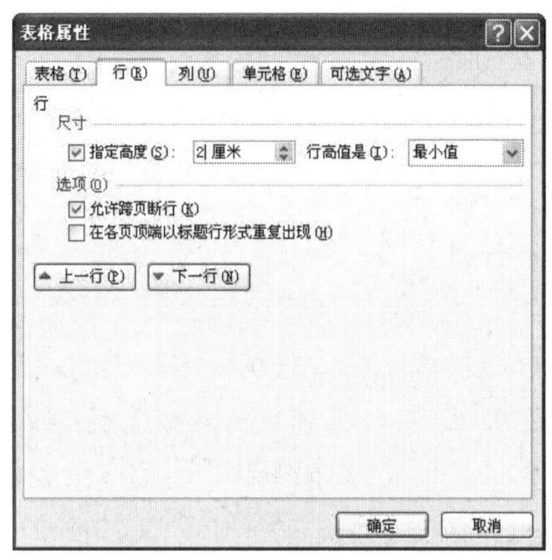

图 5.15　“表格属性”对话框

② 单击对话框中的“行”选项卡，在“指定高度”复选框中输入行高值，或在“行高值是”下拉列表框中选择行高。在本例中，将第一行的行高设置为 2 厘米。

③ 如果要修改相邻行的宽度，则单击“上一行”或“下一行”按钮，然后选择输入所需要的宽度。

④ 单击“确定”按钮，效果如图 5.16 所示。

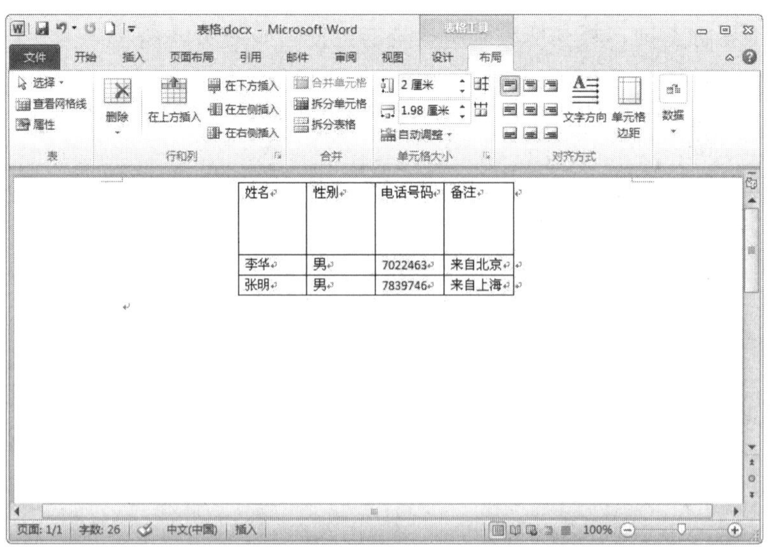

图 5.16　改变行高后的效果

2. 修改列宽

列宽的修改有以下两种方法。

（1）使用鼠标拖动调整列宽

把鼠标指针指向所要调整列的表线上，使鼠标指针的形状变为“+||+”，按住鼠标左键左右拖动，至合适列宽后，松开鼠标左键。

（2）使用命令调整列宽

使用“表格属性”命令可以精确设置列宽。

① 单击“表格工具”中“布局”选项卡上“表”组中的“属性”按钮，弹出“表格属性”对话框。

② 在对话框中单击“列”选项卡，如图 5.17 所示。

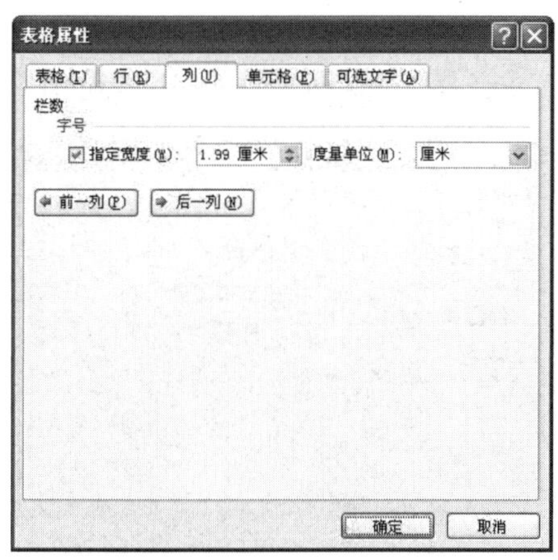

图 5.17　“列”选项卡

③ 在“指定宽度”复选框中输入列宽值，在“列宽单位”下拉列表框选定列宽的单位，可以是“厘米”或百分比。

④ 如果要修改相邻列的宽度，则单击“上一列”或“下一列”按钮，然后选择输入所需要的宽度。

⑤ 单击“确定”按钮。

3. 修改单元格宽度

除了可以改变表格中列的宽度外，还可以单独调整单元格宽度，修改的方法有以下两种。

（1）用鼠标拖动来调整单元格的宽度

① 选定需要改变宽度的单元格，并将鼠标指针指向此单元格的列边，使鼠标的指针变为“+||+”，如图 5.18 所示。

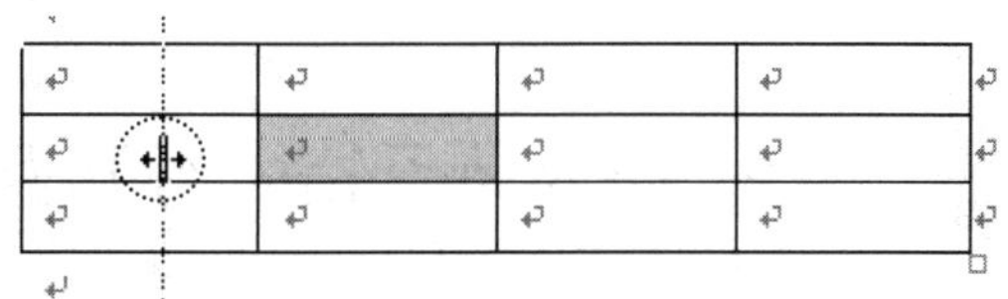

图 5.18　选定需要改变宽度的单元格

② 按下鼠标左键，将其拖到所需的位置上，如图 5.19 所示。

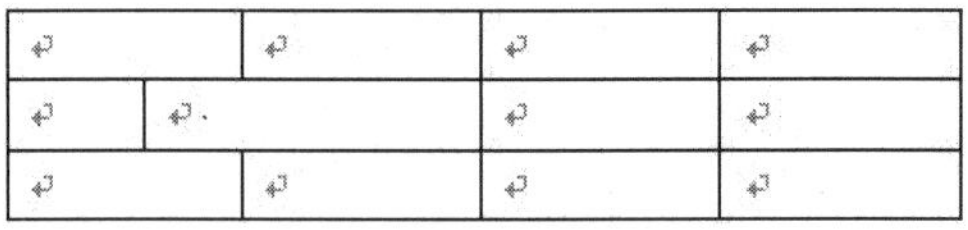

↵	↵	↵	↵
↵	↵	↵	↵
↵	↵	↵	↵

图 5.19　拖动鼠标改变选定单元格的宽度

③ 松开鼠标左键。

（2）使用命令来调整单元格宽度

① 选定要改变宽度的单元格。

② 单击“表格工具”中“布局”选项卡上“表”组中的“属性”按钮，弹出“表格属性”对话框。

③ 在对话框中单击“单元格”选项卡，如图 5.20 所示。

图 5.20　修改单元格的宽度

④ 在“指定宽度”复选框中输入单元格的宽度，在“度量单位”下拉列表框中选定宽度的单位，可以是“厘米”或百分比。

⑤ 单击“确定”按钮。

5.2.3 平均分布各行或各列

选定要平均分布的多行（或多列），选择“表格工具”中“布局”选项卡上“单元格大小”组，单击“分布行”（或“分布列”）按钮，则自动将所选多行（或多列）的行高（或列宽）均匀分布，如图 5.21 所示。

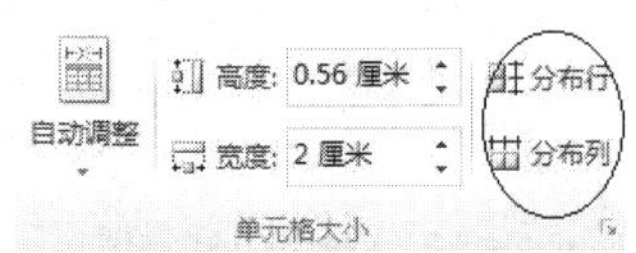

图 5.21　平均分布各行或各列

5.3　插入单元格、行和列

制作表格时，有时不能准确地制出表的行、列或单元格的数目，这时可以利用插入或删除单元格、行或列来完善表格。本节就来学习插入单元格、行或列的方法。

5.3.1 插入单元格

（1）在表格中要插入新单元格的位置处选定一个或多个单元格，如图 5.22 所示。

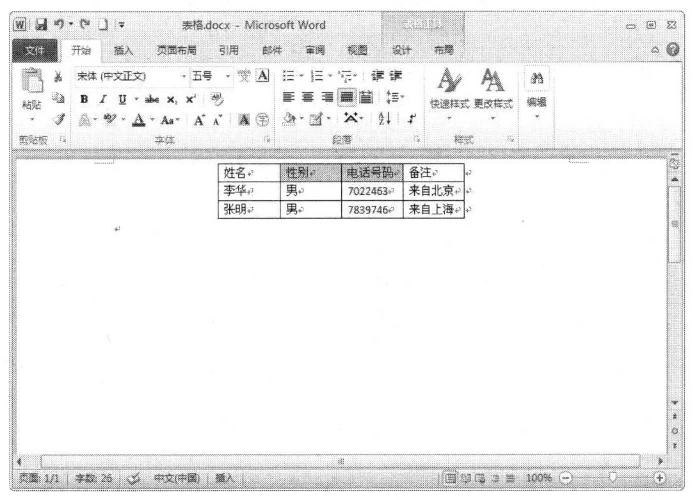

图 5.22　选定单元格

（2）单击“表格工具”中“布局”选项卡上行和列” 组中的“表格插入单元格”按钮，弹出“插入单元格”对话框，如图 5.23 所示。

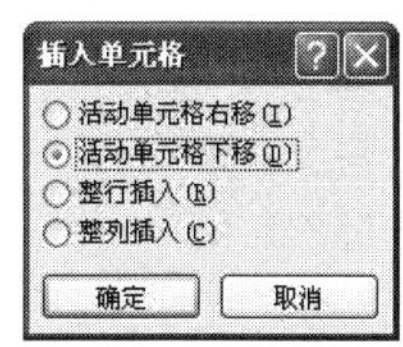

图 5.23　“插入单元”对话框

（3）根据需要从对话框中的四个选项中选择一个。在默认状态下为“活动单元格下移”。

（4）在默认状态下，单击对话框的“确定”按钮，此时，Word 将在所选单元格的上方插入新的单元格，效果如图 5.24 所示。

其他插入单元格的效果，分别为“活动单元格右移”、“整行插入”和“整列插入”，如图 5.25 所示。

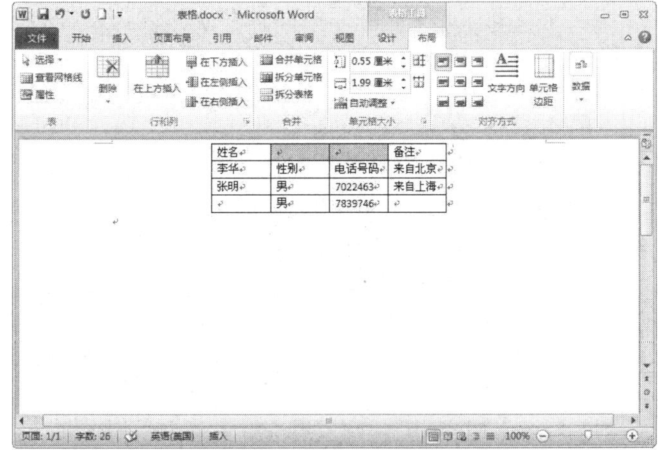

图 5.24　活动单元格下移

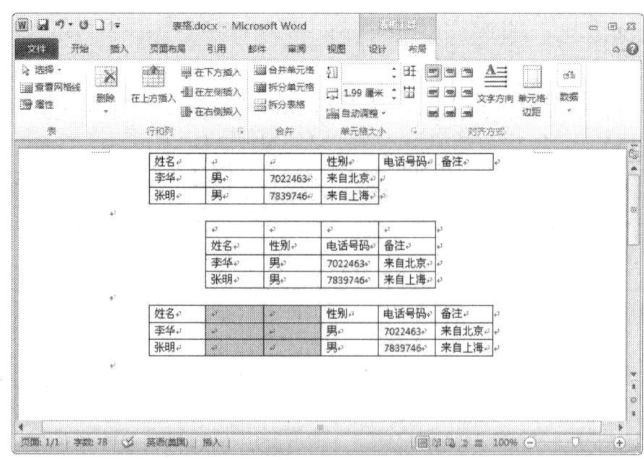

图 5.25 插入单元格的其他效果

5.3.2 插入行

用以下的方法，可以在已建立的表格中插入新的空行。

1. 使用【Tab】键在行末插入新行

（1）将光标移至表格的最后一行、最后一列的单元格中。

（2）按【Tab】键，即可在表的末尾插入一个新行。

2. 使用按钮插入新行

（1）将光标置于要插入行的任意一个单元格中。

（2）单击“表格工具”中“布局”选项卡上“行和列”组中的“在上方插入行”（或“在下方插入行”）按钮。

5.3.3 插入列

用以下的方法，可以在已建立的表格中插入新的空列。

1. 使用按钮插入新列

（1）选定表格中的一列或若干列，选取列的个数应与要插入列的个数相等。例如，选取 1 列，如图 5.26 所示。

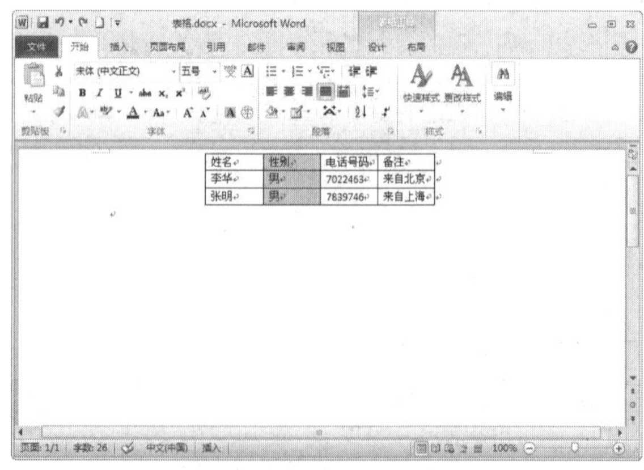

图 5.26 选取要插入的列数

（2）单击“表格工具”中“布局”选项卡上“行和列”组中的“在左侧插入列”按钮。这时，就在选中列的左边插入了新的一列，如图 5.27 所示。

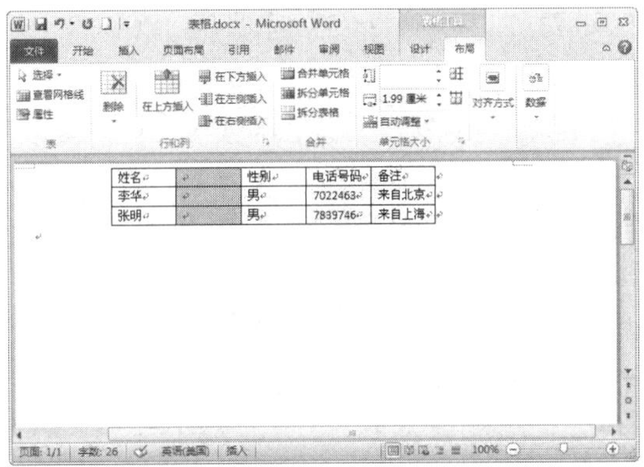

图 5.27　插入列

2．在表格的右侧插入新的一列

（1）将光标置于表格最后一列的外侧，如图 5.28 所示。

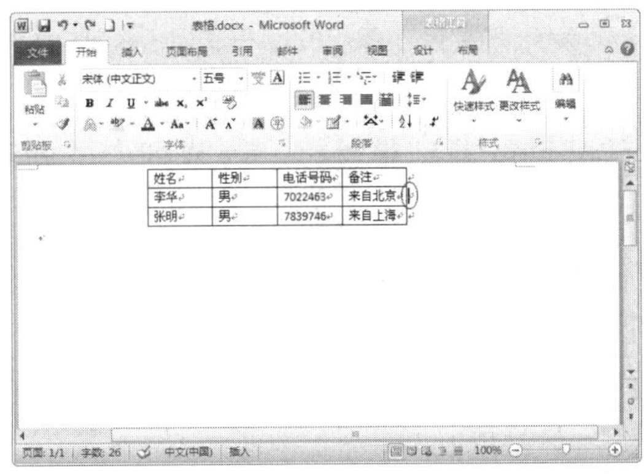

图 5.28　将光标置于表格最后一列的外侧

（2）单击“表格工具”中“布局”选项卡上“行和列”组中的“在左侧插入列”（或“在右侧插入列”）按钮。这时，在表格的右侧就插入了一个新列，效果如图 5.29 所示。

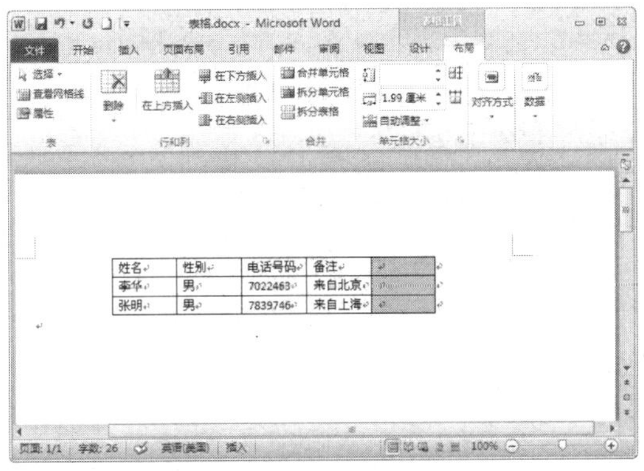

图 5.29　表格右侧插入新列

教你一招

除可用以上方法插入行或列外，还可以用右键菜单中的“插入”命令插入新行或列，方法如下所示。

① 在要插入新行或新列的位置上，选定与要插入行数或列数相等数目的行或列。

② 右击鼠标，在弹出的快捷菜单中选择“插入”命令，打开其子菜单，如图 5.30 所示。

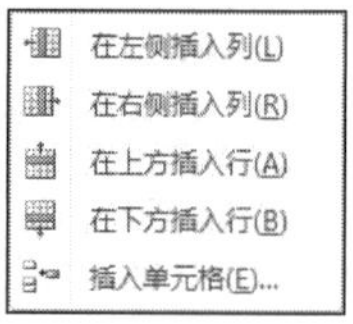

在左侧插入列(L)
在右侧插入列(R)
在上方插入行(A)
在下方插入行(B)
插入单元格(E)...

图 5.30 “插入”命令子

③ 根据需要选定“在左侧插入列”、“在右侧插入列”、“在上方插入行”、“在下方插入行”选项中的一个，便可插入新行或新列。

5.4 移动、复制单元格、行或列中的内容

使用拖动、菜单命令或快捷键的方法，可以将单元格、行或列中的内容进行移动或复制，如同对待一般的文本一样。

5.4.1 用拖动的方法移动或复制单元格、行或列中的内容

（1）选定所要移动或复制的单元格、行或列。

（2）将鼠标置于所选的内容上，然后按下鼠标左键。

（3）把鼠标拖动至新的位置上，然后松开鼠标左键。

以上就完成了对单元格及其文本的移动操作，如果要复制单元格及文本，则在选定后，按下【Ctrl】键，再拖动至新的位置上。

移动和复制的结果如图 5.31 所示。

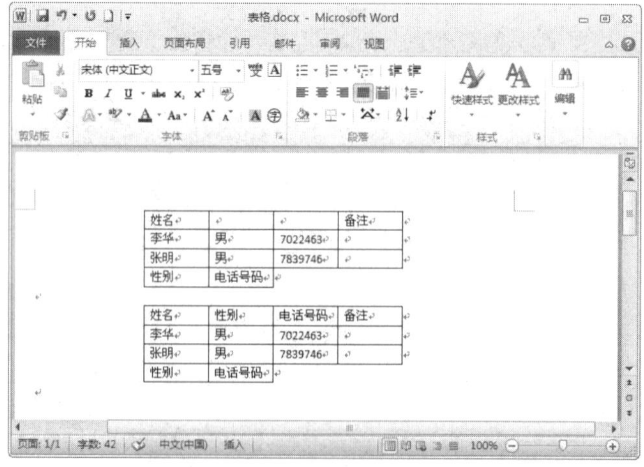

图 5.31 单元格中的文本移动与复制

5.4.2 用剪切板移动或复制单元格、行或列的内容

（1）选定所要移动或复制的单元格、行或列。

（2）若要移动文本，则单击“开始”选项卡上“剪贴板”组中的“剪切”按钮；若要复制文本，则单击“开始”选项卡上“剪贴板”组中的“复制”按钮。

（3）将鼠标置于所要移动到或复制到的位置。

（4）单击“开始”选项卡上“剪贴板”组中的“粘贴”按钮。

这时，就完成了所选文本的移动或复制操作。

5.4.3 用快捷键移动或复制单元格、行或列的内容

（1）选定所要移动或复制的单元格、行或列。

（2）若要移动文本，则按下【Ctrl+X】组合键，或要复制文本，则按下【Ctrl+C】组合键。

（3）将光标置于所要移动到或复制到的位置。

（4）按下【Ctrl+V】组合键。

这时，就完成了所选文本的移动或复制操作。

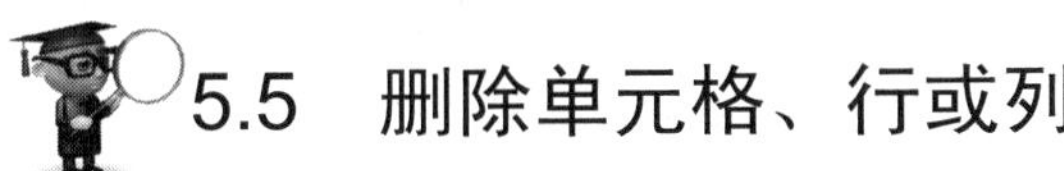

5.5 删除单元格、行或列

对于表格中的文本内容，删除它们的方法同删除一般文本的方法是相同的。当创建好表格后，如果对它不太满意，就可以将其中一部分单元格、行或列删除，以实现对表格结构的调整，使它达到最佳的效果。

5.5.1 删除单元格

（1）选定要删除的单元格，如图 5.32 所示。

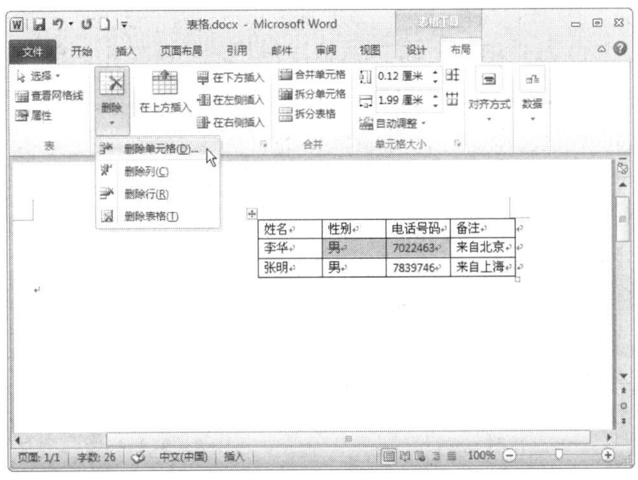

图 5.32　选定要删除的单元格

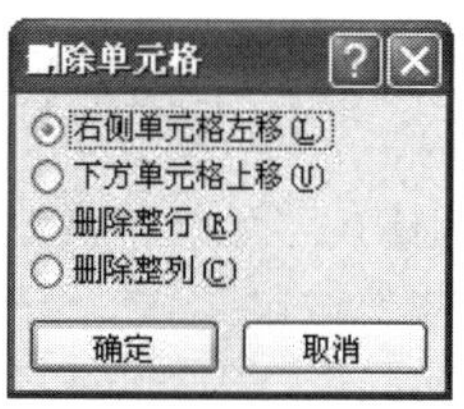

图 5.33 “删除单元格”对话框

（2）单击“表格工具”中“布局”选项卡上“行和列”组中的“删除”按钮，再选择其子菜单中的“删除单元格”命令，此时，将会弹出如图 5.33 所示的“删除单元格”对话框。

（3）在对话框中选择所需要的选项。

（4）单击对话框的“确定”按钮。选择不同的选项，将会产生不同的效果，在如图 5.34 所示的表格中，从上至下依次为“右侧单元格左移”、“下方单元格上移”、“删除整行”、“删除整列”的效果。

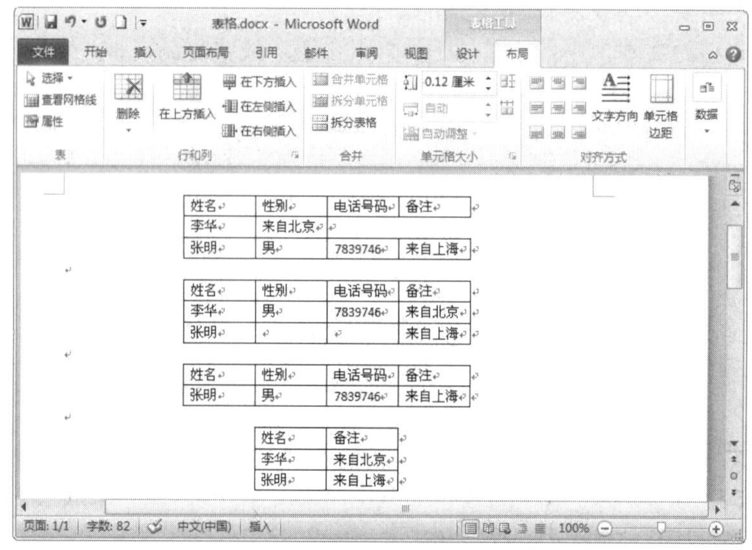

图 5.34 删除单元格的各种效果

5.5.2 删除行

（1）选定所要删除的表行。

（2）单击“表格工具”中“布局”选项卡上“行和列”组中的“删除”按钮，再选择其子菜单中的“删除行”命令。

这时，Word 将删除选定的行，并将其余的行向上移动。

5.5.3 删除列

（1）选定所要删除的列。

（2）单击“表格工具”中“布局”选项卡上“行和列”组中的“删除”按钮，再选择其子菜单中的“删除列”命令。

这时，Word 将删除选定的列，并将其余的列向左移动。

5.6　合并、拆分单元格和表格

上一节中讲的是如何删除单元格，以调整表格的结构，Word 也可以把同一行的若干个单元格合并起来，或者把一行中的一个或多个单元格拆分为更多的单元格。

5.6.1　合并单元格

（1）选择所要合并的单元格（至少应有两个），如图 5.35 所示。

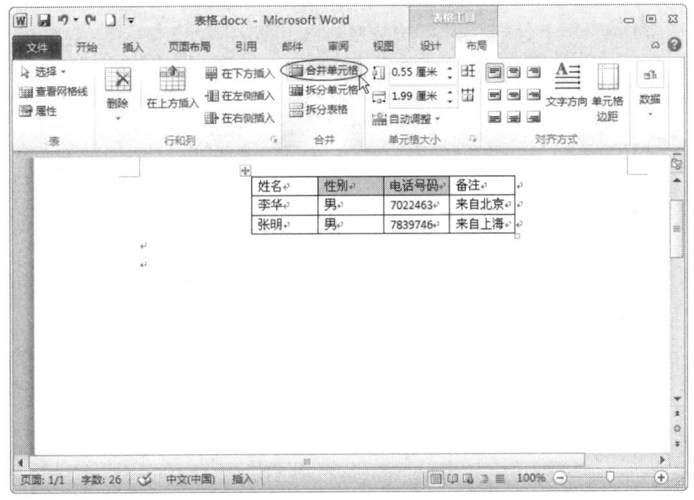

图 5.35　选定要合并的单元格

（2）单击“表格工具”中“布局”选项卡上“合并”组中的“合并单元格”按钮，结果如图 5.36 所示。

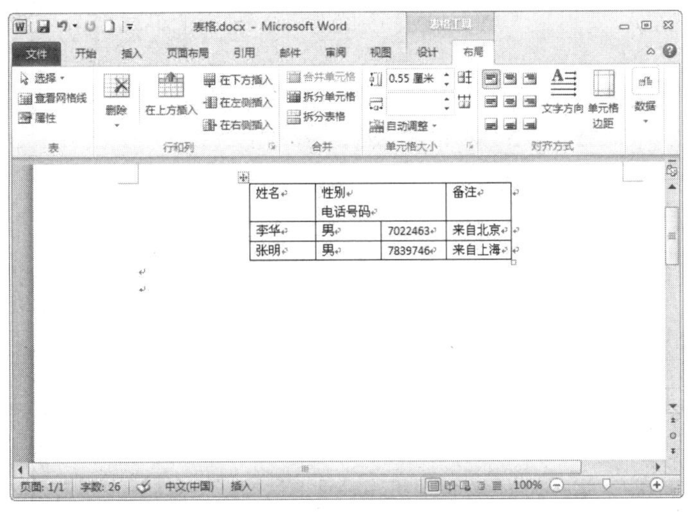

图 5.36　合并单元格

5.6.2 拆分单元格

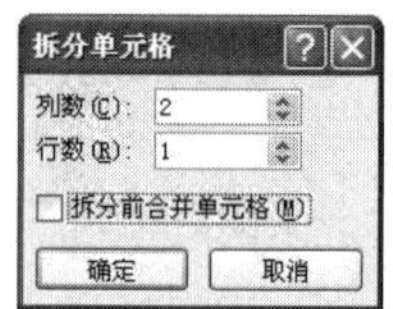

图 5.37 “拆分单元格”对话框

（1）选择所要拆分的单元格，“性别”和“电话号码”。

（2）单击“表格工具”中“布局”选项卡上“合并”组中的“拆分单元格”按钮，将会弹出如图 5.37 所示“拆分单元格”对话框。

（3）在对话框的“列”框中选择或直接输入拆分后的列数。

（4）单击对话框的“确定”按钮。这时，就完成了拆分单元格的操作，效果如图 5.38 所示。

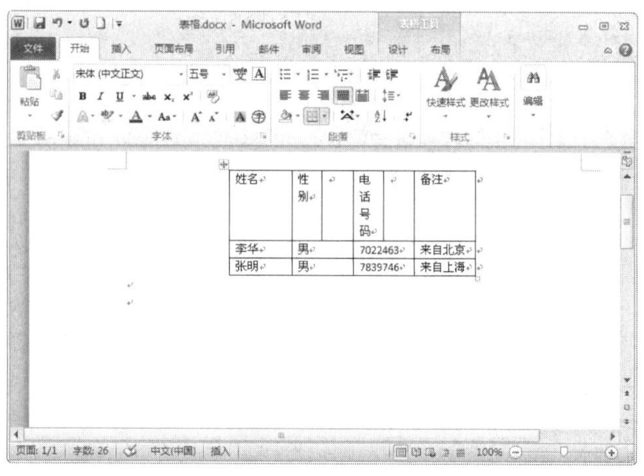

图 5.38 拆分单元格

5.6.3 拆分表格

在 Word 中，不仅可以将表格中的一部分进行拆分，整个表格也可拆分为两个独立的部分。具体操作步骤如下。

（1）将光标置于要拆分开的行分界处（第二行第一个单元格），如图 5.39 所示。

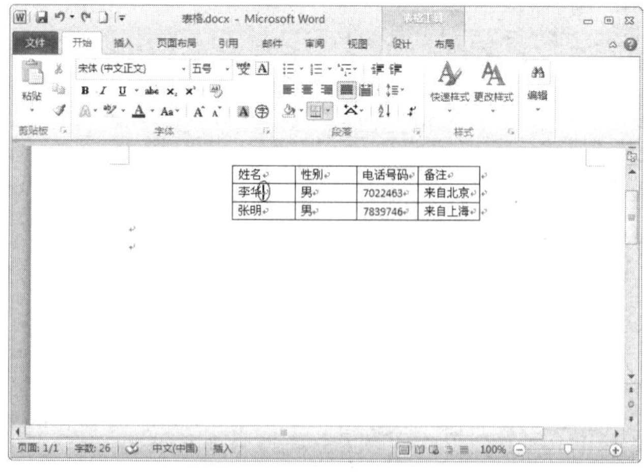

图 5.39 将光标置于要拆分行的分界处

（2）单击“表格工具”中“布局”选项卡上“合并”组中的“拆分表格”按钮，或者按下【Ctrl+Shift+Enter】组合键。这时，从光标所在行开始以下的部分就从原来的表格分离开来，形成另一个表格，如图 5.40 所示。

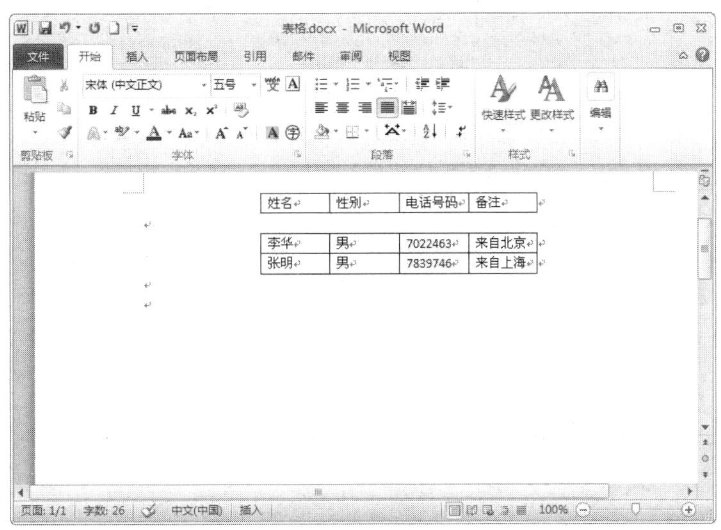

图 5.40　拆分表格

5.6.4 合并表格

独立建立的表格或拆分后的表格，若从未进行过移动操作，可利用【Delete】键删除两个表格中间的回车符来实现表格的合并。

5.7　表格格式化和表格数据的简单计算

表格创建完成后，还可以对表格的格式进行一些设置，以美化文档中的表格。

5.7.1 给表格中的文字设置格式

与文档正文中设置字符格式的方法相同，即先选中要设置字符格式的行、列或单元格，然后根据需要进行设置。

【例 5.3】 将表格的第一行字符设置为楷体三号字且水平居中。

（1）选定第一行。

（2）单击“开始”选项卡上“字体”组中“字体”框右面的下拉列表，选择楷体。

（3）单击“开始”选项卡上“字体”组中“字号”框右面的下拉列表，选择三号字。

（4）单击“开始”选项卡上“段落”组中的“居中”按钮。

这样第一行内容就设置为楷体三号字且水平居中，效果如图 5.41 所示。

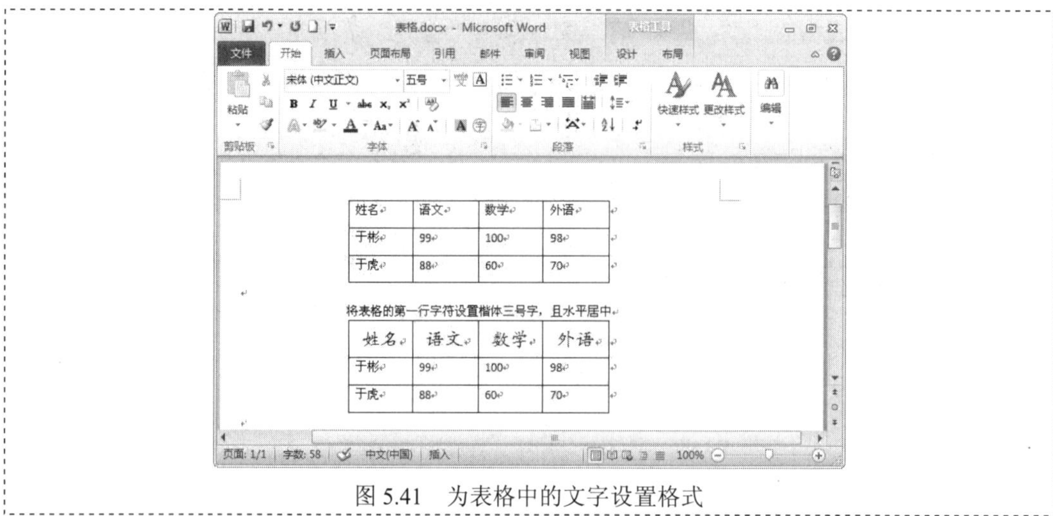

图 5.41　为表格中的文字设置格式

5.7.2 设置单元格中文本的垂直对齐方式

（1）选定要改变文本垂直对齐方式的单元格。

（2）选择“表格工具”中“布局”选项卡上“表”组中的“属性”按钮，打开“表格属性”对话框，并选中“单元格”选项卡。

（3）在“垂直对齐方式”选项组中根据需要选择“上”、“居中”或“底端对齐”选项。

（4）单击“确定”按钮。

如果要同时设置单元格中文本，垂直和水平对齐方式，可以按以下两种方法操作：

（1）在“表格工具”中“布局”选项卡上“对齐方式”组中选择所需的对齐方式。

（2）选中需要操作的单元格，右击鼠标，在弹出的快捷菜单中选择“单元格对齐方式”命令，在弹出的子菜单中选择所需的对齐方式，如图 5.42 所示。

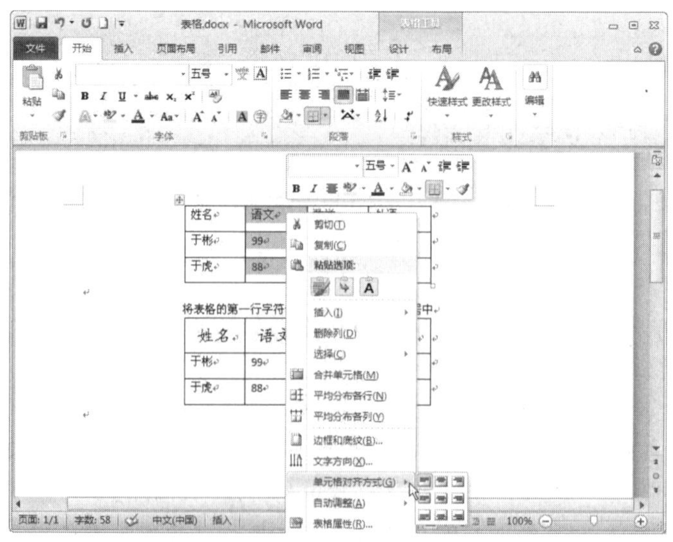

图 5.42　选择“单元格对齐方式”命令

5.7.3 为表格添加边框和底纹

单击“表格工具”中“布局”选项卡上“表”组中的“属性”按钮，打开“表格属性”对话框，选中“表格”选项卡，单击“边框和底纹”按钮，打开“边框和底纹”对话框，在弹出的对话框中为表格设置边框和底纹，具体操作步骤如下。

（1）选定整个表格或把光标置于某个单元格中。

（2）打开“边框和底纹”对话框，在“边框”选项卡中可以设置表格线的“线型”、“颜色”、“宽度”及“边框”的类型。另外，可以通过单击“预览”框中的边框线，自定义边框线的形式，如图 5.43 所示。

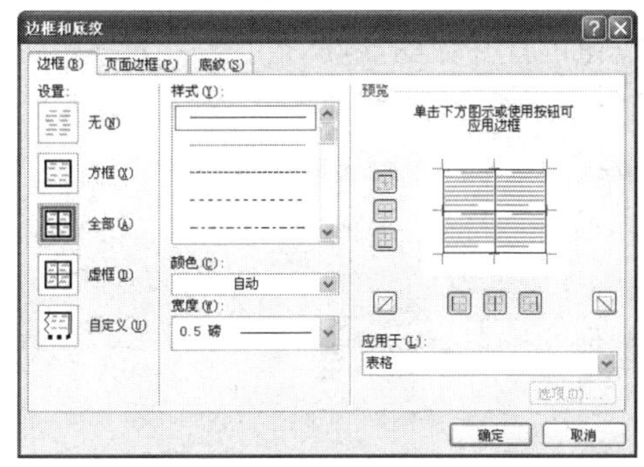

图 5.43　“边框和底纹”对话框

（3）在“底纹”选项卡中可以给表格或单元格设置底纹。

（4）在“应用于”下拉列表中选择相应的选项（表格或单元格）。

（5）单击“确定”按钮完成设置。

5.7.4 改变表格的位置

将鼠标指针移至表格上，在表格的左上角出现一个位置控制柄，将鼠标指针移至位置控制柄上时指针变为十字箭头形，按住鼠标左键拖动，将出现一个虚线框以表示移动后的位置，至合适位置后，松开鼠标左键即可，如图 5.44 所示。

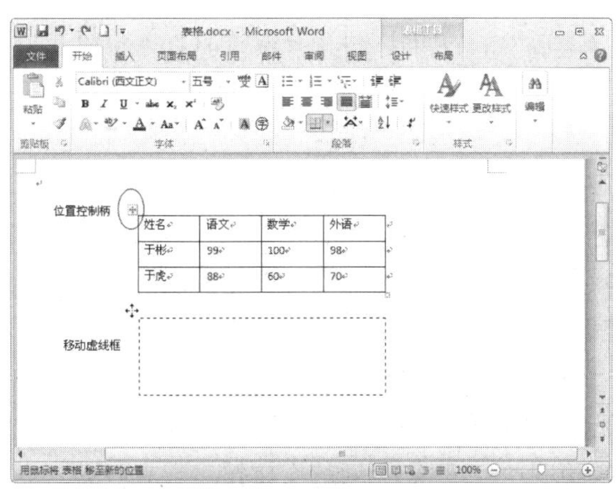

图 5.44　改变表格的位置

5.7.5 文字环绕表格

制作表格的过程中，有时需要将表格嵌入到文字中，Word 提供了解决这一问题的办法。即使用文字环绕表格功能。

操作步骤如下。

（1）将插入点置于表格的任一单元格中。

（2）单击“表格工具”中“布局”选项卡上“表”组中的“属性”按钮，打开“表格属性”对话框，选中“表格”选项卡。

（3）在“文字环绕”区中选择“环绕”选项。

（4）单击“定位”按钮，打开如图 5.45 所示的“表格定位”对话框。

（5）分别在“水平”区、“垂直”区、“距正文”区中进行设定。

（6）单击“确定”按钮，效果如图 5.46 所示。

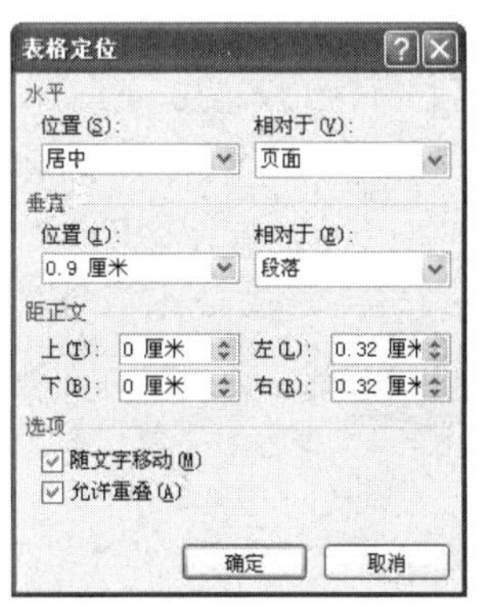

图 5.45　“表格定位”对话框

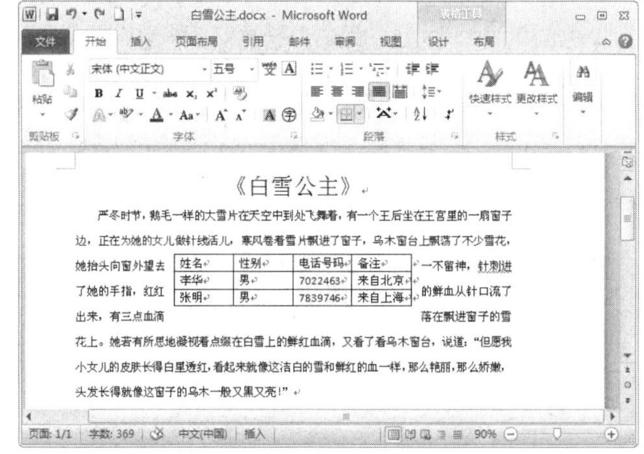

图 5.46　文字环绕表格

5.7.6 表格的跨页操作

有时表格很大，无法在一个页面中排下，或者放置的位置正好处于两页交界处。这就产生了表格跨页操作的问题。Word 2010 中文版提供了解决这个问题的方法，具体操作方法如下。

（1）单击“表格工具”中“布局”选项卡上“表”组中的“属性”按钮，打开“表格属性”对话框，选中“行”选项卡。

（2）在复选框中选中“允许跨页断行”，如图 5.47 所示。

（3）单击“确定”按钮。

这样，表格在一页排不下时，会继续在下一页显示。

如果希望下一页的续表中仍包含前一页表格的标题行，可选中“表格工具”中“布局”选项卡上“数据”组中的“重复标题行”按钮（或者打开“表格属性”中“行”选项卡，选中“在各页顶端以标题行形式重复出现”复选框）。

图 5.47　选中“允许跨页断行”

5.7.7　表格的缩放

Word 2010 有缩放表格的功能，方法是：将鼠标指针移至表格中，在表格的右下角出现一个表格尺寸控制点，用鼠标拖动这个控制点就可以调整表格的高度和宽度，如图 5.48 所示。

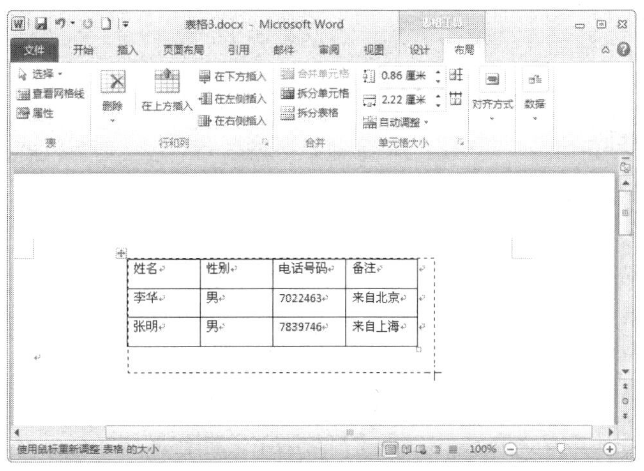

图 5.48　表格的缩放

5.7.8　表格中数据的计算和排序

Word 具有很强的计算功能，这里只学习简单的计算方法，例如求和、排序等操作。

1．求和

操作方法如下所示。

（1）选定将要填入求和数据的单元格。

（2）单击“表格工具栏”中“布局”选项卡上“数据”组中的“公式按钮”f_x，打开“公式”对话框。

（3）在“公式”框中输入“=SUM（ABOVE）”或“=SUM（LEFT）”即可对当前单元格所处列的上方所有数据或所处行的左侧所有数据进行求和。

（4）单击“确定”按钮，结果自动填充到本单元格中。

2．排序

（1）选定要排序的数据。

（2）单击“表格工具栏”中“布局”选项卡上“数据”组中的“排序”按钮，即可将选定的数据进行排序。

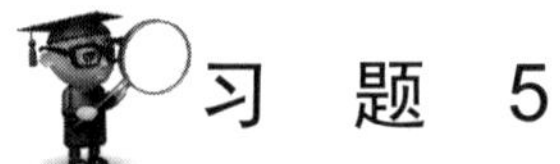

习　题　5

一、思考题

1．创建表格有哪几种方法？

2．如何选定单元格、行、列、行结束符和整个表格？

3．表格的编辑操作包括哪些？

4．在“表格属性”对话框中能进行哪些设置？

5．如何给表格添加边框和底纹？

二、上机操作题

1．制作一份个人应聘登记表

要求如下所示。

（1）新建一个 Word 文档，插入一个 9 行 8 列的表格。

（2）按照样表合并相应的单元格。

（3）四周的外框线为 1.5 磅的双线型，第三行为 0.5 磅的三线型。

（4）标题字体为黑体、三号字，其余为宋体、小五号字。

（5）单元格的对齐方式为水平、垂直方向居中，制作如图 5.49 所示的应聘登记表格。

应聘登记表

姓名		性别		出生年月		婚姻状况	
文化程度		专业				英语水平	
学习工作经历							
起始日期	终止日期	所在单位			从事何种工作		
业务专长							
联系电话					邮政编码		

图 5.49　应聘登记表

2．制作一份课程表

题目要求如下。

（1）新建一个文档，插入 6 行 6 列表格。第一行行高为 35 磅，第四行行高为 4 磅，其余均为 28 磅，第一列列宽为 1 厘米，第二列列宽 2 厘米，其余各列列宽 1.6 厘米。

（2）按照样表所示合并单元格，并在左上角的单元格中添加斜线。

（3）按表样所示输入文本，字号为五号字，“星期”右对齐，“时间”左对齐；“星期一”、“星期二…”中部居中；“上午”、“下午”水平居中、垂直居中，两字之间空出一行。

（4）插入两行，使“上午”处共四行；插入“星期三”一列。

（5）四周边框线为 1.5 磅双线，内部线均为 0.5 磅单线。

（6）将上午、下午之间的一行填充色设置为 15%的底纹，效果如图 5.50 所示。

星期 时间		星期一	星期二	星期三	星期四	星期五
上 午						
下 午						

图 5.50　“课程表”效果图

3．制作一份个人简历表

题目要求如下。

（1）插入 9 行 9 列的表格，根据样表合并单元格，最后三行指定行高为固定值 3.5 厘米。

（2）单元格对齐方式为水平、垂直方向上居中。

（3）标题字体为黑体，字号为三号字；其余字体为宋体，字号为五号字，效果如图 5.51 所示。

个人简历

姓名		性别		民族		出生年月	
籍贯		身高		体重		健康状况	
毕业学校				专业	通信技术	学历	
政治面貌					兴趣爱好		
户口所在地					身份证号		
现住址					联系电话		
家庭自然状况	******************* ******************* ******************* *******************						
工作简历	******************* ******************* ******************* *******************						
专业特长	******************* ******************* ******************* *******************						

图 5.51 “个人简历”制作效果图

第 6 章

图 形 处 理

Word 中可以使用图形、图片和剪贴画等图形对象来增强文档的效果，图形对象可放在文档的任意位置。

6.1 绘制与编辑图形

在 Word 2010 文档中可以插入基本几何形状、各种自选图形、文本框、艺术字等图形对象。在学习上述图形对象前，还需要了解一个重要概念，即绘图画布。

6.1.1 绘图画布和“绘图”工具栏

1. 绘图画布

在 Word 2010 文档中插入一个图形对象时，图形对象的周围会放置一块画布，如图 6.1 所示。绘图画布可以帮助在文档中安排图形的位置，还可以将多个图形组合在一起。

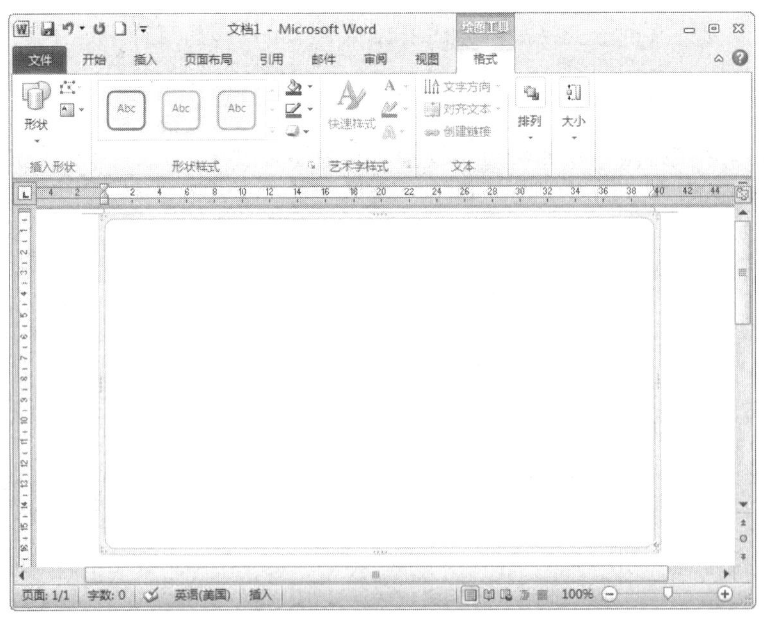

图 6.1　绘图画布示例

在默认情况下，插入图形对象时，Word 是不会自动创建一块画布的。如果希望自动创建画布，可在“文件”选项卡上选择“选项”命令，在弹出的“Word 选项”对话框中打开“高级”选项卡，如图 6.2 所示，选中“插入‘自选图形’时自动创建绘图画布”复选框即可。

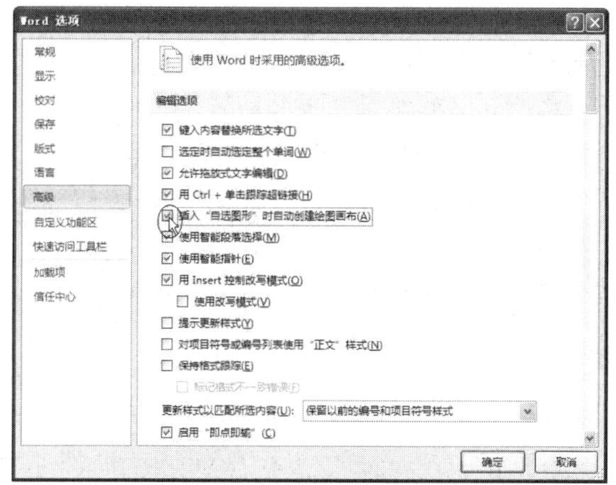

图 6.2 “Word 选项”对话框中的“高级”选项卡

2.“绘图”工具栏

在 Word 2010 中“绘图工具”栏如图 6.3 所示，“绘图工具”栏中各按钮的名称与功能见表 6.1。

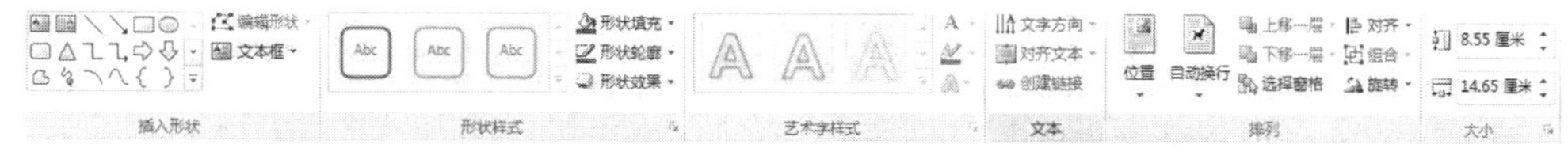

图 6.3 “绘图工具”栏

表 6.1 绘图工具栏中各按钮的名称与功能

按 钮	名 称	功 能
编辑形状 文本框	插入形状组	绘制各种图形、文本框、编辑形状
形状填充 形状轮廓 形状效果	形状样式组	设置图形格式与效果
文本填充 文本轮廓 文本效果	艺术字样式组	设置艺术字样式
文字方向 对齐文本 创建链接	文本组	设置文字格式
位置 自动换行 上移一层 下移一层 选择窗格 对齐 组合 旋转	排列组	设置图形与文本的排列
8.55 厘米 14.65 厘米	大小组	设置图形的大小与所处位置

6.1.2 绘制基本图形

1. 绘制基本图形的步骤

（1）选择绘图工具栏中的基本图形（直线、箭头、矩形或椭圆），然后，把光标移到文档中，这时鼠标指针变成了“十”形光标。

（2）把“十”形光标移动到需要绘制图形的位置上，拖动鼠标到适当的位置后松开，可以绘制直线、矩形、箭头和圆等基本图形，如图 6.4 所示。

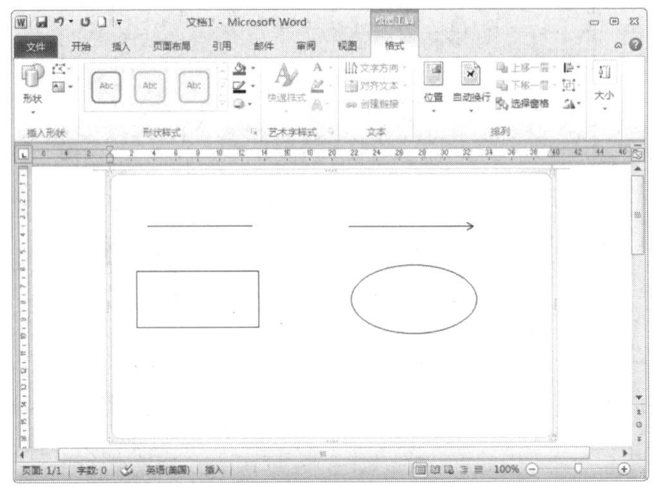

图 6.4　绘制基本图形

2. 绘制基本图形的技巧

（1）拖动鼠标绘图的同时，按下【Shift】键，可绘制正方形和圆，还可以绘制出从开始点处倾斜 15° 的倍数的特殊角度的直线（如水平、垂直及 30° 和 60° 角的直线和箭头）。

（2）拖动鼠标的同时，按下【Ctrl】键，可以画出以按下鼠标位置为中心的图形。

（3）拖动鼠标绘制图形的同时，一起按下【Ctrl】键和【Shift】键，可以绘制以鼠标按下位置为中心的圆、正方形和各种特殊角度（垂直、水平和 45° 角）的直线。

6.1.3 使用“自选图形”工具绘制图形

单击“绘图工具”栏中“格式”选项卡上“插入形状”组中的“形状”按钮，打开图形类型列表，如图 6.5 所示，可选择一种自选图形的类型，如“基本形状”中的“长方形”、“心形”、“立方体”、“等腰三角形”等，在文档编辑区中拖动鼠标即可绘制出不同形状的自选图形。

如果绘制高宽成比例的图形，如正方形、圆、等边三角形或立方体等时，按住【Shift】键的同时绘制图形就可以绘制出高宽成比例的图形，还可以绘制出从开始点处倾斜 15° 的倍数的直线组成的图形。

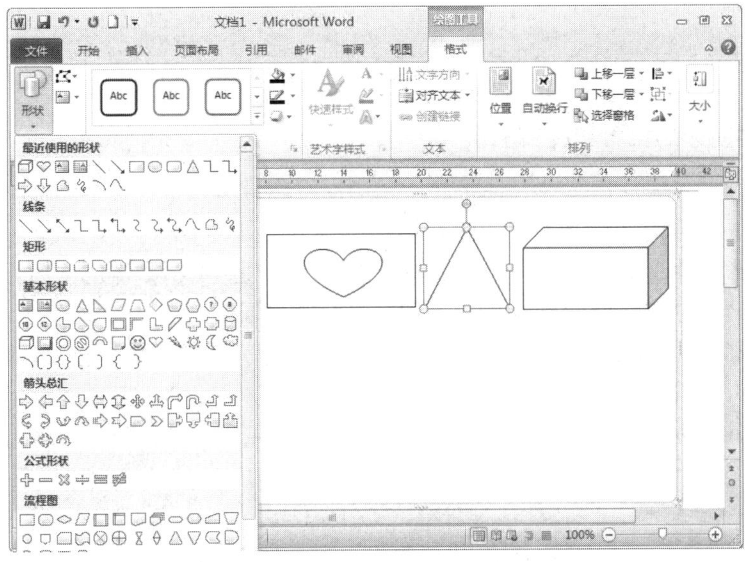

图 6.5　绘制图形

6.1.4 图形的编辑

1. 选中图形

用鼠标单击图形，即可选中图形。图形被选中后，在其周围将出现八个控制点。顶端还有一个控制点叫旋转控制点，如图 6.5 所示（三角形为选中图形）。

若要对多个图形进行同一种编辑操作，应同时选中多个需要编辑的图形。方法是：先选定第一个图形，然后，在按下【Shift】键的同时，再依次单击第二个、第三个……直至所有图形被选定，如图 6.6 所示。

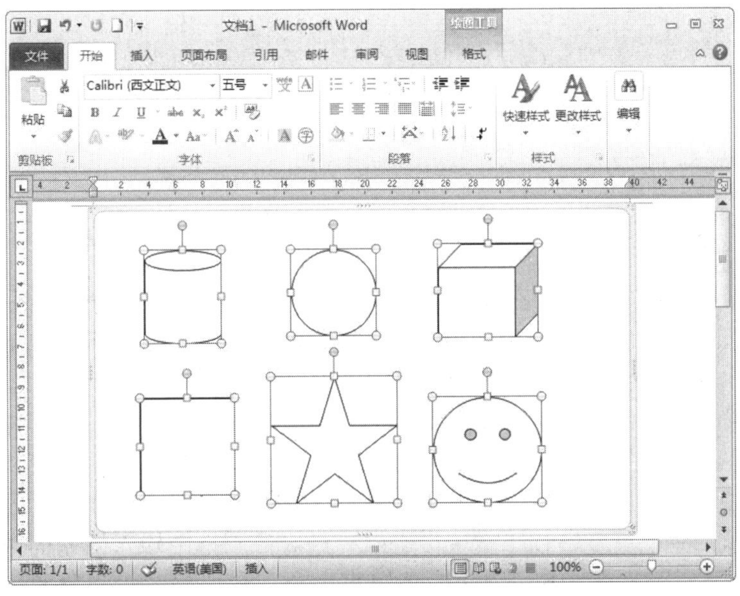

图 6.6　选定多个图形

2．删除图形

选中图形以后，按下键盘上的【Delete】键即可把图形删除。

3．移动图形的位置和旋转图形

移动图形：将鼠标指针放至图形之上，当鼠标指针变成“✥”形状时，单击并拖动鼠标，将图形移至合适的位置，如图 6.7 所示。

改变图形位置：最精确的方法为选中该图形，按住【Ctrl】键的同时，按上、下、左、右光标键，这样将以像素为单位对图形进行移动。

旋转图形：首先要选中图形，然后将鼠标指针移动到图形顶端的旋转控制点上，该旋转控制点变成旋转形状“◉”，此时单击鼠标并按住左键，旋转控制点变成“⟳”形状，移动鼠标旋转图形至满意角度后松开鼠标左键即可，如图 6.7 所示。

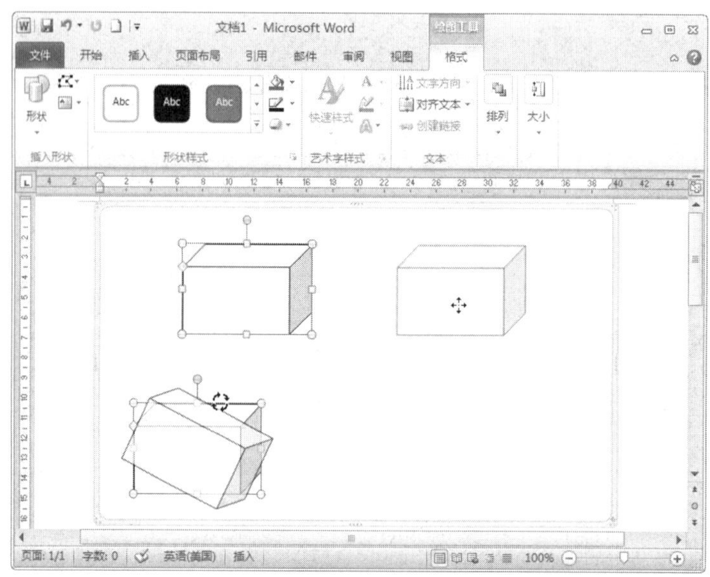

图 6.7　用鼠标移动和旋转图形

4．改变图形的大小

操作方法和步骤如下。

（1）选中图形。

（2）移动鼠标指针到控制点，拖动鼠标更改图形大小。当把鼠标指针移到图形四角的控制点上，鼠标指针变为双向箭头时，单击并拖动鼠标可同时改变图形的高度和宽度，如图 6.8 所示。当把鼠标指针移到图形四边中间的控制点上，鼠标指针变为双向箭头时，拖动鼠标，将只改变图形的高度或宽度。

如果要精确地设置图形的大小，应在选定该图形后，单击鼠标右键，打开快捷菜单，选择其中的“其他布局选项”命令，打开“布局”对话框中的“大小”选项卡，如图 6.9 所示，在“高度”和“宽度”组的“绝对值”框中输入确切的数值，或者在“缩放”选项组的“高度”和“宽度”增量框中输入与原始图形相比的缩放比例。选中“锁定纵横比”复选框可以在改变图形大小时保持图形的纵横比。最后单击“确定”

按钮，关闭对话框。

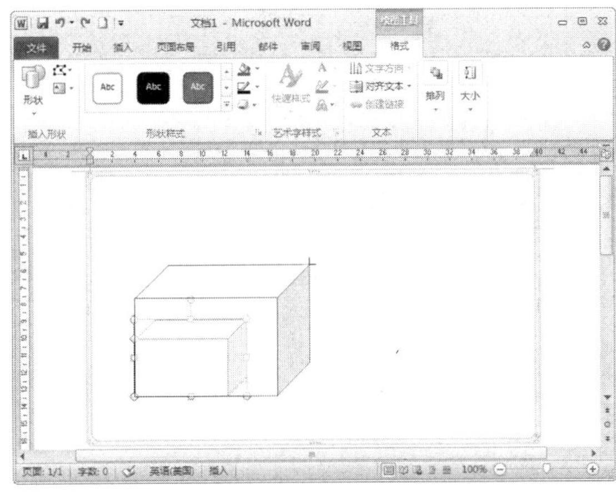

图 6.8　利用鼠标修改图形大小

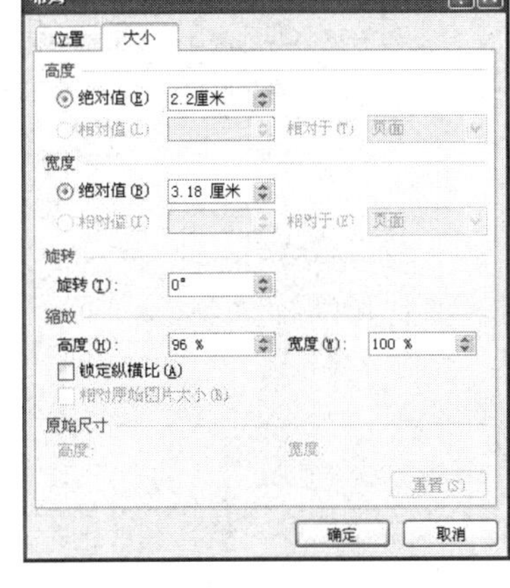

图 6.9　“大小”选项卡

5．图形的组合

操作方法和步骤如下。

（1）同时选中需要组合在一起的多个图形。

（2）单击“绘图工具”栏中“格式”选项卡上“排列”选项组中的“组合”按钮 组合，选择“组合”命令。

结束操作后，原来分散的图形就被组合成了一个整体，如图 6.10 所示。

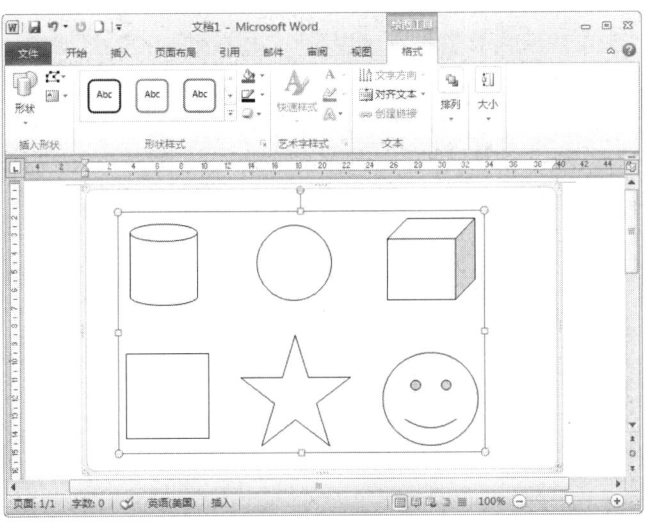

图 6.10　组合图形

6．给图形填充颜色

操作方法和步骤如下。

（1）选中图形。

（2）单击“绘图工具”栏中“格式”选项卡上“形状样式组”中的“形状填充”按

钮 形状填充 右侧的下拉按钮，弹出如图 6.11 所示的“填充颜色”对话框，单击所需的颜色，即可改变图形的填充颜色。如果选择“无填充颜色”，可取消图形的填充颜色。

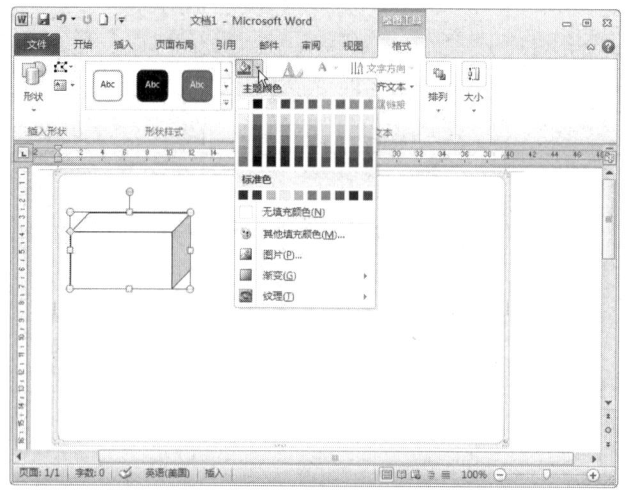

图 6.11 “填充颜色”对话框

7．给图形添加文字

（1）在添加文字的图形上单击鼠标右键，选择快捷菜单中的“添加文字”命令。

（2）图形中出现文字输入光标，此时即可输入文字。

（3）输入完文字后，在图形外的任意位置单击鼠标，即可退出文字输入状态，如图 6.12 所示。

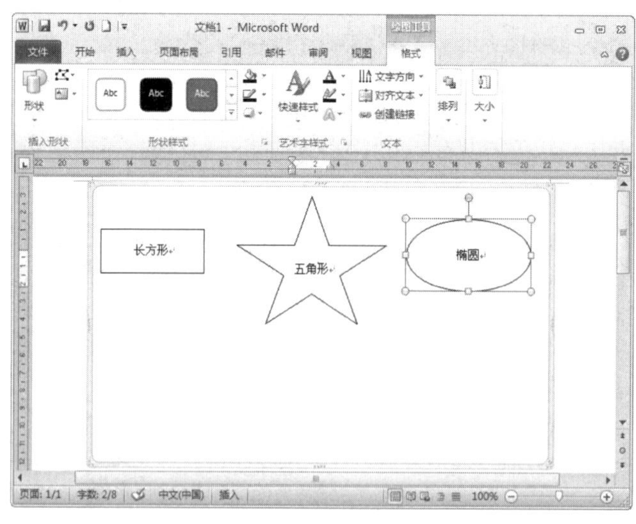

图 6.12 给图形添加文字

如果需要对输入的文字进行编辑，首先选中它，其编辑方法与一般文本的编辑方法相同。

6.2 图片与图片的处理

在 Word 2010 中，允许在文档中插入外部的图片。图片可以来自文件、剪贴画，或是扫描仪和相机复制下来的图像文件。

6.2.1 插入剪贴画

剪贴画是 Office 2010 软件自带的图片，Word 的剪辑库中包含了大量的图片，从地图到人物，从建筑到风景名胜等，可以方便地将它们插入到文档中。

（1）将插入点移至要插入剪贴画的位置。

（2）单击“插入”选项卡上“插图”组中的“剪贴画”按钮，打开“剪贴画”任务窗格，如图 6.13 所示。

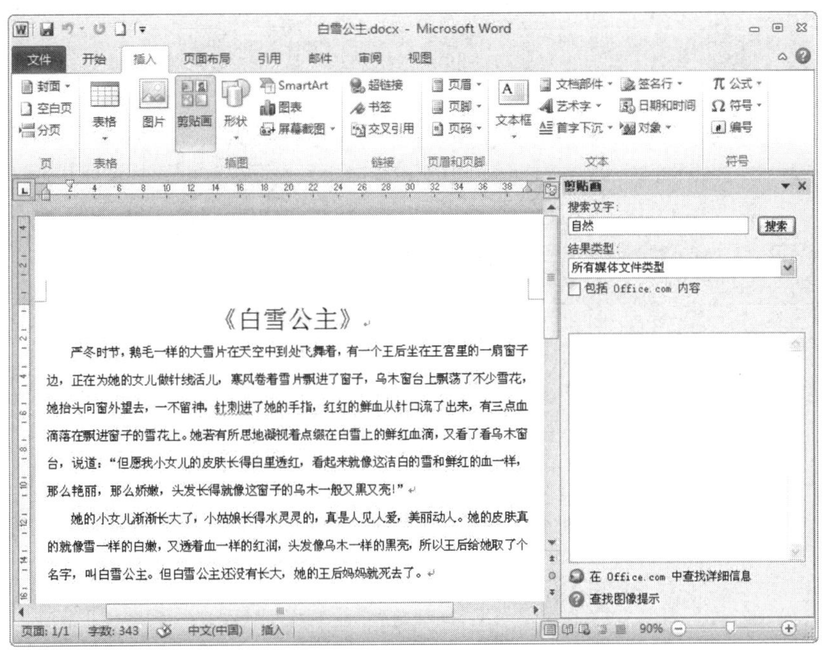

图 6.13 “剪贴画”任务窗格

（3）在“插入剪贴画”任务窗格中的“搜索文字”框中，输入要搜索剪贴画的类型，如输入“人物”、“动物”或“自然”等。在这里输入“自然”。

（4）搜索范围可以选择“包括 Office.com 内容”，如图 6.14 所示。

（5）在“结果类型”下拉列表中选择要查找的剪辑类型，如图 6.15 所示。

（6）单击“搜索”按钮。这时，在“插入剪贴画”任务窗格的“结果”列表框中，显示出搜索的有关“自然”类的图片。

（7）选择要插入的图片。可将剪贴画插入到光标所在位置，如图 6.16 所示。

图 6.14　搜索范围包括 Office.com

图 6.15　“结果类型”下拉列表

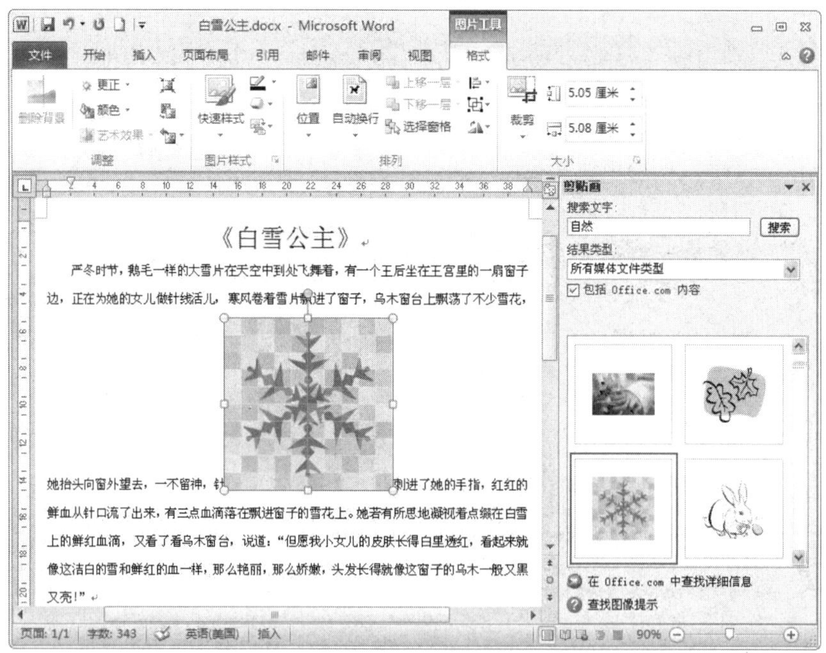

图 6.16　插入剪贴画

另外，如果要在文档中插入声音或动画剪辑，可打开“声音”或“动画剪辑”选项卡进行具体操作。

6.2.2 插入图片文件

在 Word 中，可以插入多种格式的图片，如“.pcx”、“.bmp”、“.tif”及“.pic”等格式。插入图片文件的操作步骤如下。

（1）将插入点置于要插入图片的位置。

（2）单击“插入”选项卡上“插图”组中的“图片”按钮，打开“插入图片”对话框，如图 6.17 所示。

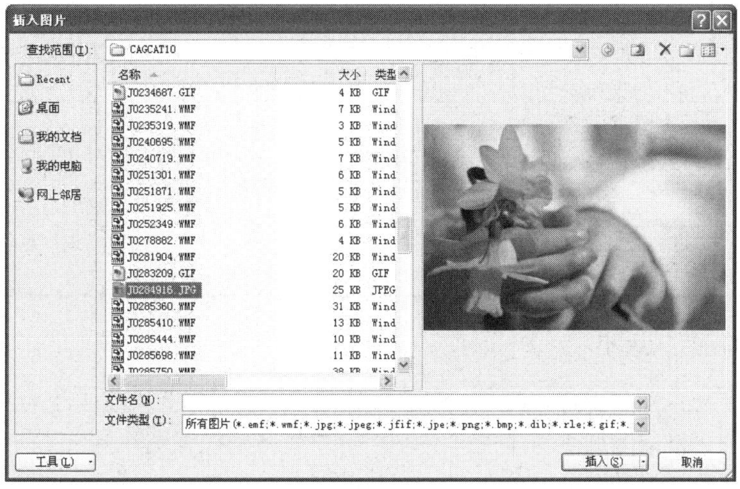

图 6.17 “插入图片”对话框

（3）在左面的列表框中选择图片文件所在的文件夹，然后选定一个要插入的文件，也可以直接在“文件名”框中输入文件的路径和名称。

（4）如果需要预览图片，可以单击“视图”按钮右面的向下箭头，从下拉选择菜单中选择“预览”命令，在右面预览窗格中进行查看。

（5）单击“插入”按钮，即可将选定的图片文件插入到文档中。

6.2.3 设置图片格式

在文档中插入剪贴画或图片之后，还可以对其进行调整和格式设置，可调整图片大小、位置和环绕方式、裁剪图片、添加边框、调整亮度和对比度等。

1. “图片”工具栏

在文档中插入剪贴画或图片后，只要单击该图片，在该图片的周围就会出现 8 个控制点，同时显示“图片工具”选项组，如图 6.18 所示，其中各按钮的功能说明见表 6.2。

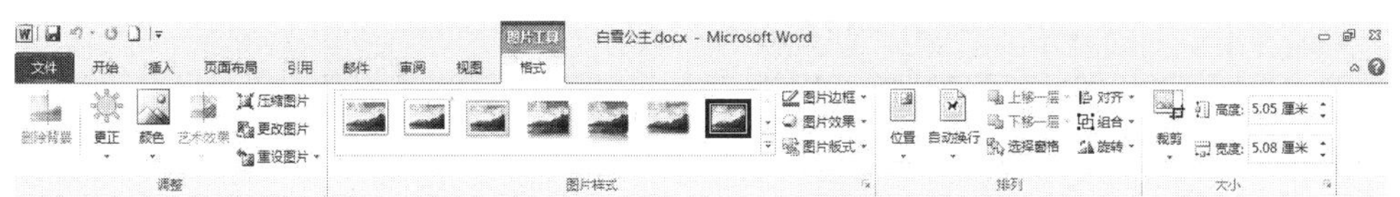

图 6.18 “图片”工具栏

表 6.2 图片工具栏中各按钮的名称与功能

按　钮	按 钮 名 称	功　能
删除背景 更正 颜色 艺术效果 压缩图片 更改图片 重设图片	调整组	调整修改图片的显示效果
图片边框 图片效果 图片版式	图片样式组	设置图片的阴影、边框和版式

续表

按　钮	按钮名称	功　能
位置　自动换行　上移一层·　对齐·　下移一层·　组合·　选择窗格　旋转·	排列组	设置图片与文字的排列效果
裁剪　高度: 11.81 厘米　宽度: 14.65 厘米	大小组	设置图片大小

2. 调整图片的大小

在文档中插入图片以后，可以利用鼠标快速地调整图片的大小，也可以直接在“图片工具”栏的“格式”选项卡上的“大小”组中来精确设置图片的大小。

（1）使用鼠标调整图片的大小

① 单击要缩放的图片。

② 利用图片周围的控制点来调整图片的大小。

③ 当把鼠标指针移至图片四个角的控制点上时，鼠标指针变成斜向的双向箭头。按住鼠标左键拖动时，可以同时改变图片的宽度和高度。当把鼠标指针移至图片四边中间的控制点上时，按住鼠标拖动，可改变图片的宽度或高度，而使图片产生变形效果。

按住【Shift】键并拖动图片的控制点时，将在保持原图片高宽比例的情况下进行图片的缩放。按住【Ctrl】键并拖动图片的控制点时，将从图片的中心向外垂直、水平或沿对角线缩放。

（2）精确调整图片的大小

① 单击要缩放的图片。

② 单击“图片工具”栏中“格式”选项卡上“大小”组中的“高级版式：大小”按钮，打开“布局”对话框，并选中“大小”选项卡，如图 6.19 所示。

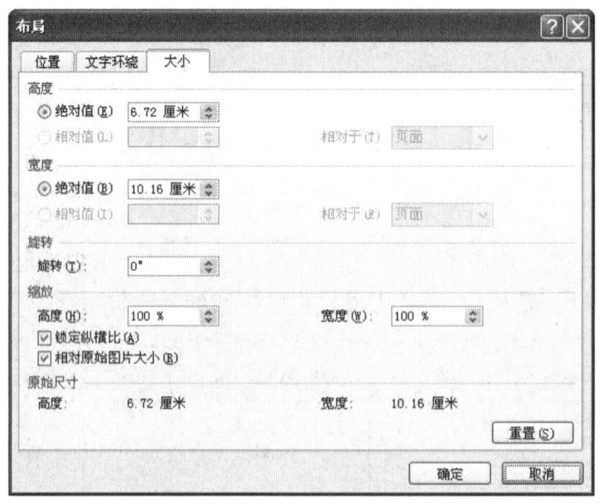

图 6.19　“大小”选项卡

③ 要使图片的高度与宽度保持相同的尺寸比例，应选中“锁定纵横比”复选框。

④ 在“高度”和“宽度”绝对值框中输入图片精确的高度和宽度值，或者在“缩放”选项组的“高度”和“宽度”增量框中输入缩放图片的高度和宽度比例。

⑤ 单击“确定”按钮，关闭对话框。

3. 裁剪图片

如果只希望显示所插入图片的一部分，可通过“裁剪”工具按钮将图片中不希望显示的部分裁剪掉。

（1）单击要裁剪的图片。

（2）单击“图片工具”栏中“格式”选项卡上“大小”组中的“裁剪”按钮。

（3）当把鼠标指针指向图片的某个控制点上并向图片内部拖动时，可以隐藏图片的部分区域。当向图片外部拖动时，可以增大图片周围的空白区域。

（4）至合适位置松开鼠标左键。

实际上，被裁剪的图片部分并不是真正被删除，而是被隐藏起来。如果要恢复被裁剪的部分，可以先选定该图片，然后再次单击“裁剪”按钮，向图片外部拖动控制点即可将裁剪的部分重新显示出来。

如果要精确地裁剪图片，可按如下步骤操作。

（1）单击要裁剪的图片。

（2）右击鼠标，在弹出的快捷菜单中选择“设置图片格式”命令，打开“设置图片格式”对话框，选择“裁剪”选项，如图 6.20 所示。

图 6.20 “剪裁”选项卡

（3）在“裁剪位置”中设置数值。

（4）单击“确定”按钮，关闭对话框。

4. 设置图片或剪贴画的图像属性

（1）单击要设置图像属性的图片。

（2）单击“图片工具”栏中“格式”选项卡上“调整”组中的“颜色”按钮，打开颜色菜单，根据需要选择合适的“颜色饱和度”、“色调”、“重新着色”选项，如图 6.21 所示。

如果要精确设置图片图像属性，应按如下步骤操作。

（1）选中要设置图像属性的图片。

（2）右击鼠标，在弹出的快捷菜单中选择“设置图片格式”命令，打开“设置图片格式”对话框，选中“图片颜色”选项。

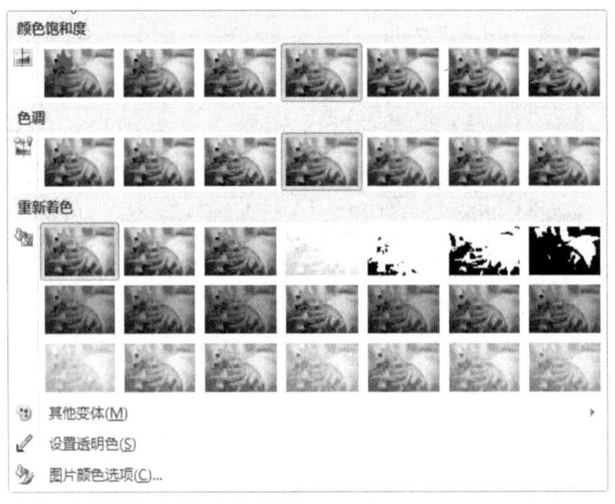

图 6.21　颜色菜单

（3）根据需要修改“颜色饱和度”、“色调”和“重新着色”选项。

（4）单击“确定”按钮。

5. 给图片添加边框

（1）单击要添加边框的图片。

（2）在“图片工具”栏中“格式”选项卡上“图片样式”组中，单击“图片边框”按钮 图片边框。

（3）在“图片边框”菜单下选择边框的颜色、虚实、线型及粗细等。

（4）如果没有合适的线型，应打开“设置图片格式”对话框，并选中“线型”选项卡，设置合适的线型。

（5）单击“确定”按钮。

6. 改变图片的填充颜色

（1）选中要设置填充颜色的图片。

（2）右击鼠标，在弹出的快捷菜单中选择“设置图片格式”命令，打开“设置图片格式”对话框，选择“填充”选项，在右面的窗格中将显示 5 种填充效果：“无填充”、“纯色填充”、“渐变填充”、“图片或纹理填充”和“图案填充”。

（3）可以根据需要选择相应的填充效果，然后设置所需的填充效果。

（4）单击“确定”按钮，关闭对话框。

6.2.4 图文混排

所谓 Word 图文混排，就是在图片的周围环绕文字。在 Word 中，可以单击“图片工具”

中“格式”选项卡上“排列”组中的“自动换行”按钮，来快速设置文字环绕方式。也可以利用“图片”的右键快捷菜单中的“大小和位置”命令，打开“布局”对话框，选中“文字环绕”选项卡，精确设置文字的环绕位置及图片与正文之间的距离。

1. 快速设置文字环绕

（1）选中要设置文字环绕方式的图片。

（2）单击“图片工具”栏中“格式”选项卡上“排列”组中的“自动换行”按钮，打开“文字环绕”列表。

（3）选择所需的环绕方式，例如：选择“四周型环绕”选项，效果如图 6.22 所示。

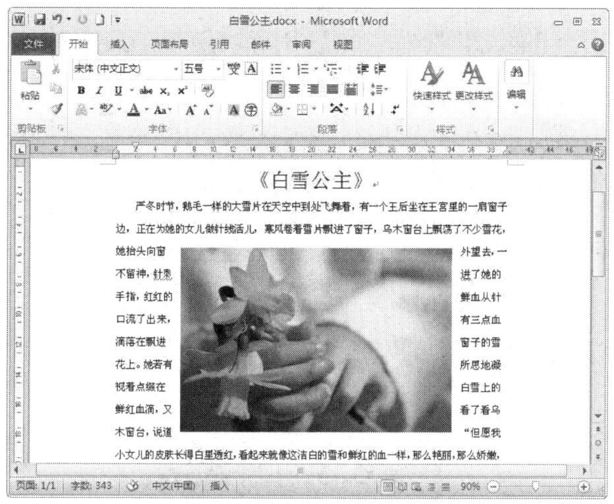

图 6.22 “四周型环绕”方式

2. 精确设置图片的环绕方式

（1）单击要设置文字环绕的图片。

（2）单击“图片工具”栏中“格式”选项卡上“排列”组中的“自动换行”按钮，选择“其他布局选项”，打开“布局”对话框，并选择“文字环绕”选项卡，如图 6.23 所示。

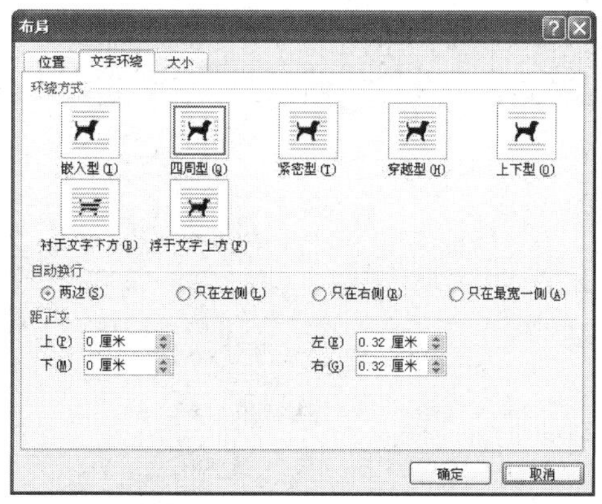

图 6.23 “文字环绕”选项卡

（3）在“环绕方式”选项组中，可以选择文字与图片的环绕方式；在“自动换行”

选项组中，可以选择文字相对图片的位置；在“距正文”选项组中，可以设置图片上、下、左、右各边与文字之间的距离。

（4）选择“位置”选项卡，如图 6.24 所示。在“水平”选项组，可以设置图片的水平对齐方式、书籍版式和水平位置；在“垂直”选项组，可以设置图片的垂直对齐方式和垂直位置。

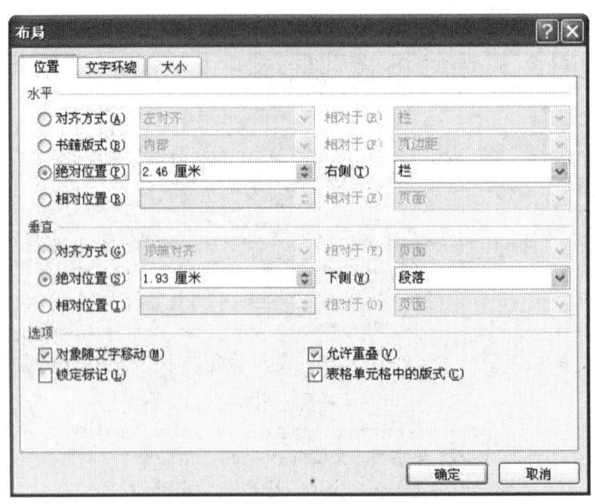

图 6.24 “位置”选项卡

（5）单击“确定”按钮，图片周围的正文将按指定的方式环绕。

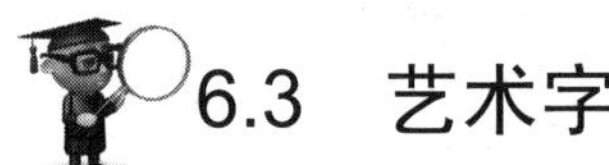

6.3 艺术字

所谓艺术字体就是有特殊效果的文字。艺术字也是一种图形对象，因此可以利用“绘图工具”中的按钮来改变其效果，如设置艺术字的边框、填充颜色等。

6.3.1 插入艺术字

在文档中插入艺术字可以按以下步骤进行操作。

（1）将插入点移至要插入艺术字的位置。

（2）单击“插入”选项卡上“文本”组中的“艺术字”按钮，打开“‘艺术字’库”对话框，如图 6.25 所示。

图 6.25 “‘艺术字’库”对话框

（3）选择其中一种式样，然后单击“确定”按钮。出现“请在此放置您的文字”文本框，如图 6.26 所示。

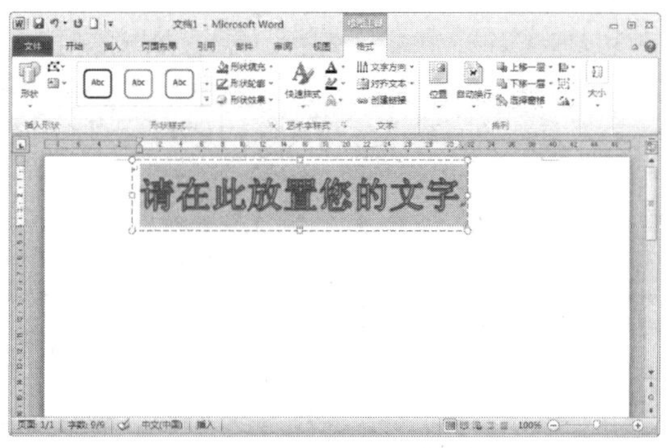

图 6.26　“编辑‘艺术字’文字”文本框

（4）在文本框中输入要设置艺术字效果的文字。输入文字后，在“绘图工具”栏中“格式”选项卡上“艺术字样式”组中进行效果设置，如图 6.27 所示。

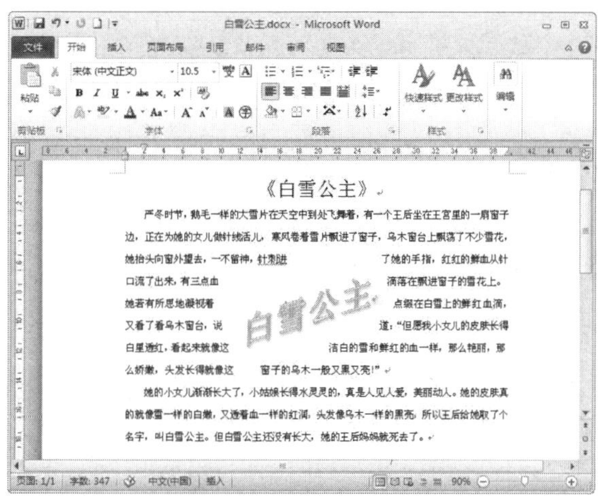

图 6.27　插入“艺术字”示例

6.3.2 编辑“艺术字”

用鼠标单击文档中的艺术字，出现“绘图工具”栏，“格式”选项卡上“艺术字样式”选项组变为可用，如图 6.28 所示。使用“艺术字样式”组，可完成对艺术字的多种编辑。

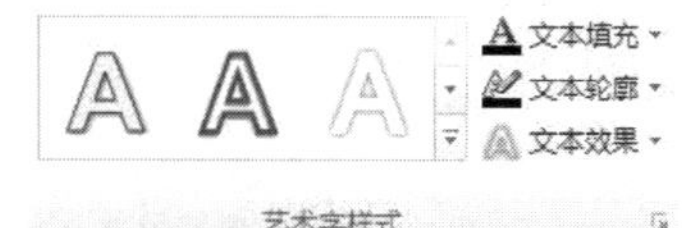

图 6.28　“艺术字样式”组

1. 改变艺术字的大小

选中艺术字，将光标移至艺术字四周的控制点上，用鼠标拖动控制点，即可改变艺术字的大小。

2. 改变艺术字的字体

单击“艺术字”文本框，即可对文字进行编辑，在该文本框中，可以重新输入艺术字的内容，并对艺术字的字体、字号、加粗及倾斜等进行操作。

3．更改艺术字的形状

单击“文本效果”按钮，在下拉菜单中可以选择合适的方案来改变艺术字的形状，如图 6.29 所示。

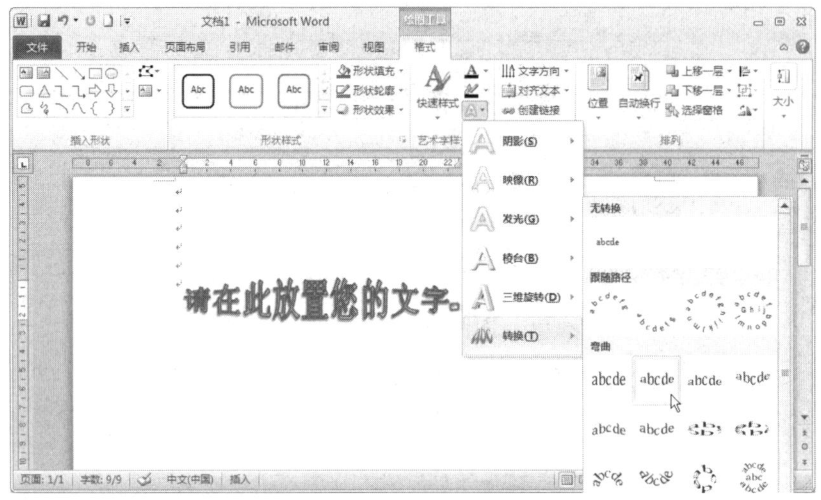

图 6.29　改变艺术字形状

4．给艺术字填充颜色

单击“绘图工具”栏中“格式”选项卡上“艺术字样式”组中的“文本填充”按钮，弹出如图 6.30 所示的填充颜色列表，选择其中一种颜色即可。

5．给艺术字的设置外框

单击“绘图工具”栏中“格式”选项卡上“艺术字样式”组中的“文本轮廓”按钮，弹出如图 6.31 所示对话框，在其中选择合适的颜色及线型即可。

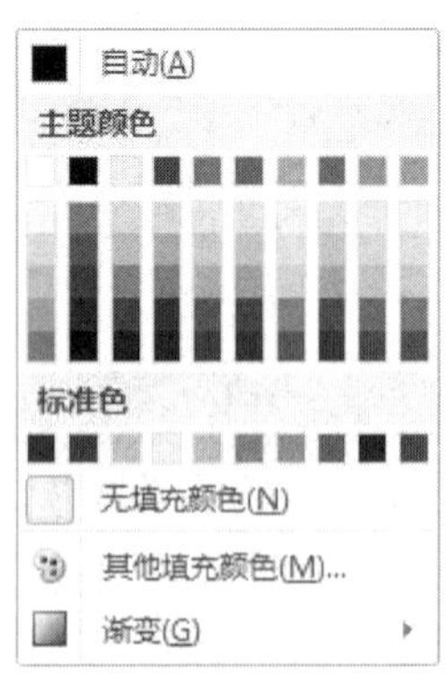

图 6.30　艺术字填充颜色

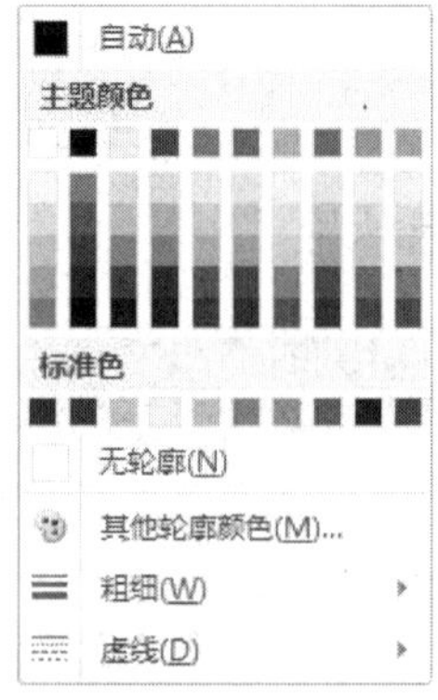

图 6.31　文本轮廓设置对话框

6．给艺术字设置文字环绕

选中艺术字，单击鼠标右键，在弹出的快捷菜单中选择“自动换行”选项，弹出“文字环绕”列表，如图 6.32 所示，在其中选择一种合适的文字环绕方式即可。

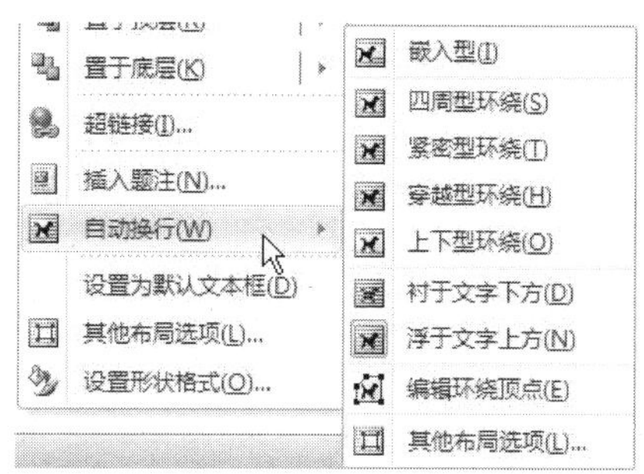

图 6.32 “文字环绕”列表

6.4 插入文本框

利用文本框可以实现对象的随意定位、移动或缩放。这里所指的对象可以是文字、图形、图片、剪贴画和表格等。

由于文本框具有其他图形的特点，所以可以对文本框进行格式设定（如添加背景、改变文本框框线的粗细、颜色等）、移动、组合等操作。用文本框可将某段文字和图形组合在一起，将某些文字排列在其他文字或图形的周围。

6.4.1 创建文本框

操作方法和步骤如下。

（1）单击“插入”选项卡上“文本”组中的“文本框”按钮，再选择子菜单中的“绘制文本框”或“绘制竖排文本框”命令；或者单击“绘图工具”栏中“格式”选项卡上“插入形状”组中的“文本框”按钮。

（2）在文档中拖动鼠标，插入所需尺寸的文本框，效果如图 6.33 所示。

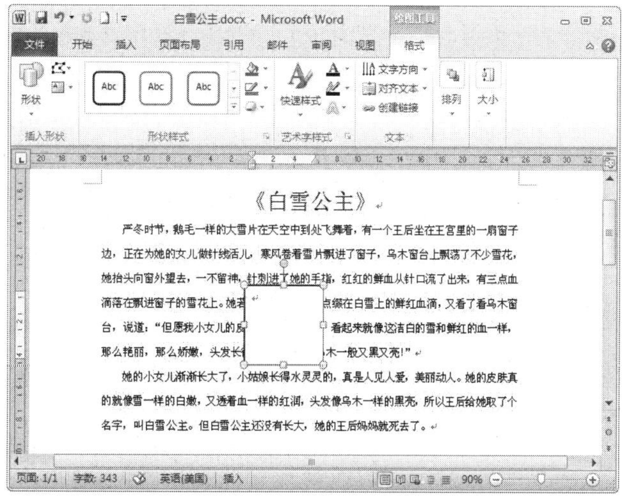

图 6.33 插入文本框

给已有文本加文本框的方法是：当选定文本后，执行（1）的操作后，所选定的文本将成为文本框的内容。

6.4.2 改变文本框的格式

与设置图片格式基本相同。

（1）选定需要改变格式的文本框。

（2）在“绘图工具”栏中“格式”选项卡上“形状样式”组、“排列”组、“大小”组中，选择需要的命令，对“文本框”进行格式修改，或在右键快捷菜单中选择“设置形状格式”命令，打开“设置形状格式”对话框，如图 6.34 所示。

图 6.34 “设置形状格式”对话框

（3）单击“确定”按钮，完成设置。

6.4.3 在文本框之间创建链接

在 Word 2010 中，可以利用文本框的链接功能，在一段连续的文字无法完全显示在第 1 个文本框中时，将其余的文字移至与之相链接的另一个文本框中。当某个文本框内容改变时，其后的文本框内容也会发生相应的变化。链接的文本框位置可以在文档任意位置，例如，第 1 个文本框在第 8 页而第 2 个文本框在第 10 页。

操作步骤如下。

（1）插入两个或两个以上的空文本框。

（2）选中任意一个文本框，单击“绘图工具”栏中“格式”选项卡上“文本”组中的“创建链接”按钮，光标会变成形状。将光标移至另一个文本框中，当光标变成形状时单击鼠标，就完成了两个文本框的链接。

（3）第二个、第三个文本框链接时，可选中第二个文本框，按（2）中的方法将第二个和第三个文本框进行链接。

将所有空文本框都设为链接后，单击第一个文本框并输入文字（注意必须按顺序从第一个文本框开始输入，不能在被链接的文本框中开始输入）。当第一个文本框排不下时，Word 将自动转到下一个链接的文本框中输入。

完成文本输入后，可以设定文本的字体和字号等，并且可以改变文本框的位置和环绕方式等。

断开文本框之间的链接方法是：选中设置链接的文本框（注意不是被链接的），再单击“绘图工具”栏中“格式”选项卡上“文本”组中的“断开链接”按钮即可。

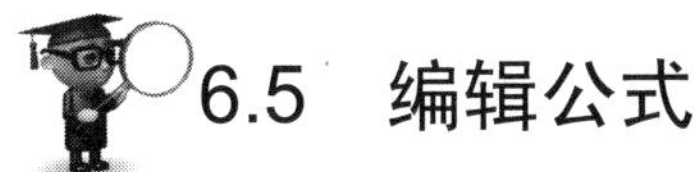

6.5 编辑公式

在 Word 中，利用“公式编辑器”可以快速地编辑公式。

6.5.1 启动公式编辑器

（1）单击“插入”选项卡上“符号”组中的“公式”按钮，在弹出的快捷菜单中选择“内置公式”或“插入新公式”，如图 6.35 所示。

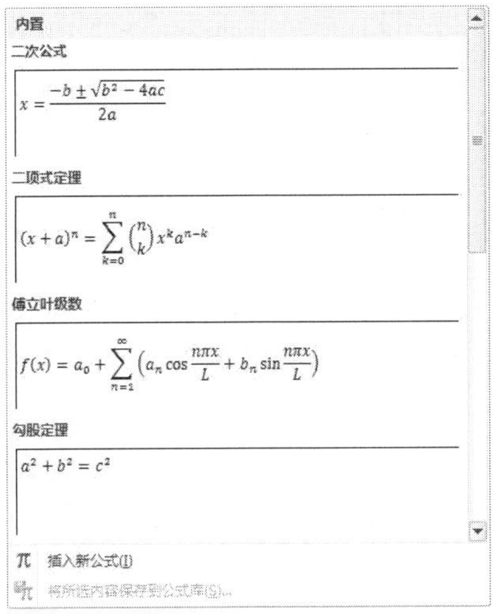

图 6.35 “公式”菜单

（2）选择“插入新公式”后，即可显示出“公式工具”栏和公式编辑框，如图 6.36 所示。

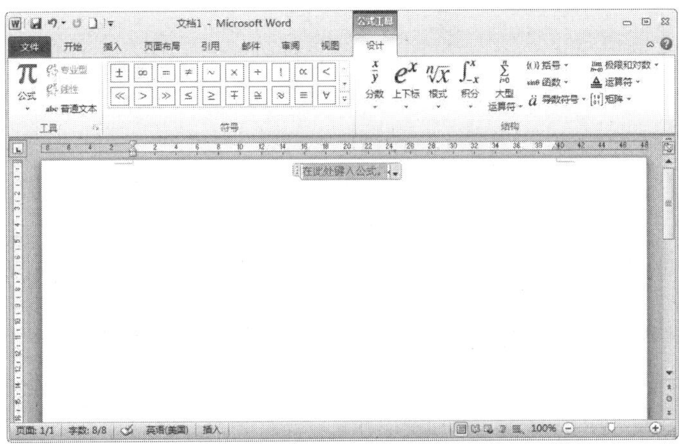

图 6.36 “公式”工具栏和公式编辑框

只要选择工具栏上的符号并输入数字和变量就可以建立复杂的公式，而且在向公式编辑框中输入公式时，“公式编辑器”将根据数学和排字格式的约定，自动调整公式中各元素的大小、间距和格式编排。

“公式”工具栏由“工具”、“符号”和“结构”三个选项组组成。可插入 150 多个数学符号，大约 120 种公式模板或框架，模板中一般还包含插槽，可以在其中插入文字和符号，也可以在插槽中再插入其他的模板来建立更复杂的公式。

6.5.2 编辑公式举例

以输入 $\sin\alpha=\sqrt{2+\left(\frac{x+1}{3}\right)^2}-1$ 算式为例。

（1）将插入点移至要插入公式的位置，打开公式编辑器，输入“sin”。

（2）在“公式工具”栏中“设计”选项卡上“符号”组中选择希腊字母“α”，输入“=”。

（3）在“结构”组中单击“根式”按钮，并选择所需根式模板。

（4）在插槽中输入“2+”，并在“结构”组中单击“上下标”按钮，选择“上标”。

（5）在上标占位符中输入“2”，在下标占位符中单击“结构”组中的“括号”按钮，选择所要使用的小括号模板。

（6）在括号中单击“结构”组中的“分数”按钮，选择“竖式”，在分数线上的占位符中输入“x+1”，分数线下占位符中输入“3”。

（7）在根式外，输入“−1”。

按以上步骤，选中不同的模板和符号，就能插入任意类型的公式，公式输入完成后只需单击公式编辑框外的任意一点便可返回文本编辑状态。

如果对已经输入的公式不满意，可以通过双击该公式重新进入公式编辑状态，再对其进行编辑和修改。如果要改变公式所在位置，只要选中该公式后，拖动鼠标将其移到所需位置上释放鼠标即可。

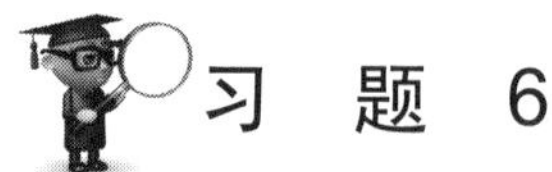

习　题　6

一、填空题

1．艺术字是___________对象，不能作为文本操作，在___________视图中无法查看其文字效果，也不能像普通文本一样进行拼写检查。

2．当图片的环绕方式为___________时不能被移动，其他方式时都可以移动。

3．在绘制形状时，只有___________类别的图形在绘制时出现光标，可直接输入文本。其他形状需要选取后右击鼠标，从弹出的快捷菜单中选择___________命令才可输入文本。

二、选择题

1．在 Word 2010 中，系统提供了几百幅图片供用户选择，这些图片以（　　）作为扩展名。

A．.swi　　B．.wmf　　C．.jpg　　D．.bmp

2．在 Word 2010 选择多个图片时，可以按住（　　）键进行选择。

A．【Shift】　　B．【Alt】　　C．【Ctrl】　　D．【Tab】

3．在拖动图形过程中按住（　　）键，可以直接复制一个对象到新的位置。

A．【Enter】　　B．【Alt】　　C．【Ctrl】　　D．【Tab】

三、上机操作题

输入原文，并按照要求进行设置

（一）获将证书

1．原文

获奖证书

同学：

您的作品，在河北省中小学第　届“小爱迪生杯”小发明小创造比赛中荣获　等奖，特颁此证。

河北省教育厅

年　月

2．要求

（1）页面设置

纸张大小：16 开；纸张方向：横向；页边距：上下左右各 0.5 厘米；页面边框：深红色，6 磅。

（2）标题设置

将标题“获奖证书”设置为艺术字，样式为“艺术字样式 1”、华文楷书、60 磅，形状轮廓为无，形状填充为黄色，阴影设为“阴影样式 5”。

（3）正文设置

字体为“宋体”，字号为“小二”，加粗。

（4）图形设置

按样文，在标题下方插入“上凸带形”形状。形状轮廓为无，形状填充为红色。

大小：高 4.38 厘米，宽 15.42 厘米；位置：水平位置相对页面 5.73 厘米，垂直位置相对页面 2.54 厘米。

3．最终效果

（二）文章：因特网的形成和发展

1．原文

因特网的形成和发展

（1）Internet 的形成

1969 年美国国防部高级研究计划署作为军事试验网络，建立了 ARPANET。1972 年 ARPANET 发展到几十个网点，并就不同计算机与网络的通信协议取得一致。1977 年至 1979 年间产生了 IP 互联网协议和 TCP 传输控制协议。1980 年美国国防部通信局和高级研究计划署将 TCP/IP 协议投入使用。

（2）因特网在中国

20 世纪 90 年代中期，我国互联网建设全面展开，到 1997 年年底已建成中国公用计算机网（ChinaNET）、中国教育和科研网（CERNET）、中国科学和技术网（CSTNET）和中国金桥信息网（ChinaGBN），并与 Internet 建立了各种连接。

（3）163 网和 169 网

163 网就是“中国公用计算机互联网”ChinaNET，它是我国第一个开通的商业网。由于它使用全国统一的特服号 163，所以通常称其为 163 网。169 网是“中国公众多媒体通信网”的俗称，CninfoNET。因为它使用全国统一的特服号 169，所以就称其为 169 网。它们是国内用户最多的公用计算机互联网，是国家的重要信息基础设施。

（4）文件传输

一般来说，用户联网的首要目的就是实现信息共享，文件传输是信息共享非常重要的内容之一。Internet 上早期实现传输文件，并不是一件容易的事，我们知道 Internet 是一个非常复杂的计算机环境，有 PC，有工作站，有 MAC，有大型机，据统计连接在 Internet 上的计算机已有上千万台，而这些计算机可能运行着不同的操作系统，有运行 UNIX 的服务器，也有运行 DOS、Windows 的 PC 机和运行 MacOS 的苹果机等等，而各种操作系统之间的文件交流问题，需要建立一个统一的文件传输协议，这就是所谓的 FTP。基于不同的操作系统就有不同的 FTP 应用程序，而所有这些应用程序都遵守同一种协议，这样用户就可以把自己的文件传送给别人，或者从其他的用户环境中获得文件。

（5）匿名 FTP

通过 FTP 程序连接匿名 FTP 主机的方式同连接普通 FTP 主机的方式差不多，只是在要求提供用户标识 ID 时必须输入 anonymous，该用户 ID 的口令可以是任意的字符串。习惯上，用自己的 E-mail 地址作为口令，使系统在维护程序时能够记录下来谁在存取这些文件。

2．要求

（1）页面设置

纸张大小：16 开；页边距：上下左右均为 2 厘米。

（2）标题设置

将标题设置为黑体三号字，颜色为红色加下画线。

四个小标题均设置为仿宋四号字。

（3）正文设置

正文第一段为宋体五号字，“悬挂缩进”1 厘米；其余各段为仿宋五号字，“首行缩进”1 厘米。

（4）文档的插入设置

按样文，插入剪贴画“Christmas”。设置图片大小：高为 4 厘米，宽为 5 厘米；位置：水平相对页边距 5 厘米，垂直相对页边距 6 厘米。

插入文本框，大小：高 1.5 厘米，宽 4 厘米；填充色为绿色，线条色为蓝色；文本框内输入文字“圣诞老人”，字体为楷书，字号为二号；位置：水平相对页边距 5.6 厘米，垂直相对页边距 8.5 厘米。

3．最终效果

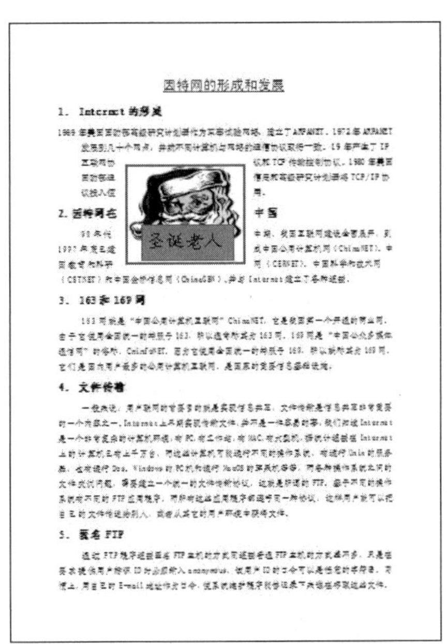

因特网的形成和发展

1. Internet 的形成

2. 因特网在中国

3. 163 和 169 网

4. 文件传输

5. 匿名 FTP

（三）文章：每天一个苹果改善记忆力

1．原文：

每天一个苹果改善记忆力

研究人员发现，对于那些担心用脑过度和随着年龄的增长、感觉自己记忆力不如从前的人来说，每天吃一个苹果就能保持反应敏捷，记忆良好。

苹果不仅含有丰富的糖、维生素、矿物质等大脑所必需的营养素，更重要的是它富含锌元素。据研究，锌是人体内许多重要酶的组成部分，也是构成和记忆力密不可分的核酸及蛋白质不可或缺的元素，是促进儿童生长发育的关键元素。人体内缺锌对记忆力将产生不良的影响。

苹果或者苹果汁可以保护大脑中随着人年龄增大而损失的记忆细胞。因此，吃苹果或者喝苹果汁，再加上平衡的饮食，可以保护大脑免受年龄的影响，可以有效地降低早老性痴呆症和其他痴呆症的危险。

2．要求：

（1）页面设置

纸张大小：A4；页边距：上下均为 2.54 厘米，左右均为 3.17 厘米。

（2）标题设置

将标题设置为艺术字，样式为“艺术字样式 1”，楷体；36 号，“形状填充”为黑色；“形状轮廓”为无色；三维效果为“三维样式 10”，对三维样式进行上下微调。

（3）正文设置

将正文设置为宋体四号字，“首行缩进”2 个字符。

（4）文档的插入设置

按样文，分别插入剪贴画“兔子、汽车、南瓜、medical”，并分别设置其图片样式为：“矩形投影”、“映像右透视”、“圆形对角，白色”和“金属框架”。

在文中插入“笑脸”形状，设置形状样式为“对角渐变-强调文字颜色 5”，并对其设置“阴影样式 7”。

插入文本框，并将文本框变形为“椭圆形标注”，输入文字“不是苹果”，宋体二号字。

3．最终效果

（四）文章：书籍

1．原文

书籍

书籍好比食品，有些只须浅尝，有些可以吞咽，只有少数需要仔细咀嚼，慢慢品味。所以，看书只要读其中一部分，看书只须知其梗概，而对于少数好书，则要通读、细读，反复读。看书可以改进人性，而经验又可以改进知识本身。人的天性犹如野生的花草，求知学习好比修剪移栽。

记忆的目的是为了认识事物的原理。为挑剔辩驳去看书是无聊的。但也不可过于迷信书本。看书的目的不是为了吹嘘炫耀，而应该是为了寻找真理，启迪智慧， 有的书可以请人代读，然后看他的笔记摘要就行了。但这只限于不太重要的议论和质量粗劣的书。否则这本书将像已被蒸馏过的水，变得淡而无味了！看书使人充实，讨论使人机敏，写作则能使人精确。

因此，如果有人不看书又想冒充博学多知，他就必须很狡黠，才能掩饰无知。如果一个人懒于动笔，他的记忆力就必须强而可靠。如果一个人要孤独探索，他的头脑就必须格外锐利。看书使人明智，读诗使人聪慧，演算使人精密，哲理使人深刻，道德使人高尚，逻辑修辞使人善辩。

2．要求

（1）页面设置

纸张大小：A4；页边距：上下均为 2.54 厘米，左右均为 3.17 厘米。

（2）标题设置

将标题设置为艺术字，样式为“艺术字样式 22”，黑体，36 号，对三维样式进行上下微调，效果如样图。

（3）正文设置

将正文设置为宋体小四号字，“首行缩进”2 个字符。

（4）文档的插入设置

按样文，分别插入剪贴画“苹果、闹钟、地球、天平、书”，并分别设置其图片样式为：“映像圆角矩形”、“矩形投影”、“映像右透视”、“映像棱台，白色”、“棱台透视”。

在文中插入形状：“圆柱体”、“立方体”、“燕尾形箭头”，并给形状添加文字，效果如样图。

3．最终效果

（五）海报设计

1．要求

（1）页面设置

纸张大小：A4；页边距：上、下均为 2.54 厘米，左、右均为 3.17 厘米；页面颜色

RGB 参数为“251、212、180”。

（2）标题设置

将标题设置为艺术字，样式为“艺术字样式 1”，黑体，60 号，利用控点对艺术字进行调整，设置艺术字的形状轮廓为白色，形状填充为渐变色，设置艺术字样式为“阴影样式 4”，对三维样式进行上下微调，效果如样图。

（3）正文设置

通过插入艺术字设置并设置艺术字格式，设置正文文字；效果如样图。插入图形、文本框及改变文本框形状，效果如样图。

2．最终效果

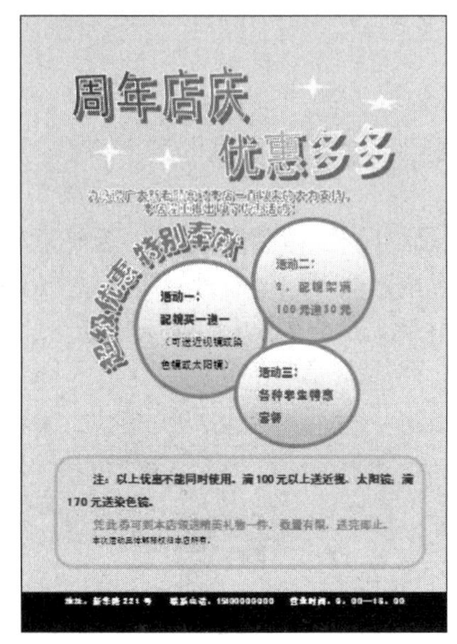

第 7 章

中文 Excel 2010 概述

Excel 电子表格已经成为最常用的数据处理软件，可以在电子表格中输入数据，美化电子表格，丰富电子表格的内容，计算电子表格中的数据，管理电子表格中的数据，在电子表格中插入图表，插入数据透视表，打印电子表格等。

Excel 2010 作为一个组件集成在 Office 2010 的应用程序中，它不仅可以利用自身的强大功能，还可以利用 Office 2010 中其他软件的功能使整个电子表格的制作过程更加专业和简洁。

7.1 中文 Excel 2010 的启动

启动中文 Excel 的方法很多，这里主要介绍两种常见的启动方法。

7.1.1 从“开始”选单启动中文 Excel 2010

（1）单击任务栏上的“开始”按钮，从弹出的菜单中选择“所有程序”选项，打开子菜单，从子菜单中选择“Microsoft Office”选项。

（2）单击级联子选单中的“Microsoft Excel 2010”选项，就进入了中文 Excel 2010，如图 7.1 所示。

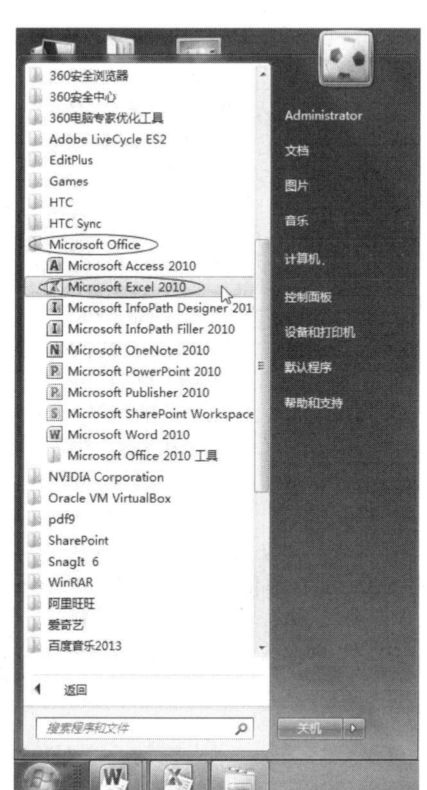

图 7.1　从“开始”菜单启动中文 Excel 2010

7.1.2 用快捷方式图标启动中文 Excel 2010

这是一种最简捷的启动方法，直接用鼠标双击桌面上的中文 Excel 2010 快捷方式图标进入 Excel 2010，如图 7.2 所示。

图 7.2　用快捷方式图标启动中文 Excel 2010

7.2 中文 Excel 2010 的工作窗口

启动 Excel 2010 后就打开了 Excel 工作窗口，同时创建了一个名为“工作簿 1”的空白 Excel 工作簿（用于保存表格内容的文件，其扩展名为.xlsx）。该工作簿可包含若干个工作表（也叫电子表格，是存储和处理数据的最主要的文档），默认情况下只包括标签，分别为“Sheet1”、“Sheet2”、“Sheet3”三个工作表，“Sheet1”为默认的当前工作表，如图 7.3 所示。

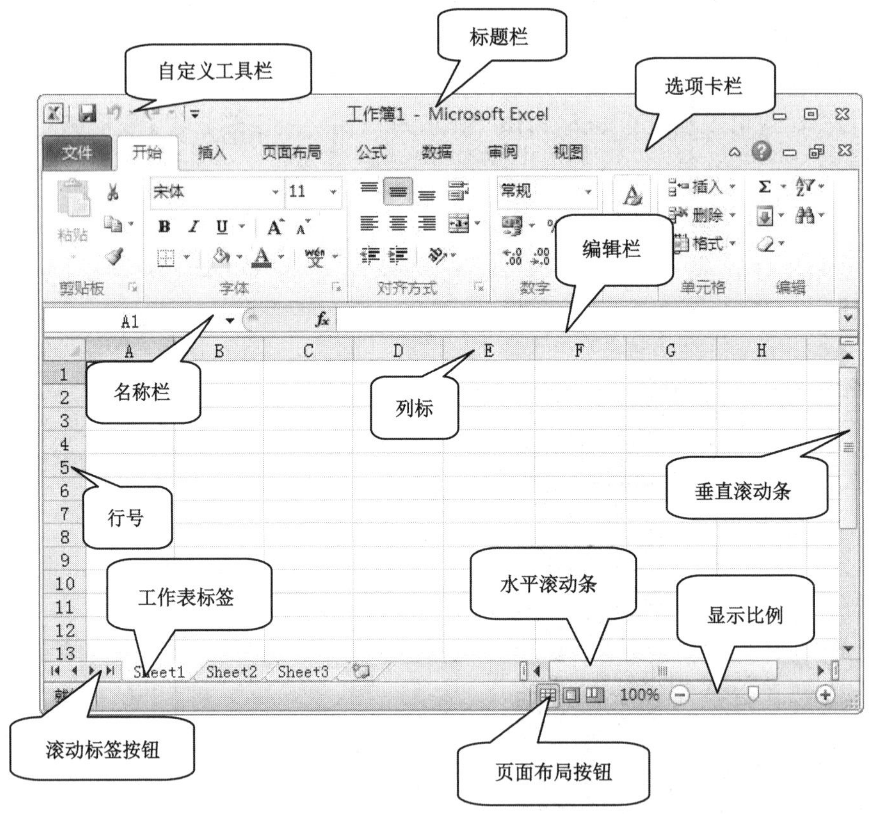

图 7.3　Excel 2010 工作窗口

窗口最上面是标题栏和自定义快速访问工具栏。从标题栏向下是 Excel 2010 特有的选项卡工具栏，依次是“文件”选项卡、“开始”选项卡、“插入”选项卡、“页面布局”选项卡、“公式”选项卡、“数据”选项卡、“审阅”选项卡和“视图”选项卡。选项卡工具栏下面是各选项卡的工具组，中间是工作表编辑区，最下边是状态栏、工作表切换按钮和视图切换按钮。

7.2.1 标题栏

位于窗口的顶端，显示当前应用程序名和当前的文件名。在标题栏的右端有三个按钮，分别是应用程序窗口的最小化按钮、最大化/还原按钮和关闭按钮。

7.2.2 快速访问工具栏

标题栏的左侧是Excel 2010的快速访问工具栏，包含了常用命令的快速执行按钮，单击即可执行这些命令。

7.2.3 选项卡栏

与以前版本的Excel有很大的不同，Excel 2010采用了名为“Ribbon”的全新用户界面，并将Excel中丰富的选单按钮按照其功能分为了多个选项卡，包含了Excel 2010的所有功能，其各选项卡功能如下。

1.“文件”选项卡

在“文件”选项卡中可以完成保存、另存为、打开、关闭、新建、打印、选项、退出等操作，如图7.4所示。

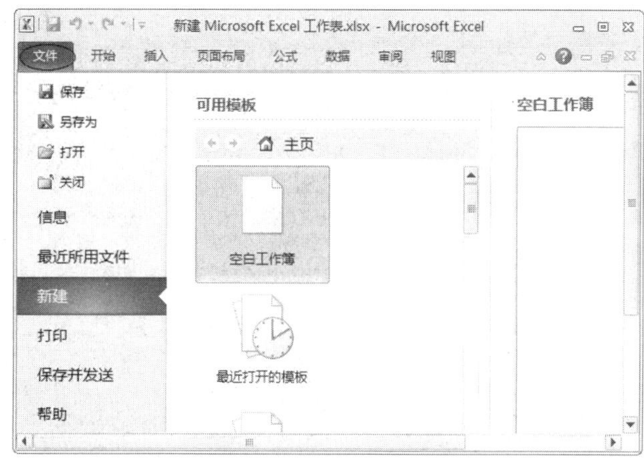

图7.4 “文件”选项卡

2.“开始”选项卡

“开始”选项卡包括了日常使用的Excel的常用基本功能，包括剪贴板、字体、对齐方式、数字、单元格、编辑等功能组，如图7.5所示。

图7.5 “开始”选项卡

3.“插入”选项卡

“插入”选项卡可以轻松地在工作薄中插入表格、图片、剪贴画、形状、SmartArt图形、图表、迷你图、文本框、艺术字、符号、公式等对象，包括表格、插图、图表、迷你图、筛选器、链接、文本、符号等功能组，如图7.6所示。

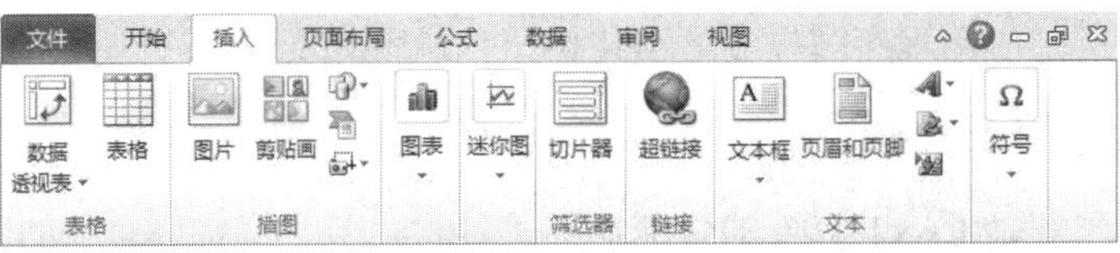

图 7.6　“插入”选项卡

4.“页面布局”选项卡

“页面布局”选项卡包括主题、页面设置、调整为合适大小、工作表选项、排列等功能组，如图 7.7 所示。

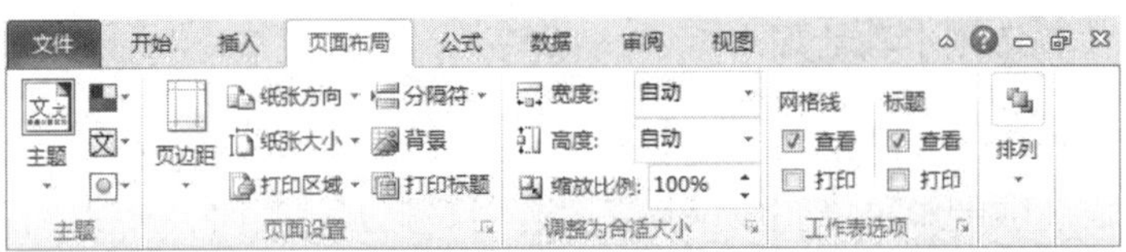

图 7.7　“页面布局”选项卡

5.“公式”选项卡

“公式”选项卡包括函数库、定义的名称、公式审核、计算等功能组，如图 7.8 所示。

图 7.8　“公式”选项卡

6.“数据”选项卡

“数据”选项卡包括获取外部数据、连接、排序和筛选、数据工具、分级显示等功能组，如图 7.9 所示。

图 7.9　“数据”选项卡

7.“审阅”选项卡

“审阅”选项卡包括校对、中文简繁转换、语言、批注、更改等功能组，如图 7.10 所示。

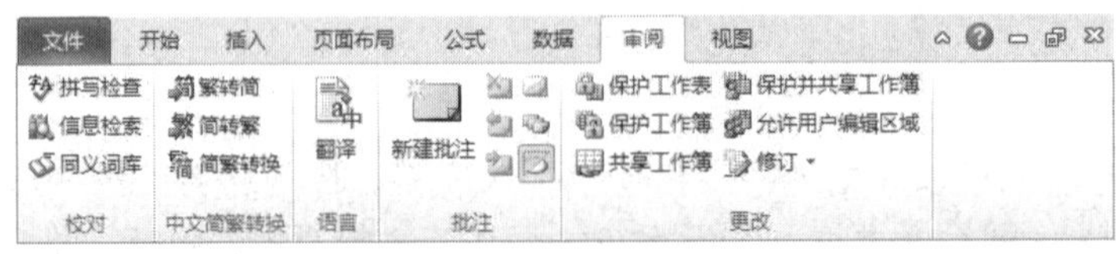

图 7.10　“审阅”选项卡

8. “视图”选项卡

“视图”选项卡包括工作簿视图、显示比例、窗口、宏等功能组，如图 7.11 所示。

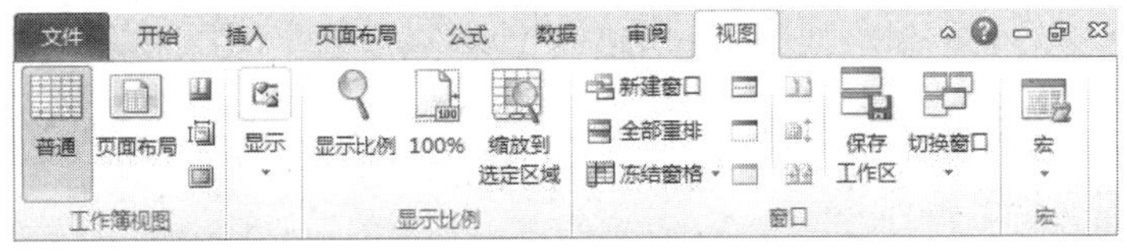

图 7.11 “视图”选项卡

7.2.4 状态栏

位于窗口的底部，状态栏显示当前工作表的工作模式、布局按钮和缩放比例等信息。

7.3 Excel 2010 任务窗格

相比较以前的版本，Excel 2010 的任务窗格也有了很大的改变。对“剪贴画”任务窗格也进行了更改——不再提供“搜索范围”框，所以不能够将搜索限制到特定的内容集合。如果要缩小搜索范围，可以在“搜索”框中使用多个搜索词。单击“插入”选项卡上“图像”组中的“剪贴画”按钮将打开如图 7.12 所示的“剪贴画”任务窗格。

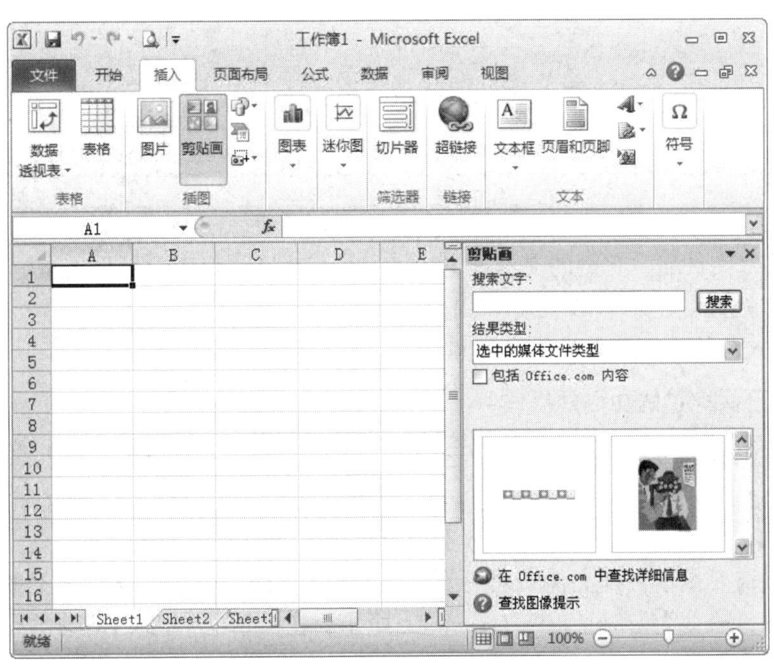

图 7.12 “剪贴画”任务窗格

7.4 保存文件及退出 Excel 2010

7.4.1 保存 Excel 文件

1. 对新建文档的操作

在工作薄的编辑过程中要注意随时保存工作薄文档。若 Excel 文件是第一次建立的新建文档，对其保存的操作方法如下。

（1）单击“文件”选项卡上的“保存”命令或单击“快速访问工具栏”中的“保存”按钮，弹出“另存为”对话框，如图 7.13 所示。

图 7.13 “另存为”对话框

（2）在“文件名”右侧的文本框中输入文件名，在“保存位置”文本框中，选择保存文件的文件夹，然后单击“保存”按钮。

（3）Excel 的默认文件扩展名为.xlsx。

2. 对已保存过的文档的操作

若正在编辑的 Excel 文档是一个已经保存过的文件，按如下方法操作。

（1）单击“文件”选项卡上的“保存”命令，或者单击“快速访问工具栏”中的“保存”按钮，将文件用原文件名保存在原文件夹中。

（2）当需要重新更换文件夹或更改文件名时，单击“文件”选项卡上的“另存为”命令，弹出“另存为”对话框，如图 7.13 所示。在对话框中为文件选择新文件夹和新文件名，然后，单击“保存”按钮。

7.4.2 退出 Excel 2010

工作薄文档制作或编辑完成后，需要退出 Excel，下面介绍两种常用的退出方法。

1. 利用“关闭”按钮退出

在 Excel 窗口中，单击标题栏右端的“关闭”按钮。

2. 利用“文件”选项卡退出

单击“文件”选项卡上的“退出”命令。

用以上两种方法退出 Excel 程序，若当前文件尚未保存，会出现如图 7.14 所示的退出提示框。根据需要单击“保存”或“不保存”按钮。如果不希望保存工作薄的修改结果，单击“不保存”按钮，如果希望保存工作薄的修改结果，单击“保存”按钮。

图 7.14　退出 Excel 提示框

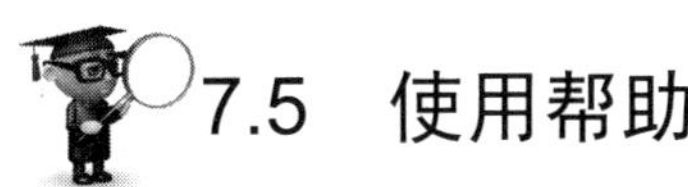

7.5 使用帮助

初学 Excel 2010 时常常会遇到疑问或不明白的地方，此时可以使用帮助获取有关信息。下面将介绍获得帮助的两种常用方法。

7.5.1 使用屏幕提示

1. 查看工具栏各按钮的名称

将光标移至工具栏的按钮上稍等片刻，在光标下方会出现一个显示该按钮名称的提示框。例如，将光标移至“快速访问工具栏”中“保存”按钮上，其结果如图 7.15 所示。

图 7.15　查看工具按钮的名称

单击“文件”选项卡上的“选项”命令，打开“Excel 选项”对话框，在左侧的对话框中选择“常规”选项，单击右侧对话框中“屏幕提示样式”后面的向下箭头，如图 7.16 所示。在这里可以设置是否在屏幕提示中显示功能说明。

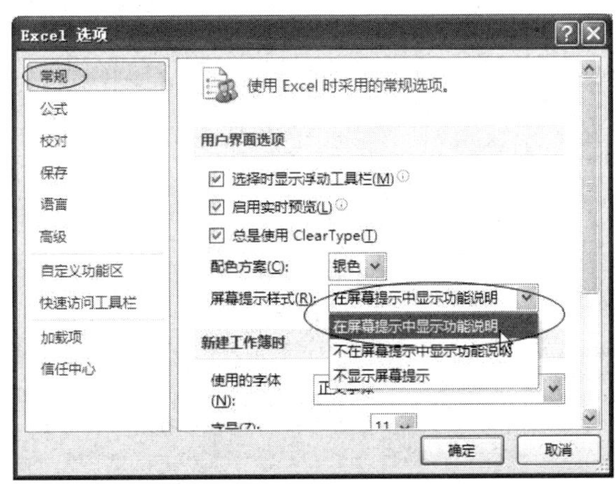

图 7.16　“屏幕提示样式”选项框

2. 查看工具栏各按钮的快捷键

在 Excel 中实现将光标移至“快速访问工具栏”中“保存”按钮上，稍等片刻在光标下方出现的提示框中显示该按钮的名称和相应的快捷键，如图 7.17 所示。

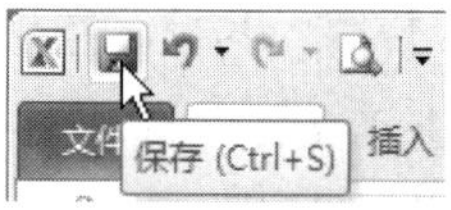

图 7.17 查看工具栏中工具按钮的快捷键

7.5.2 使用 Office 帮助

（1）单击“文件”选项卡中的“帮助”命令，在右侧的对话框中选择“Microsoft Office 帮助”按钮，如图 7.18 所示，或者按下键盘上的【F1】键，将弹出“Excel 帮助”对话框，如图 7.19 所示。

图 7.18 “Microsoft Office 帮助”对话框　　图 7.19 “Excel 帮助”对话框

（2）单击“Excel 帮助”对话框工具栏上的“显示目录”按钮，将展开“目录”对话框，如图 7.20 所示。

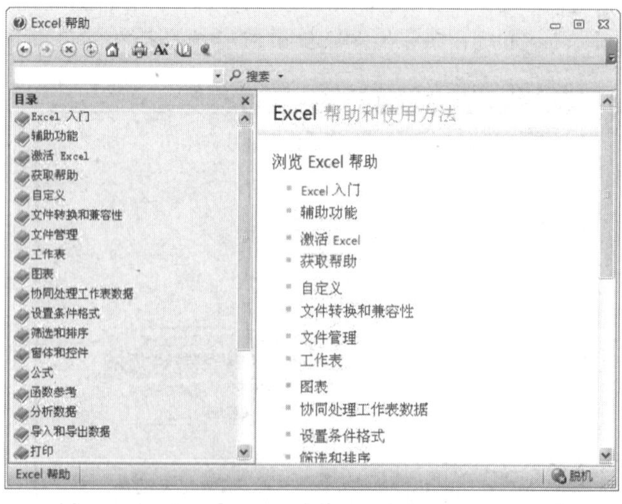

图 7.20 “目录”对话框

（3）单击“目录”对话框中的“Excel 入门”按钮，将在右侧对话框中显示相关的帮助信息，如图 7.21 所示。

Excel 2010 还新增了通过 Internet 获得帮助功能。单击如图 7.19 所示的“Excel 帮助”对话框的右下角“脱机”，弹出如图 7.22 所示的菜单。

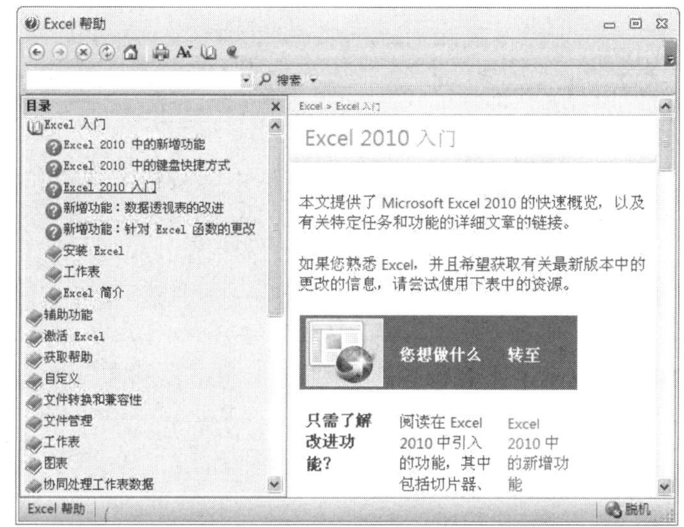

图 7.21 “Excel 2010 入门”帮助文档

图 7.22 “脱机”菜单

选择“显示来自 Office.com 的内容”，将自动访问 Office.com 获取有关 Excel 2010 的更多帮助，如图 7.23 所示，获得联机帮助。

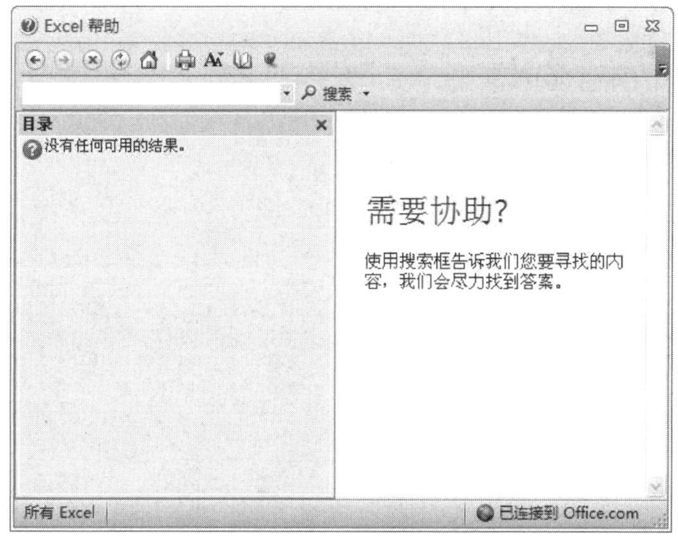

图 7.23 显示来自 Office.com 的内容

习　题　7

一、问答题

1．如何进入中文 Excel 2010?

2．中文 Excel 2010 的工作窗口有哪些部分组成?

3．中文 Excel 2010 提供了哪些选项卡?

4．如何使用中文 Excel 2010 提供的帮助功能查看工具栏中各按钮的各称和快捷键?

二、判断题

1．启动 Excel 2010 的唯一方法是通过“开始选单”按钮。（　　）

2．默认情况下，启动 Excel 2010 后，自动显示“快速访问”和“选项卡”两个工具栏。（　　）

三、上机操作题

1．采用两种不同的方法进入中文 Excel 2010。

2．利用中文 Excel 2010 所提供的帮助功能查看工具栏中的按钮名称与快捷键。

3．利用 Excel 2010 所提供的帮助功能查看 Excel 2010 的新增功能、工具按钮、命令，以及选项卡中各功能组的作用和功能。

4．在工作簿 1 中输入一段文字“电子表格制作”，然后，将工作薄用文件名 excel1 保存在 Excel 文件夹中。

5．退出中文 Excel 2010。

第 8 章

制作工资管理表

8.1 实例 1——绘制“华清有限责任公司人事工资表”

在工作、生活和学习中会遇到大量表格，例如，学校的成绩单、生产中的统计报表、各单位的工资管理表等。Excel 2010 具有强大的表格处理功能，在会计部门制作工资管理表时 Excel 是必不可少的。工资管理表主要包括以下几项内容：编号、名字、级别、基本工资、职务工资、岗位补贴、应发工资、应扣工资、实发工资等。利用 Excel 2010 中文版软件的表格处理功能，可以非常方便快捷地制作完成效果如图 8.1 所示的“华清有限责任公司人事工资表”。

图 8.1 “华清有限责任公司人事工资表”效果图

8.1.1 表格设计思路

在“华清有限责任公司人事工资表”制作过程中，首先创建一个新的工作簿，输入标题行数据，利用自动填充输入“编号”，并设置工作表的行高、列宽，重命名，设置工作表数据的格式，最后对齐进行打印和保存。

本实例的基本设计思路为：

① 创建一个新的工作簿，并对其进行保存；

② 输入标题行数据；

③ 利用自动填充输入“编号”；

④ 设置工作表中数据的格式；

⑤ 调整工作表的列宽；

⑥ 调整工作表的行高；

⑦ 设置工作表的对齐方式及边框；

⑧ 添加工作表的标题，并设置其格式；

⑨ 为工作表重新命名，并设置工作表标签的颜色；

⑩ 打印预览和调整页边距；

⑪ 后期处理及文件保存。

8.1.2 相关知识点

在工资表制作过程中主要用到了以下几个方面的知识点：创建一个新的工作簿，输入标题行数据，设置工作表的行高、列宽，设置工作表的对齐方式及其边框，为工作表重新命名等。

8.1.3 实例操作

“华清有限责任公司人事工资表”具体创建步骤如下。

（1）创建一个新文档，单击“快速自定义工具栏”中的“保存”按钮（快捷键【Ctrl+S】），系统将弹出“另存为”对话框，在该对话框中单击“保存位置”框右边的，选择和设置文件保存位置，然后在“文件名”后的文本框中输入“华清有限责任公司人事工资表”，最后单击“保存”按钮，关闭对话框，即可完成对文件的保存操作，并返回工作窗口。

（2）输入标题行数据。

① 在A1单元格（列表为A，行号为1的单元格）中单击一下，即可将A1单元格作为活动单元格，状态栏同时显示为“就绪”字样，这表示可以在该单元格中输入数据了。

② 选择自己熟练的输入法，在A1单元格中直接输入“编号”二字（光标将出现在该单元格中），工作窗口的“编辑栏”中将同时显示输入的数据，也可以将光标定位在“编辑栏”中，输入数据后单击按钮，确认所作的修改或输入操作，此时，状态栏中同时显示“编辑”字样，如图8.2所示，这表明正处于数据输入或编辑状态。

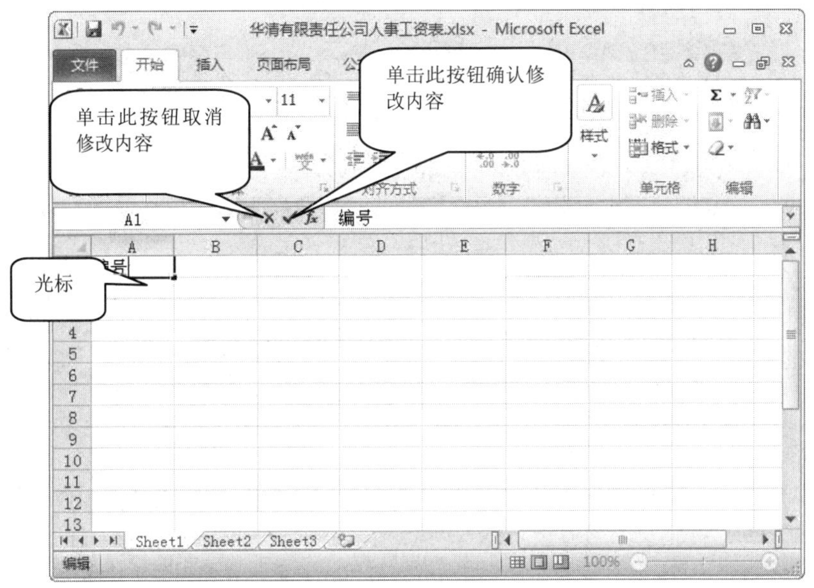

图 8.2　在当前单元格中输入数据

③ 输入完成后，按下【Tab】键向右移动活动单元格。

教你一招

当我们在单元格中输入数据后，如果按下键盘中的【Enter】键，活动单元格将自动向下移动。也可以根据自己的习惯设置按下【Enter】键后向右、向上和向左移动活动单元格，具体方法为：单击“文件”选项卡，在弹出的快捷菜单中选择“选项”按钮，弹出“Excel 选项”对话框；单击“高级”选项；单击选中“编辑选项”组中的“按 Enter 键后移动所选的内容”选项前的复选框，然后从“方向”下拉列表框中选择需要移动的方向，如图 8.3 所示；单击“确定”按钮，关闭对话框，同时完成操作。

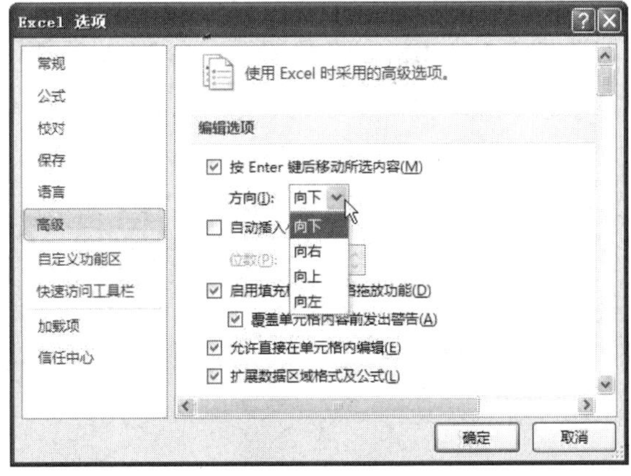

图 8.3　“Excel 选项”对话框

（4）按照同样的方法在 B1，C1，D1，E1，F1，G1，H1，J1 和 I1 单元格中分别输入“名字”、“级别”、“基本工资”、“职务工资”、“岗位补贴”、“应发工资”、“应扣工资”和“实发工资”，如图 8.4 所示。

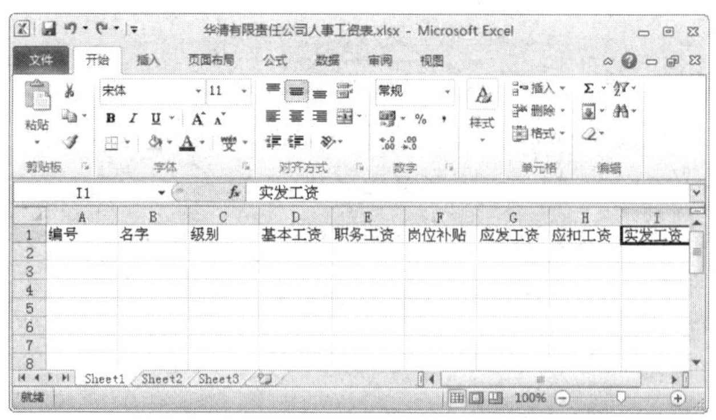

图 8.4　输入标题行数据

教你一招

在输入数据时，如果发现输入错误，按下键盘中的【Delete】键可以删除光标后的一个字符，按下【Backspace】键可以删除光标前的一个字符。

如果某单元格的内容输入完成后，发现有错误，可以先将鼠标移动到该单元格上，并双击该单元格，光标也将出现在该单元格中，借助键盘上的箭头键调整光标的位置，就可以对错误的字符进行修改和编辑了。单击选中该单元格，然后按下键盘中的【Delete】键，可以将该单元格中的内容全部删除。

如果只是想删除单元格的格式，不删除其内容，也可以单击“开始”选项卡上“编辑”组中的“清除”按钮右侧的向下的黑三角，在弹出的下拉列表中选择“清除格式”，则只是删除的单元格的格式而内容被保留。

3. 利用自动填充输入“编号”

自动填充实际上就是将选中的起始单元格的数据复制或按照某种序列规律填充到当前行或列的其他单元格中的过程。

（1）首先选中 A2 单元格，然后输入数据“1”，如图 8.5 所示。

（2）将鼠标指针移动到 A2 单元格右下角的填充柄上，鼠标指针将由✚形状变为＋形状，向下拖动填充控制柄，如图 8.6 所示。

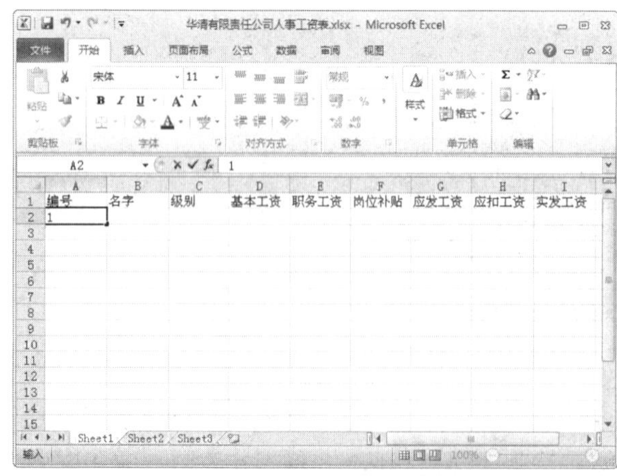

图 8.5　在 A2 单元格中输入数据

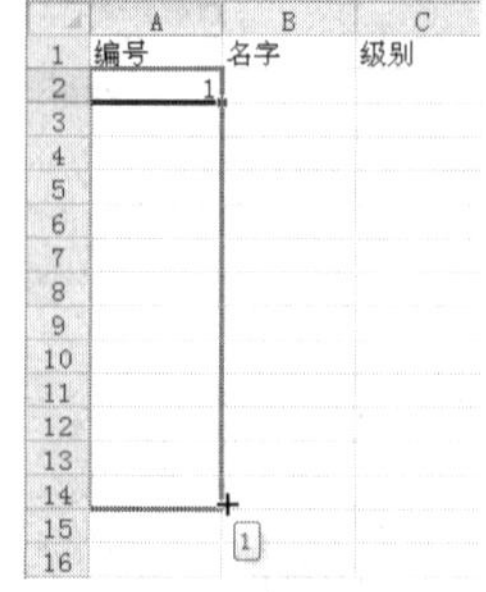

图 8.6　拖动填充控制柄向下填充单元格

（3）当填充虚线框到达 A19 单元格时，释放鼠标，单元格区域 A2：A19（A2 至 A19）将全部填充为数据“1”，同时右下角出现“自动填充选项”按钮，单击该按钮，可以打开选项列表，如图 8.7 所示。

（4）单击选项列表中的“填充序列”选项，单元格区域 A2：A19 将会被 1～30 的等差序列填充，如图 8.8 所示。

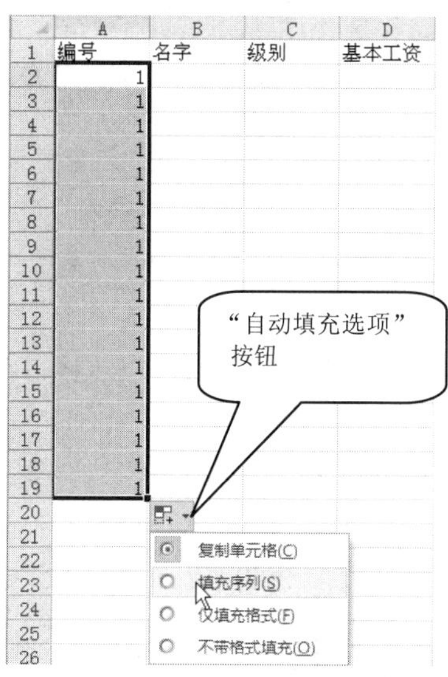

图 8.7　被序列填充的单元格区域选项列表

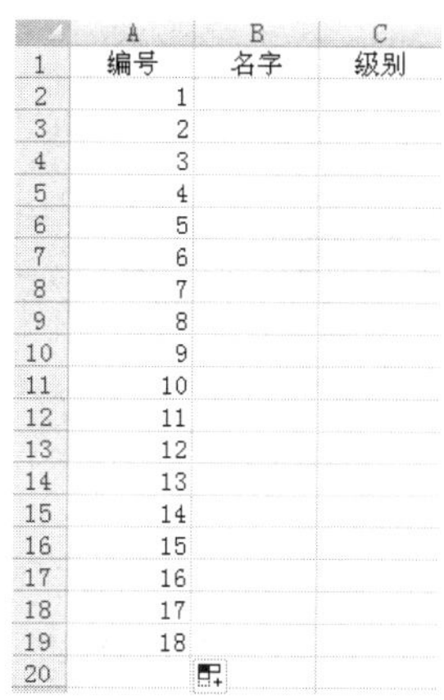

图 8.8　被等差数列填充的单元格区域

教你一招

可以利用鼠标右键和快捷键菜单进行序列填充，具体方法为：在起始单元格中输入数据；在按住鼠标右键不放的同时拖动填充控制柄；到达需要填充的结束单元格位置后，释放鼠标右键；在快捷菜单中选择“填充序列”选项。

还可以利用“序列”对话框进行复杂的序列填充，具体方法为：在起始单元格中输入数据；在按住鼠标右键不放的同时拖动填充控制柄；到达需要填充的结束单元格位置后，释放鼠标右键；在快捷菜单中选择“序列”选项，系统将弹出“序列”对话框，在对话框中选择和设置序列的变化规律，如图 8.9 所示；单击“确定”按钮，关闭对话框，即可完成对选中区域的序列填充操作。

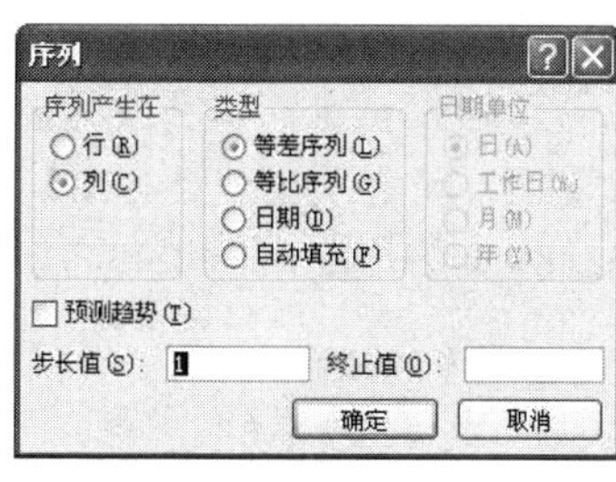

图 8.9　“序列”对话框

4．设置工作表中数据的格式

（1）将鼠标指针移动到工作窗口左上角的“全选”按钮上，单击鼠标，即可选中整个工作表。

教你一招

- 按下快捷键【Ctrl+Home】可以快速跳转至工作表的第 1 个单元格。
- 按下快捷键【Ctrl+End】，可以快速跳转至工作表的最后 1 个单元格。
- 按下快捷键【Shift+Ctrl+Home】,可以快速选中工作表中从光标所在的行至第 1 行的所有行。
- 按下快捷键【Shift+Ctrl+End】，可以快速选中工作表中从光标所在单元格右方和下方的所有单元格。

如果要准确而快速地选择大范围的单元格区域（如 A1：I19），可以在“名称栏”中输入该区域的范围，如图 8.10 所示，然后按下【Enter】键，即可快速选中以这两个单元格为对角的矩形区域。

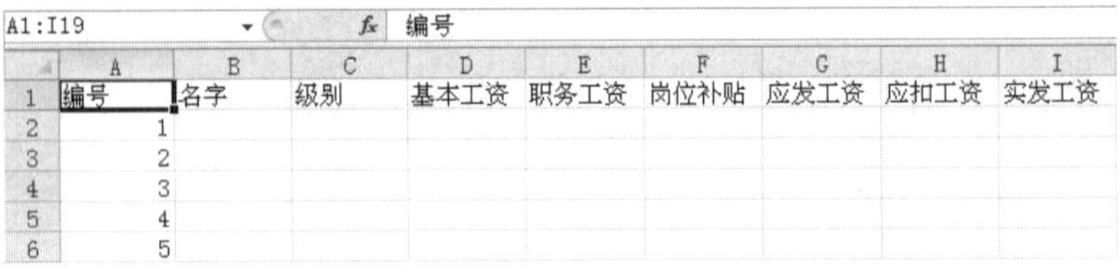

图 8.10　在“名称栏”中输入范围选中单元格区域

（2）单击“开始”选项卡上“字体”组中的“字体”，将“字体”改为“宋体”，“字号”选项为“14”，按“居中”对齐方式按钮，效果如图 8.11 所示。这时会发现行高自动增加了，但有些列的数据已无法全部显示出来。

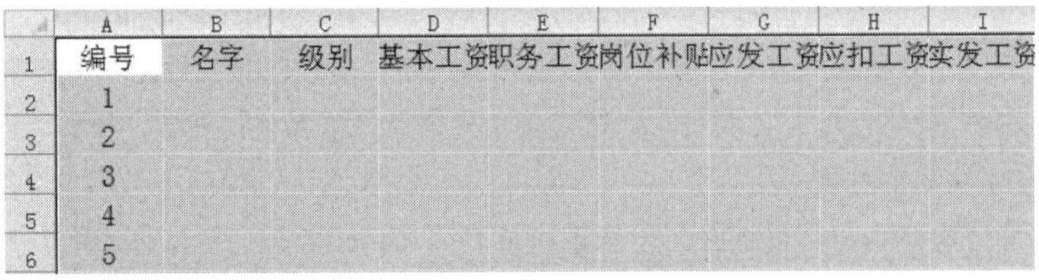

图 8.11　设置工作表数据的格式

5．调整工作表的列宽

（1）在工作表的任意位置单击鼠标左键，取消全选。

（2）将鼠标指针移动到需要调整宽度的 D 列列标右边界处，鼠标指针将变成形状，此时向左或者向右拖动鼠标，即可缩小或增大 D1 单元格的列宽，在拖动鼠标的过程中，列号上方还将显示当前列宽的状况，以供参考，如图 8.12 所示。当到合适宽度时，释放鼠标。

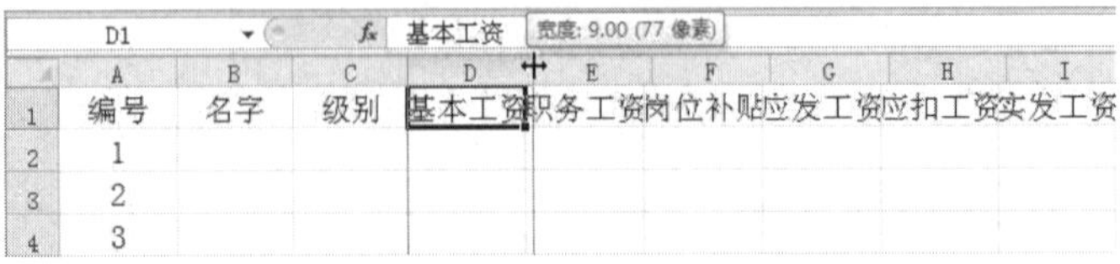

图 8.12　调整工作表的列宽

（3）将鼠标指针移动到 E 列的列标处，鼠标指针将变成形状，此时单击鼠标左键，可以选中 E 列，然后单击“开始”选项卡上“单元格”组中的“格式”按钮，系统将弹出下拉列表，选择“列宽”命令，如图 8.13 所示，将弹出“列宽”对话框，在对话框中“列宽”文本框中输入“12”，如图 8.14 所示，然后单击“确定”按钮，关闭对话框，即可将 E 列的宽度精确地设置为“12”。

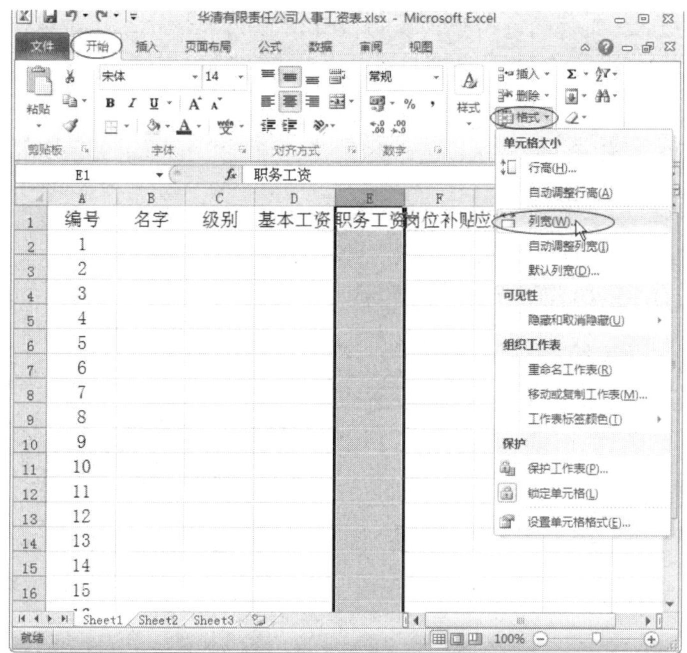

图 8.13 选择“列宽”命令

图 8.14 “列宽”对话框

（4）利用上述两方法之一对其他列宽进行调整，效果如图 8.15 所示。

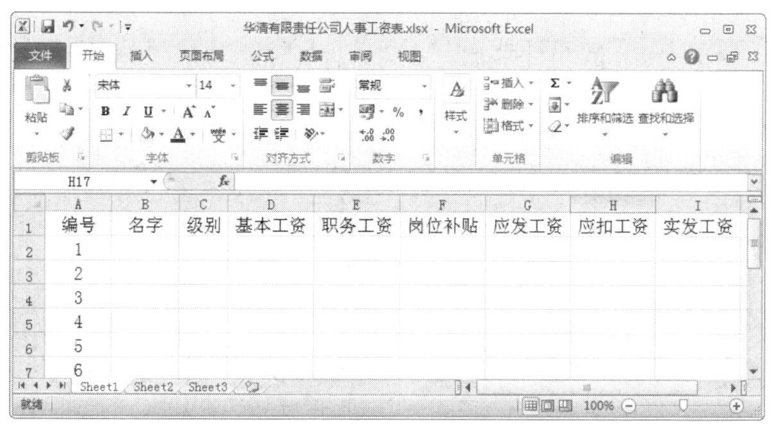

图 8.15 调整列宽后的工作表

教你一招

将鼠标指针移动到列标（或行号）处，当鼠标指针变成形状时，双击鼠标左键，可以快速将选中列的列宽（或行高）调整至最适合的尺寸。

6. 调整工作表的行高

（1）将鼠标指针移动到需要调整宽度的第 1 行的行号下边界处，鼠标指针将变成 ╋ 形状，此时向上或向下拖动鼠标，即可缩小或增大第 1 行的高度，在拖动鼠标的过程中，行号上方还将显示当前行的状况，以供参考，如图 8.16 所示。当到达合适的高度时，释放鼠标。

（2）将鼠标指针移动到第 2 行的行号处，鼠标指针将变成 ➡ 形状，此时单击鼠标左键，可以选中第 2 行，然后单击“开始”选项卡上“单元格”组中的“格式”按钮，系统将弹出下拉列表，选择“行高”命令，系统将弹出“行高”对话框，在对话框中的“行高”文本框中输入“20”，如图 8.17 所示。然后单击“确定”按钮，关闭对话框，可将第 2 行的行高精确地设置为“20”。

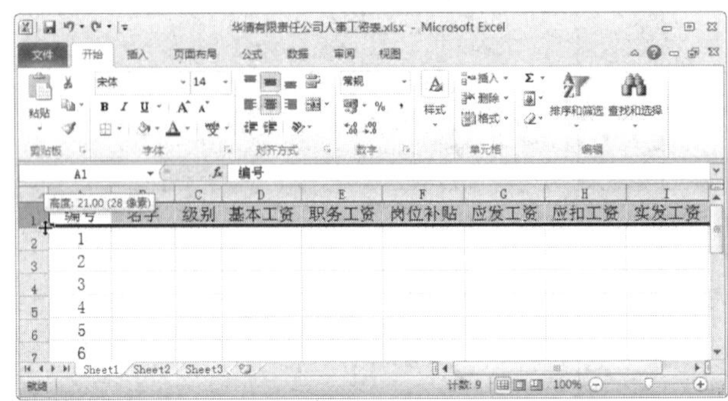

图 8.16　调整工作表的行高　　　　图 8.17　“行高”对话框

> **教你一招**
>
> 选中某单元格的，将鼠标指针移动到其他单元格处，在按住【Shift】键的同时单击鼠标，可以选中两次单击位置间的所有单元格；如果在按住【Ctrl】键的同时单击鼠标，可以选中多个不连续的单元格。
>
> 选中某列（行）后，将鼠标指针移动到其他列（行）的列（行）号处，在按住【Shift】键的同时单击鼠标左键，可以选中两次单击位置间的所有的列（行）；如果在按住【Ctrl】键的同时单击鼠标左键，可以选中两次被单击的两列（行），而且这两列（行）可以是不连续的。

（3）利用上述方法之一对其他行高进行调整，效果如图 8.18 所示。

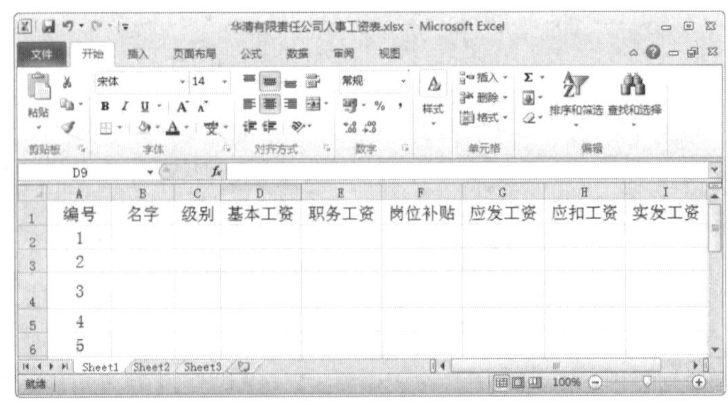

图 8.18　调整行高后的工作表（部分）

7．设置工作表的对齐方式及边框

（1）将鼠标指针移动到 A1 单元格中，然后向右向下拖动鼠标至 I19 单元格，释放鼠标左键，即可选中 A1：I19 间的所有单元格。

（2）在选择区域内单击鼠标右键，从弹出的快捷菜单中选择“设置单元格格式”命令，系统将弹出“设置单元格格式”对话框，如图 8.19 所示。

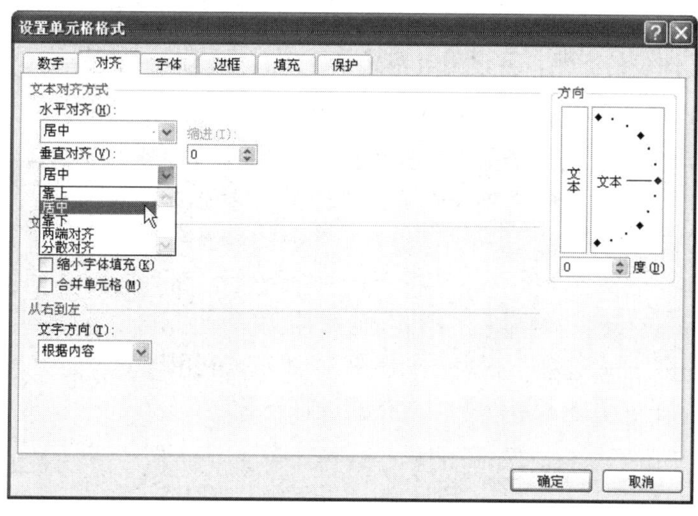

图 8.19　“设置单元格格式”对话框

（3）在该对话框中，单击“对齐”选项卡，然后从“文本对齐方式”选项组中“垂直对齐”下拉列表中选择“居中”选项。

（4）单击“边框”选项卡，如图 8.20 所示，并从“线条”选项组中单击样式，然后单击“预置”选项组中的“外边框”按钮，接着从“线条”选项组中单击样式，然后单击“预置”选项组中的“内部”按钮，最后单击“确定”按钮，关闭对话框，即可完成工作表中对齐方式及边框的设置的操作，效果如图 8.21 所示。

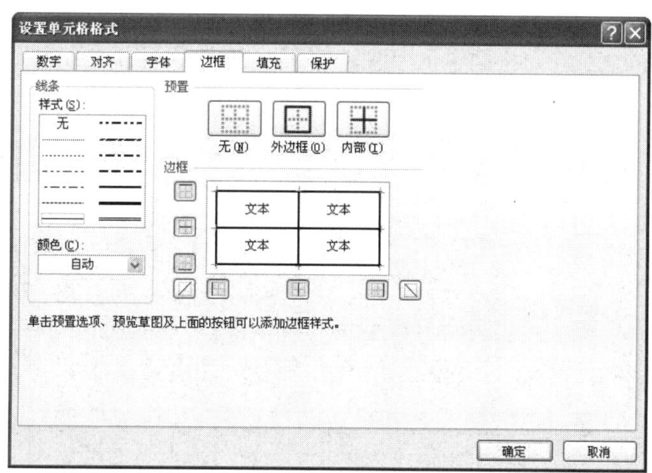

图 8.20　“边框”选项卡

	A	B	C	D	E	F	G	H	I
1	编号	名字	级别	基本工资	职务工资	岗位补贴	应发工资	应扣工资	实发工资
2	1								
3	2								
4	3								
5	4								
6	5								

图 8.21　设置工作表的对齐方式及边框后的效果

8．添加工作表的标题，并设置其格式

（1）选中当前工作表的第 1 行，然后在选择区域内单击鼠标右键，并从弹出的快捷菜单中选择“插入”选项，系统弹出“插入”对话框，在插入列表中选择“整行”选项，单击“确定”按钮，如图 8.22 所示，即可在工作表的最上方新增一行。

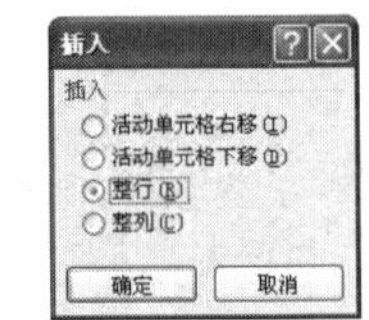

图 8.22　“插入”对话框

（2）在插入新行的同时显示“插入选项”按钮，单击该按钮，将弹出“插入选项”列表，如图 8.23 所示，利用该表中的选项可以非常方便地对新增行的格式进行设置。

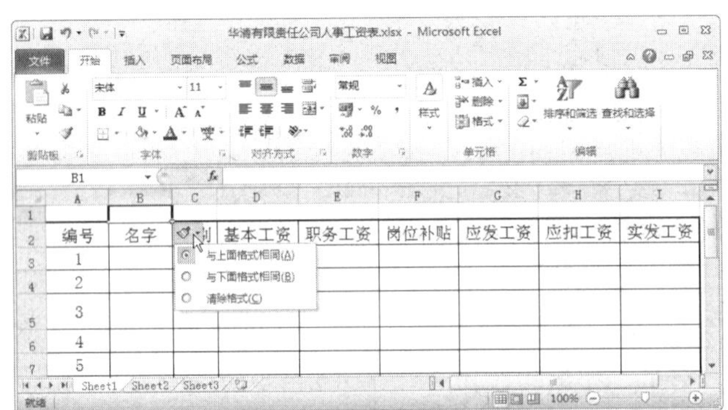

图 8.23　“插入选项”列表

（3）在新增的 A1 单元格中输入“华清有限责任公司人事工资表”文字，如图 8.24 所示。

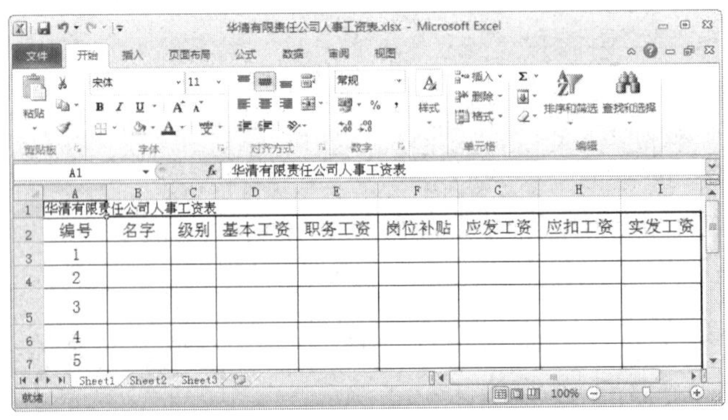

图 8.24　输入工作表标题

（4）选中新增的行，然后单击“开始”选项卡上“单元格”组中的“格式”按钮，系统将弹出下拉列表，选择“行高”命令，系统将弹出“行高”对话框，在“行高”对话框中设置“行高”为“40”。

（5）选中 A1：I1 单元格间的所有单元格，并在选择区域内单击鼠标右键，然后从弹出的快捷菜单中选择“设置单元格格式”选项，系统将弹出“设置单元格格式”对话框。

（6）在该对话框中，单击“对齐”选项卡，然后将“水平对齐”和“垂直对齐”选项均设置为“居中”，并单击选中“文本控制”选项组中“合并单元格”复选框，如图 8.25 所示。

（7）单击“字体”选项卡，然后在“字体”列表中选择“黑体”，在“字形”列表中选择“加粗”，在“字号”列表中选择“26”，如图 8.26 所示。

（8）单击“确定”按钮，关闭对话框，完成对选中单元格的格式设置操作，效果如图 8.27 所示。

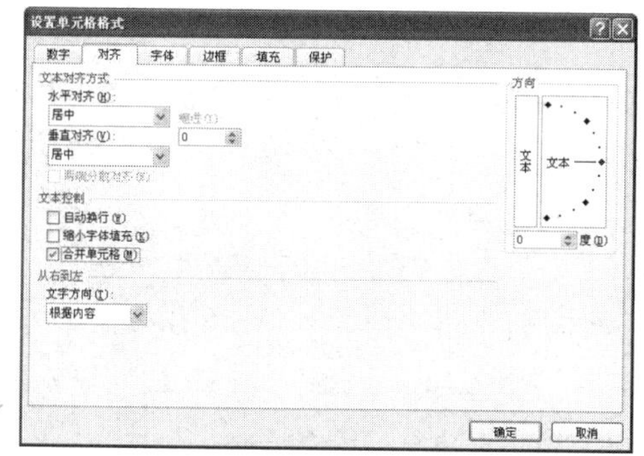

图 8.25　对齐方式设置

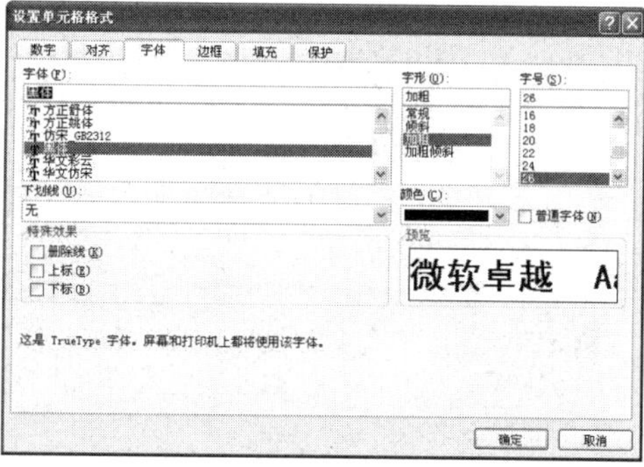

图 8.26　字体设置

华清有限责任公司人事工资表								
编号	名字	级别	基本工资	职务工资	岗位补贴	应发工资	应扣工资	实发工资
1								
2								
3								
4								
5								
6								
7								
8								
9								

图 8.27　设置格式后的标题效果

9．为工作表重新命名，并设置工作表标签的颜色

（1）用鼠标左键双击工作表标签“Sheet1”，标签文字将被反色显示，如图 8.28 所示。

（2）输入“工资表”，然后单击工作表的任意位置，即可确认输入的文字，并将工作表重命名为“工资表”，效果如图 8.29 所示。

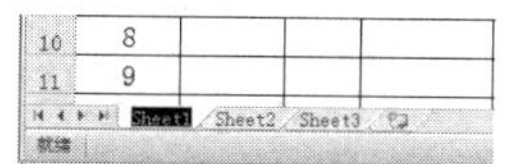

图 8.28　双击工作表标签

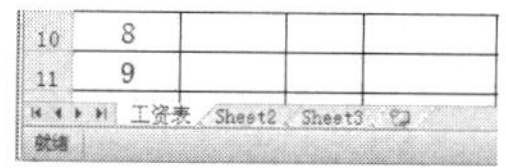

图 8.29　输入工作表标签名

（3）在“工资表”工作表的标签上单击鼠标右键，并在弹出的快捷菜单中选择“工作表标签颜色”命令，如图 8.30 所示，选择“标准色”中的“绿色”颜色块，即可将标签设置为绿色。

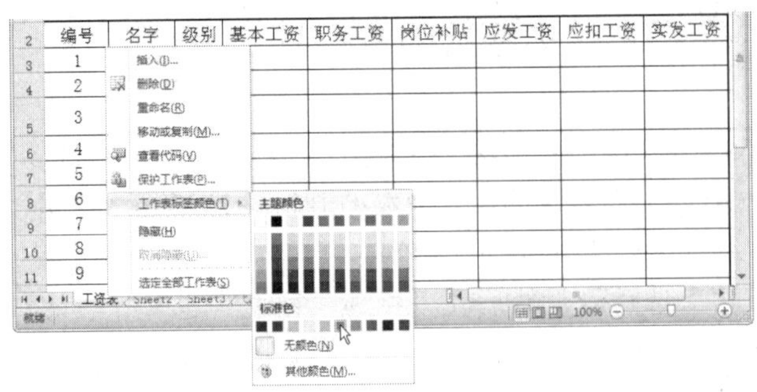

图 8.30　设置工作表标签颜色

10．打印预览和调整页边距

（1）单击“文件”选项卡上的“打印”命令，或者单击“自定义快速访问工具栏”中“打印预览和打印”按钮，文档将进入打印和打印预览窗口模式，如图 8.31 所示，可以直接或利用工具栏中的相应按钮对工作表进行设置。

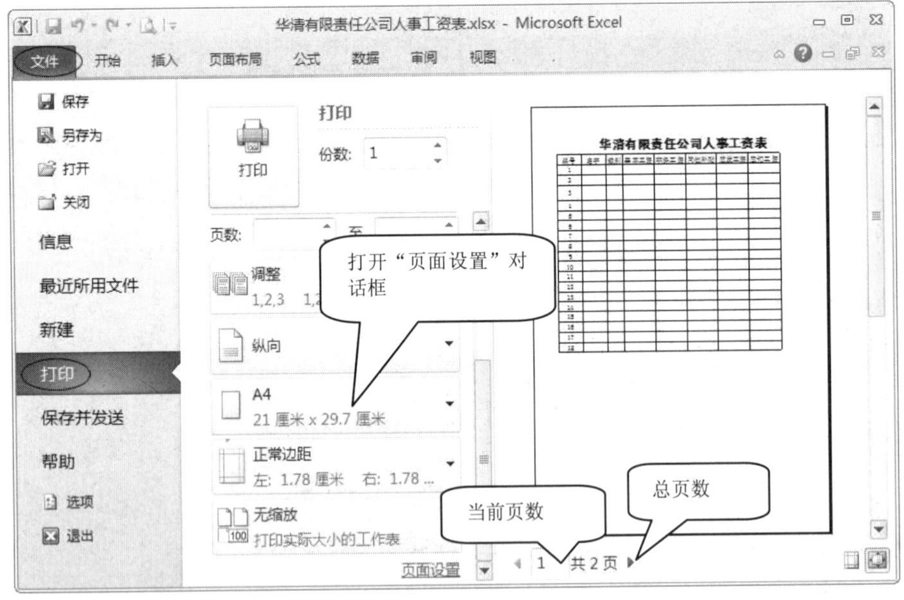

图 8.31　“打印预览”窗口中的文档效果

（2）单击“设置”选项下的“正常边距”按钮，在弹出的菜单中选择“自定义边距”命令，弹出“页面设置”对话框，单击“页边距”选项卡，如图 8.32 所示，对工作表的“页边距”及“居中方式”进行具体设置，上、下页边距为“2.5”，左、右页边距为“2”，效果如图 8.33 所示。

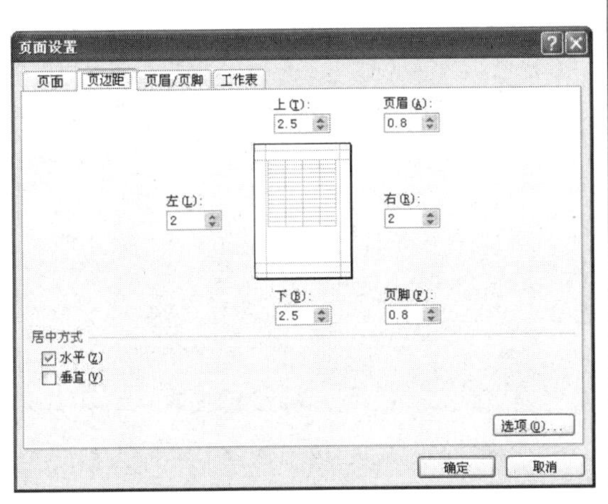

图 8.32 “页面设置”中“页边距”选项卡

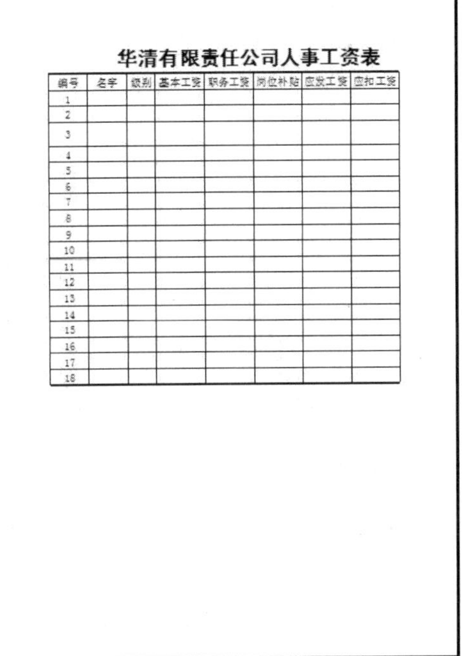

图 8.33 进行页面设置后的工作表效果

11. 后期处理及文件保存

（1）单击“自定义快速访问工具栏”中的“保存”按钮，对文档进行保存。

（2）单击 Excel 工作窗口右上角的“关闭”按钮，退出并关闭 Excel 2010 中文版。

8.1.4 实例总结

本案例通过对“华清有限责任公司人事工资表”的设计和制作学习了 Excel 2010 中文版软件的启动和退出、数据的录入、单元格格式的设置和合并、序列的填充、工作表的选定、边框的设置、行的插入、打印预览等操作的方法和技巧。这其中的关键之处在于，利用 Excel 2010 的序列填充功能输入数据和对表格进行美化设置，使之更加美观和大方。

利用类似案例的方法，可以非常方便地完成和各种简单表格的设计的制作任务。

8.1.5 知识链接

1. 移动或复制工作表

（1）单击“工资表”工作表的标签，切换到该工作表。

教你一招

- 按下快捷键【Ctrl+Page Down】，可以快速切换到同一工作簿中当前工作表的下一个工作表。
- 按下快捷键【Ctrl+Page Up】，可以快速切换到同一工作簿中当前工作表的上一个工作表。
- 按下快捷键【Ctrl+Tab】，可以在打开的的不同工作簿之间进行快速切换。

（2）右击“工资表”工作表的标签，弹出快捷菜单，单击“移动或复制工作表”命令，系统将打开“移动或复制工作表”对话框。

（3）在该对话框中，单击“下列选定工作表之前”列表框中“Sheet3”选项，如果要想复制一个工作表，则单击“建立副本”复选框，则在工作表 Sheet3 之前复制了一个新的工作表，如果不单击此复选框，只是将选定的工作表移动到了 Sheet3 之前，如图 8.34 所示。

（4）本案例是在工作表 Sheet3 之前建立“工资表”工作表的副本“工资表（2)”，效果如图 8.35 所示。

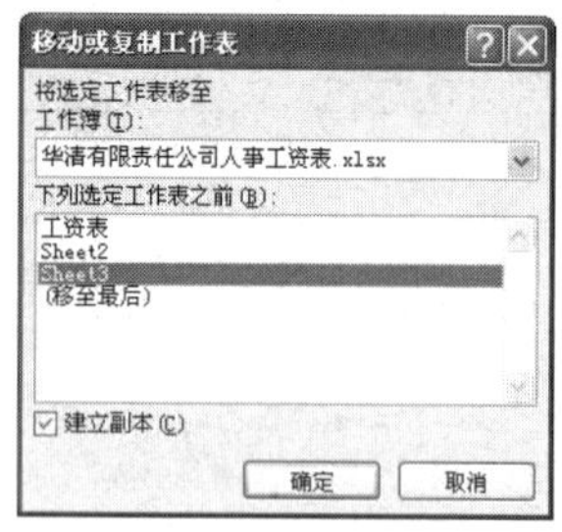

图 8.34 “移动或复制工作表”对话框

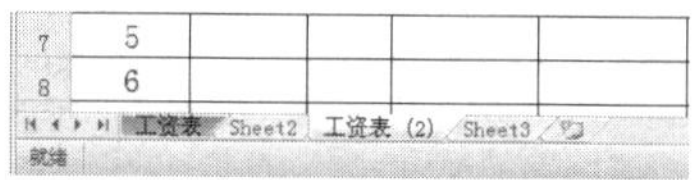

图 8.35 建立的工作表副本

教你一招

还可以利用鼠标拖动的方法复制和移动工作表，这种方法更加简单、快捷，具体方法为：单击选定需要复制或移动的工作表标签，拖动工作表标签，这时工作表标签左上角出现一个小黑三角，鼠标指针上方也同时出现一个白色信笺图标，用于指示工作表的位置，当到达合适的位置后，释放鼠标，即可将工作表移动到相应的位置，如图 8.36 所示。如果在拖动鼠标的同时按住【Ctrl】键，即可将工作表复制到相应的位置，如图 8.37 所示。

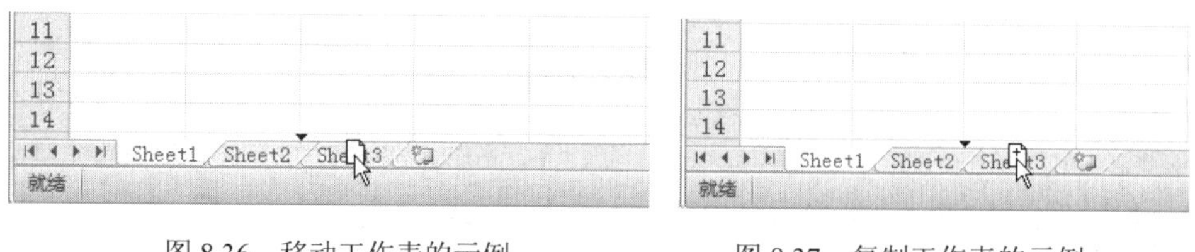

图 8.36 移动工作表的示例　　图 8.37 复制工作表的示例

2. 移动、复制单元格或单元格区域的数据

在设计和制作工作表的过程中，经常会遇到数据输入的位置不正确或不合适的情况，这就需要将其删除，然后在适当的位置重新录入数据。如果数据量很大，这种方法的效率就会很低。通过移动单元格的方法，可以对工作表中的数据进行快速调整。

（1）利用拖动鼠标的方法移动、复制单元格或单元格区域

① 选中需要移动、复制的单元格或单元格区域。

② 将鼠标指针移动到选中的单元格或单元格区域的外框处，光标将变成✥形状，此时，按下鼠标左键并向目标单元格或目标单元格区域拖动鼠标，如图 8.38 所示，当虚线框到达目标单元格或目标单元格区域时，释放鼠标，即可将选中的单元格或单元格区域的数据移动到目标单元格或目标单元格区域，如图 8.39 所示。如果需要复制单元

格或单元格区域的数据，需要在释放鼠标前按住【Ctrl】键，这样，选中的单元格或单元格区域的数据就会被复制到目标单元格或目标单元格区域中。

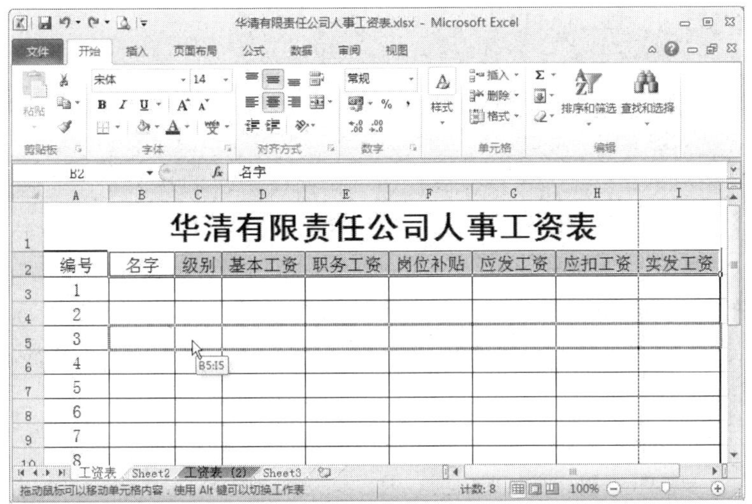

图 8.38　向目标单元格区域拖动选中的单元格区域

图 8.39　将选中的单元格区域的数据复制到目标单元格区域

（2）利用剪贴板移动、复制单元格或单元格区域的数据

① 选中需要移动或复制的单元格或单元格区域。

② 单击“开始”选项卡上“剪贴板”组中的“剪切”按钮，或按下快捷键【Ctrl+X】，将数据剪切下来，并保存在剪贴板中。如果需要复制单元格或单元格区域的数据，请单击“开始”选项卡上“剪贴板”组中的“复制”按钮，或按下快捷键【Ctrl+C】，将数据保存在剪贴板中。

③ 将光标定位在目标单元格或目标单元格区域的左上角单元格中。

④ 单击“开始”选项卡上“剪贴板”组中的“粘贴”按钮，或按下快捷键【Ctrl+V】，将剪帖板中的数据粘贴到目标单元格或目标单元格区域。

3. 在单元格中输入长度大于 10 位的数字

在 Excel 中，如果某单元格中输入的数据长度大于 10 位，系统将自动采用科学计数对数据进行转换，可以通过以下方法来解决这个问题。

（1）选中将输入或已输入了长数据的单元格或单元格区域。

（2）单击鼠标右键，从弹出的快捷菜单中选择“设置单元格格式”命令，打开“设置单元格格式”对话框。

（3）在该对话框中，单击“数字”选项卡，然后在“分类”列表框中单击选择“常规”选项，这样，选中单元格或单元格区域中的数据将不包含任何数字格式；或在“分类”列表框中选择“文本”选项，这样，选中单元格或单元格区域中的数字将被文本处理；或在“分类”列表框中单击选择“数值”选项，并将“小数位数”选项设置为“0”，如图 8.40 所示；或在“分类”列表框中单击“自定义”选项，并在“类型”文本框中输入 0，如图 8.41 所示。

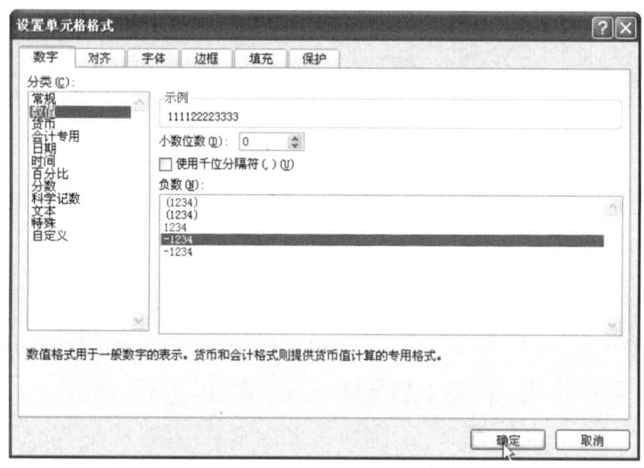

图 8.40　利用“单元格格式”中“数字”选项卡设置数值格式

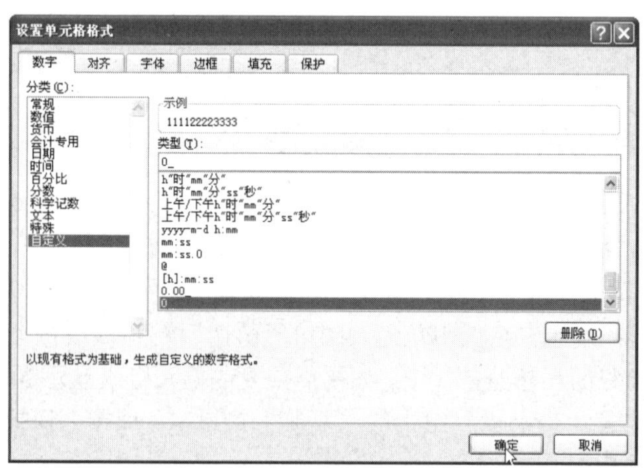

图 8.41　利用“单元格格式”中“数字”选项卡设置“自定义”格式

（4）单击“确定”按钮，关闭对话框。

4. 保护工作表和工作簿

有些工作表中的数据是非常重要的，甚至是对外保密的，需要对其进行保护。

（1）单击“工资表”工作表标签，选中该工作表。

（2）依次选择“审阅”选项卡上“更改”组中的“保护工作表”按钮，系统将弹出“保护工作表”对话框。

（3）在该对话框中，选中“保护工作表及锁定的单元格内容”复选框，并在“取消工作表保护时使用的密码”文本框中输入密码，然后在“允许此工作表的所有用户进行”选项组中，单击选择允许在工作表中进行的操作，或清除不允许在工作表中进行的操作（默认情况下只有“选定锁定单元格”和“选定未锁定的单元格”选项被选中），如图 8.42 所示。

（4）单击“确定”按钮，系统将弹出“确认密码”对话框，如图 8.43 所示，在对话框中重新输入密码，如果两次输入的密码一致，即可关闭对话框，并按照设定对工作表进行保护。

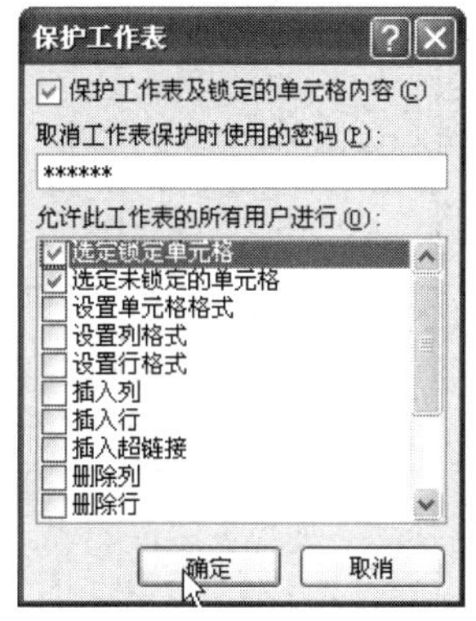

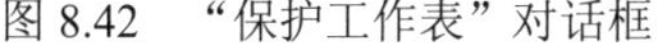
图 8.42 “保护工作表”对话框

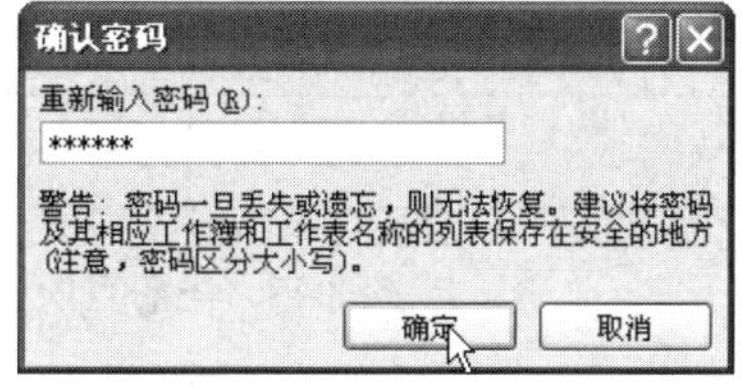

图 8.43 “确认密码”对话框

（5）按照同样的方法对其他工作表进行保护。

（6）单击“审阅”选项卡上“更改”组中的“保护工作簿”按钮，系统将弹出“保护结构和窗口”对话框，在该对话框中，选中“结构”复选框，这将使工作簿的机构保持现有的格式，删除、移动、复制、重命名、隐藏工作表或插入新的工作表等操作将无效；单击选中“窗口”复选框，将使工作簿窗口保持当前的形式，窗口的控制图标将被隐藏，移动、调整大小、隐藏或关闭窗口等操作都将无效；在“密码”文本框中输入并确认密码，即可对整个工作簿进行保护，如图 8.44 所示。

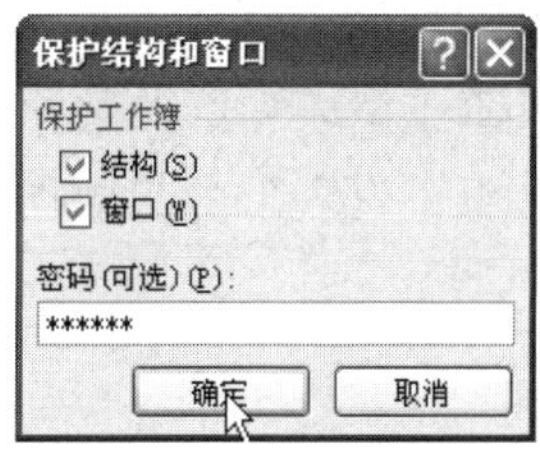

图 8.44 “保护结构和窗口”对话框

8.2 实例2——“华清有限责任公司人事工资表”数据

Excel 2010 有强大的表格处理功能，可以完成工资表的计算、求和、排序等。因此，Excel 在各行各业财会部门应用非常广泛。

本实例利用 Excel 2010 强大的表格处理功能完成工资表的设计、总额计算、排序、分类汇总，以及数据的筛选和制作二维、三维图表等。

根据 8.1 中实例 1 的操作过程，利用 Excel 2010 中文版软件的表格设计功能，制作如图 8.45 所示的“华清有限责任公司人事工资表”。

A	B	C	D	E	F	G	H	I
华清有限责任公司人事工资表								
编号	名字	级别	基本工资	职务工资	岗位补贴	应发工资	应扣工资	实发工资
1	李梅	初级	600	650	400			
2	胡国强	初级	600	650	400			
3	赵丽芬	中级	800	850	500			
4	杨 柳	中级	800	850	500			
5	达晶华	中级	800	850	500			
6	刘 珍	高级	1200	1000	700			
7	风 玲	高级	1200	1000	700			
8	艾 提	高级	1200	1000	700			
9	康众喜	中级	800	850	500			
10	张 志	初级	600	650	400			
合计								

图 8.45　华清有限责任公司人事工资表

在此表原始数据上利用 Excel 2010 强大的表格处理功能，完成“应发工资”、“应扣工资”、“实发工资”、“合计”等项的计算，对“级别”等列进行排序，并完成分类汇总等。

8.2.1 分析思路

① 创建一个新的工作簿，输入数据，设定对齐方式后进行保存。

② 设置自动计算“应发工资。

③ 设置自动计算“应扣工资。

④ 设置自动计算“实发工资。

⑤ 设置自动求和函数，求对应列的合计值。

⑥ 对“华清有限责任公司人事工资表”中的数据进行排序。

⑦ 对“华清有限责任公司人事工资表”中的数据进行分类汇总。

⑧ 通过自动筛选查看数据。

⑨ 制作二维簇状柱形图表。

⑩ 后期处理及文件保存。

8.2.2 本例涉及的知识点

在本例制作的过程中，主要用到了以下几个方面的知识：求和计算、数据排序、分类汇总、自动筛选，制作二维或者三维图表等

8.2.3 实例操作

1. 输入数据、设置格式

根据8.1中实例1的操作过程，制作如图8.45所示“华清有限责任公司人事工资表”，并输入以上的数据，设置其格式。

2. 设置自动计算“应发工资”

（1）选中G3单元格。

（2）在公式编辑栏中输入函数表达式“=D3+E3+F3”。该公式的作用是将D3（基本工资）、E3（职务工资）与F3（岗位补贴）单元格中数据的和显示在当前单元格G3（应发工资）中。

（3）选中G3：G12单元格，然后依次选择“开始”选项卡上“编辑”功能组中的“填充”按钮，在弹出的下拉列表中选择“向下”命令，即可将G3单元格中设置的公式对应地填充到其他选中的单元格中，设置其水平对齐方式为“居中”，效果如图8.46所示。

	A	B	C	D	E	F	G	H	I
1	华清有限责任公司人事工资表								
2	编号	名字	级别	基本工资	职务工资	岗位补贴	应发工资	应扣工资	实发工资
3	1	李梅	初级	600	650	400	1650		
4	2	胡国强	初级	600	650	400	1650		
5	3	赵丽芬	中级	800	850	500	2150		
6	4	杨 柳	中级	800	850	500	2150		
7	5	达晶华	中级	800	850	500	2150		
8	6	刘 珍	高级	1200	1000	700	2900		
9	7	风 玲	高级	1200	1000	700	2900		
10	8	艾 提	高级	1200	1000	700	2900		
11	9	康众喜	中级	800	850	500	2150		
12	10	张 志	初级	600	650	400	1650		
13	合计								

图8.46 利用公式自动计算“应发工资”

3. 设置自动计算“应扣工资”

（1）选中H3单元格。

（2）按照国家的工资扣税标准，2006年国家规定统一缴税起点为1600元，扣税比率为5%，因此，应扣工资=（应发工资-1600）×5%。在公式编辑栏中输入函数表达式“=（G3-1600）*5%”，该公式的作用是将应扣工资显示在H3单元格中。

（3）选中H3：H12单元格，然后单击“开始”选项卡上“编辑”功能组中的“填充”按钮，在弹出的下拉菜单中选择“向下”命令，即可将H3单元格中设置的公式对应地填充到其他选中的单元格中，设置其水平对齐方式为“居中”，效果如图8.47所示。

	A	B	C	D	E	F	G	H	I
1	华清有限责任公司人事工资表								
2	编号	名字	级别	基本工资	职务工资	岗位补贴	应发工资	应扣工资	实发工资
3	1	李梅	初级	600	650	400	1650	2.5	
4	2	胡国强	初级	600	650	400	1650	2.5	
5	3	赵丽芬	中级	800	850	500	2150	27.5	
6	4	杨 柳	中级	800	850	500	2150	27.5	
7	5	达晶华	中级	800	850	500	2150	27.5	
8	6	刘 珍	高级	1200	1000	700	2900	65	
9	7	风 玲	高级	1200	1000	700	2900	65	
10	8	艾 提	高级	1200	1000	700	2900	65	
11	9	康众喜	中级	800	850	500	2150	27.5	
12	10	张 志	初级	600	650	400	1650	2.5	
13	合计								

图 8.47 利用公式自动计算“应扣工资”

4. 设置自动计算“实发工资”

（1）选中 I3 单元格。

（2）在公式编辑栏中输入函数表达式“=G3-H3”，然后按【Enter】键，或单击公式编辑栏中的✓按钮完成对公式的编辑及计算，该公式的作用是将 G3（应发工资）与 H3（应扣工资）单元格中数据的差显示在当前单元格 I3（实发工资）中。

（3）将鼠标指针移动到 I3 单元格右下角的填充柄上，鼠标指针将由✚形状变成+形状，向下拖动填充控制柄，即可将公式复制到其他的单元格中，从而完成其他人的“实发工资”的计算，效果如图 8.48 所示。

	A	B	C	D	E	F	G	H	I
1	华清有限责任公司人事工资表								
2	编号	名字	级别	基本工资	职务工资	岗位补贴	应发工资	应扣工资	实发工资
3	1	李梅	初级	600	650	400	1650	2.5	1647.5
4	2	胡国强	初级	600	650	400	1650	2.5	1647.5
5	3	赵丽芬	中级	800	850	500	2150	27.5	2122.5
6	4	杨 柳	中级	800	850	500	2150	27.5	2122.5
7	5	达晶华	中级	800	850	500	2150	27.5	2122.5
8	6	刘 珍	高级	1200	1000	700	2900	65	2835
9	7	风 玲	高级	1200	1000	700	2900	65	2835
10	8	艾 提	高级	1200	1000	700	2900	65	2835
11	9	康众喜	中级	800	850	500	2150	27.5	2122.5
12	10	张 志	初级	600	650	400	1650	2.5	1647.5
13	合计								

图 8.48 利用公式自动计算“实发工资”

5. 设置自动计算“合计”

（1）选中 D8 单元格。

（2）单击“开始”选项卡上“编辑”组中的“自动求和”按钮Σ▾右侧向下的三角按钮，打开选项列表，并选择“求和”选项，如图 8.49 所示。D8 单元格中将自动出现求和公式，并标注出求和区域，如图 8.50 所示。按【Enter】键或单击公式编辑栏中的✓按钮，即可自动对 D3：D12 区域的数据进行求和，并将计算结果显示在 D8 单元格中。

（3）将鼠标指针移动到 D8 单元格右下角的填充柄上，鼠标指针将由✚形状变成+形状，向右拖动填充控制柄，即可将公式复制到其他的单元格中，从而完成其他列的“合计”值的计算，效果如图 8.51 所示。

	A	B	C	D	E	F	G	H	I
8	6	刘 珍	高级	1200	1000	700	2900	6[illegible]	[illegible]
9	7	风 玲	高级	1200	1000	700	2900	65	2835
10	8	艾 提	高级	1200	1000	700	2900	65	2835
11	9	康众喜	中级	800	850	500	2150	27.5	2122.5
12	10	张 志	初级	600	650	400	1650	2.5	1647.5
13	合计								

图 8.49 单击“自动求和”按钮打开选项列表

华清有限责任公司人事工资表

编号	名字	级别	基本工资	职务工资	岗位补贴	应发工资	应扣工资	实发工资
1	李梅	初级	600	650	400	1650	2.5	1647.5
2	胡国强	初级	600	650	400	1650	2.5	1647.5
3	赵丽芬	中级	800	850	500	2150	27.5	2122.5
4	杨 柳	中级	800	850	500	2150	27.5	2122.5
5	达晶华	中级	800	850	500	2150	27.5	2122.5
6	刘 珍	高级	1200	1000	700	2900	65	2835
7	风 玲	高级	1200	1000	700	2900	65	2835
8	艾 提	高级	1200	1000	700	2900	65	2835
9	康众喜	中级	800	850	500	2150	27.5	2122.5
10	张 志	初级	600	650	400	1650	2.5	1647.5
合计			=SUM(D3:D12)					

图 8.50 工作表中自动出现的求和区域和公式

	A	B	C	D	E	F	G	H	I
1	华清有限责任公司人事工资表								
2	编号	名字	级别	基本工资	职务工资	岗位补贴	应发工资	应扣工资	实发工资
3	1	李梅	初级	600	650	400	1650	2.5	1647.5
4	2	胡国强	初级	600	650	400	1650	2.5	1647.5
5	3	赵丽芬	中级	800	850	500	2150	27.5	2122.5
6	4	杨 柳	中级	800	850	500	2150	27.5	2122.5
7	5	达晶华	中级	800	850	500	2150	27.5	2122.5
8	6	刘 珍	高级	1200	1000	700	2900	65	2835
9	7	风 玲	高级	1200	1000	700	2900	65	2835
10	8	艾 提	高级	1200	1000	700	2900	65	2835
11	9	康众喜	中级	800	850	500	2150	27.5	2122.5
12	10	张 志	初级	600	650	400	1650	2.5	1647.5
13	合计			8600	8350	5300	22250	312.5	21937.5

图 8.51 利用公式自动计算各列的“合计”

6．对“华清有限责任有限公司人事工资表”中的数据进行排序

（1）选中 A2：I12 区域。

（2）依次选择“开始”选项卡上“编辑”组中的“排序和筛选”按钮下方的黑色小三角按钮，打开选项列表，并选择“自定义排序”选项，如图 8.52 所示。

（3）系统将弹出“排序”对话框，在该对话框中，从“主要关键字”下拉列表中单

击“级别”，并在“次序”下拉列表中选择“降序”（默认的为升序），这就表示对工作表中的数据首先按照“级别”以“降序”方式排列。

编号	名字	级别	基本工资	职务工资	岗位补贴	应发工资		资
1	李梅	初级	600	650	400	1650	2.5	1647.5
2	胡国强	初级	600	650	400	1650	2.5	1647.5
3	赵丽芬	中级	800	850	500	2150	27.5	2122.5
4	杨 柳	中级	800	850	500	2150	27.5	2122.5
5	达晶华	中级	800	850	500	2150	27.5	2122.5
6	刘 珍	高级	1200	1000	700	2900	65	2835
7	风 玲	高级	1200	1000	700	2900	65	2835
8	艾 提	高级	1200	1000	700	2900	65	2835
9	康众喜	中级	800	850	500	2150	27.5	2122.5
10	张 志	初级	600	650	400	1650	2.5	1647.5
合计			8600	8350	5300	22250	312.5	21937.5

图 8.52 单击“排序和筛选”按钮打开选项列表

（4）单击该对话框中的“添加条件”按钮，从“次要关键字”下拉列表中单击“实发工资”，并在“次序”下拉列表中选择“升序”，如图 8.53 所示。这表示当工作表中数据的主要关键字“级别”相同时，再按照“实发工资”以“升序”方式排列。

图 8.53 “排序”对话框

（5）单击“确定”按钮，关闭对话框，即可以“级别”为主要关键字，以“实发工资”为次要关键字，对工作表中的数据进行降序排序，效果如图 8.54 所示。

华清有限责任公司人事工资表

编号	名字	级别	基本工资	职务工资	岗位补贴	应发工资	应扣工资	实发工资
3	赵丽芬	中级	800	850	500	2150	27.5	2122.5
4	杨 柳	中级	800	850	500	2150	27.5	2122.5
5	达晶华	中级	800	850	500	2150	27.5	2122.5
9	康众喜	中级	800	850	500	2150	27.5	2122.5
6	刘 珍	高级	1200	1000	700	2900	65	2835
7	风 玲	高级	1200	1000	700	2900	65	2835
8	艾 提	高级	1200	1000	700	2900	65	2835
1	李梅	初级	600	650	400	1650	2.5	1647.5
2	胡国强	初级	600	650	400	1650	2.5	1647.5
10	张 志	初级	600	650	400	1650	2.5	1647.5
合计			8600	8350	5300	22250	312.5	21937.5

图 8.54 排序后的工资表

教你一招

单击“数据”选项卡上“排序和筛选”组中的 “升序” 和“降序” 两个按钮，可以利用这两个按钮对工作表中的数据进行快速排序，但这只能根据选定的一列数据对工作表中的数据进行排序。

7. 对“华清有限责任有限公司人事工资表”中的数据进行分类汇总

（1）将光标定位在“华清有限责任公司人事工资表”数据中的任意单元格中。

（2）单击“数据”选项卡上“分级显示”组中的“分类汇总”按钮，系统将弹出“分类汇总”对话框，如图 8.55 所示。

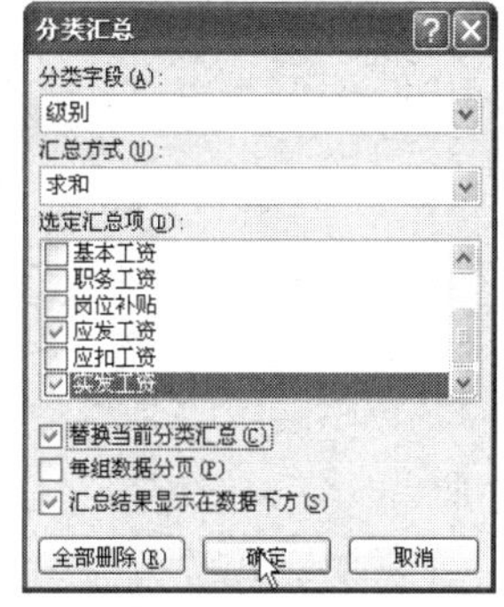

图 8.55 “分类汇总”对话框

（3）在该对话框中，从“分类字段”下拉列表中选择“级别”(工作表中的每一列被称为一个字段，用于存放相同类型的数据，标题行的数据被称为字段名)，这表示以“级别”作为分类字段；从“汇总方式”下拉列表中选择“求和”；从“选定汇总项”列表中依次选中“应发工资”、“实发工资”复选框，这表示将分别对“级别”的“应发工资”和“实发工资”进行汇总，而未被选中的选项将不被作为汇总项；选中“替换当前分类汇总”复选框，这表示将以本次分类汇总要求进行汇总；选中“汇总结果显示在数据下方”复选框，这表示分类汇总的结果将分别显示在每个级别的下方，系统默认的方式是将分类汇总结果显示在本类的第 1 行。

（4）单击“确定”按钮，关闭对话框，即可以“级别”为分类字段对每个级别的“应发工资”和“实发工资”分别进行求和汇总，并将汇总结果显示在每个级别的下方，效果如图 8.56 所示。

华清有限责任公司人事工资表

编号	名字	级别	基本工资	职务工资	岗位补贴	应发工资	应扣工资	实发工资
3	赵丽芬	中级	800	850	500	2150	27.5	2122.5
4	杨 柳	中级	800	850	500	2150	27.5	2122.5
5	达晶华	中级	800	850	500	2150	27.5	2122.5
9	康众喜	中级	800	850	500	2150	27.5	2122.5
	中级 汇总					8600		8490
6	刘 珍	高级	1200	1000	700	2900	65	2835
7	风 玲	高级	1200	1000	700	2900	65	2835
8	艾 提	高级	1200	1000	700	2900	65	2835
	高级 汇总					8700		8505
1	李梅	初级	600	650	400	1650	2.5	1647.5
2	胡国强	初级	600	650	400	1650	2.5	1647.5
10	张 志	初级	600	650	400	1650	2.5	1647.5
	初级 汇总					4950		4942.5
合计			8600	8350	5300	39550	312.5	38932.5
		总计				61800		60870

图 8.56 进行分类汇总的工作表

（5）此时，单击工作表左侧的按钮，可以隐藏数据明细，同时按钮变成形状，再次单击形状按钮，可以再次显示数据明细，同时按钮恢复成按钮形状。单击工作表左上角的按钮，将隐藏分类汇总项和数据明细，只显示“总计”项；单击工作表左上角的2按钮，将显示分类汇总项和“总计”项，如图 8.57 所示。单击工作表左上角的3按钮，将显示分类汇总项和“总计”项，如图 8.56 所示。

华清有限责任公司人事工资表

编号	名字	级别	基本工资	职务工资	岗位补贴	应发工资	应扣工资	实发工资
	中级 汇总					8600		8490
	高级 汇总					8700		8505
	初级 汇总					4950		4942.5
合计			8600	8350	5300	39550	312.5	38932.5
		总计				61800		60870

图 8.57　显示分类汇总项和“总计”项

教你一招

① 如何逐级显示和隐藏数据

在执行“分类汇总”命令之前，必须选对数据进行排序，将数据中关键字相同的记录集中在一起，这样，分类汇总操作才会有意义。

单击“数据”选项卡上“分级显示”组中的“显示明细数据”按钮，也可以逐级显示分类汇总项；反之选择“数据”选项卡中“分级显示”组中的“隐藏明细数据”按钮，也可以直接显示汇总项。

② 如何删除分类汇总

➢ 把光标定位到数据中的任意一个单元格。

➢ 依次选择“数据”选项卡上“分级显示”组中的“分类汇总”按钮，系统将弹出“分类汇总”对话框。

➢ 在“分类汇总”对话框中单击“全部删除”按钮，则将分类汇总后的汇总项删除，恢复到原始的数据，本题删除分类汇总后的效果图如图 8.54 所示。

8．通过自动筛选查看数据

为了便于在大量的数据中分析和查看某些特定数据的情况，可以利用 Excel 2010 提供的“自动筛选”功能，快速地从大量的数据中筛选出符合某种条件的数据，而将不符合条件的其他数据隐藏起来。

（1）单击工作表中任意单元格。

（2）单击“数据”选项卡上“排序和筛选”组中的“筛选”按钮，此时工作表每个字段名的右侧都将出现一个向下的三角按钮，本例以“华清有限责任公司人事工资表”中的数据为例，效果如图 8.58 所示。

华清有限责任公司人事工资表

编号	名字	级别	基本工资	职务工资	岗位补贴	应发工资	应扣工资	实发工资
3	赵丽芬	中级	800	850	500	2150	27.5	2122.5
4	杨 柳	中级	800	850	500	2150	27.5	2122.5
5	达晶华	中级	800	850	500	2150	27.5	2122.5
9	康众喜	中级	800	850	500	2150	27.5	2122.5
6	刘 珍	高级	1200	1000	700	2900	65	2835
7	风 玲	高级	1200	1000	700	2900	65	2835
8	艾 提	高级	1200	1000	700	2900	65	2835
1	李梅	初级	600	650	400	1650	2.5	1647.5
2	胡国强	初级	600	650	400	1650	2.5	1647.5
10	张 志	初级	600	650	400	1650	2.5	1647.5
合计			8600	8350	5300	22250	312.5	21937.5

图 8.58　工作表中每个字段名右侧出现向下的三角按钮

（3）单击某字段右侧的向下的三角按钮▼，即可打开用于设置筛选条件的下拉列表，如图 8.59 所示。

（4）当字段类型为“文本”时，在“文本筛选”下拉列表复选框中选中“全选”复选框，则显示所有的数据；单击“文本筛选”右侧向右的黑色小三角▸，打开“文本筛选”的下级列表，如图 8.60 所示，可以筛选满足条件的文本数据，也可以单击“自定义筛选”选项，系统将弹出“自定义自动筛选”对话框，如图 8.61 所示，用于设置显示记录的条件。

图 8.59　设置筛选条件的下拉列表

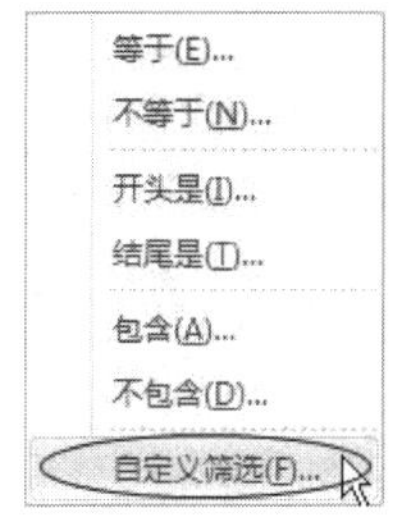

图 8.60　“文本筛选”下级列表

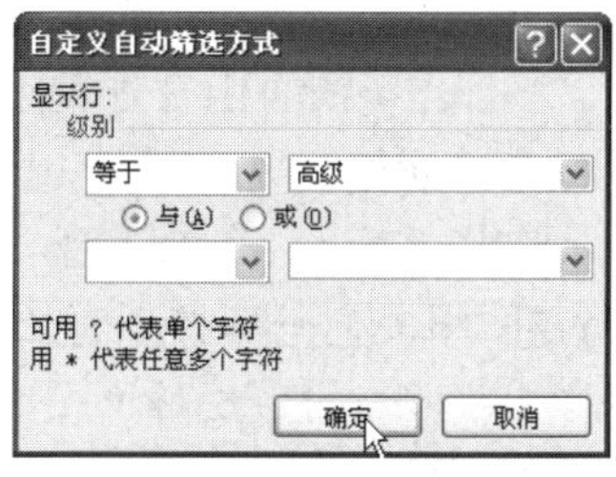

图 8.61　“自定义自动筛选方式”对话框

（5）当字段类型为数值型时，“文本筛选”将成为“数字筛选”，单击“数字筛选”右侧小三角▸，打开“数字筛选”的下级列表，如图 8.62 所示。选择其中的“10 个最大的值”选项，系统将弹出“自动筛选前 10 个”对话框，如图 8.63 所示，用于设置显示该列中最大或最小的记录个数（工作表中的每一行作为一个记录，用于存放相关的一组数据）。

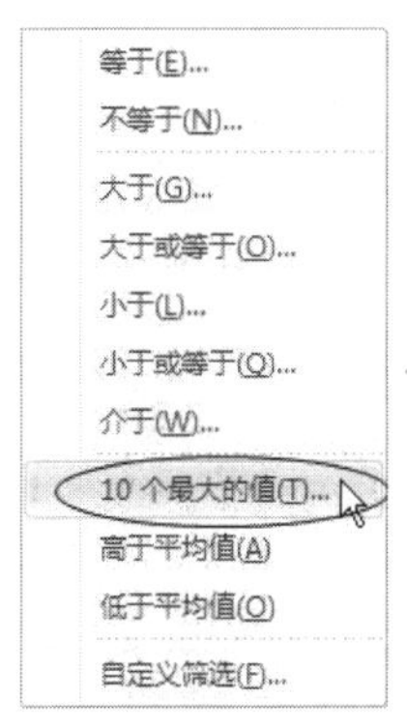

图 8.62　“数字筛选”的下级列表

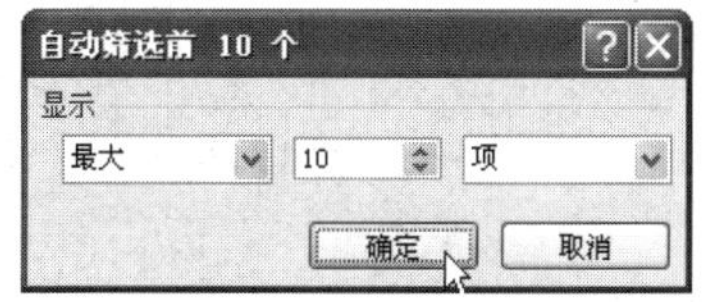

图 8.63　“自动筛选前 10 个”对话框

（6）本例筛选级别为“高级”的数据，因此只将“高级”前的复选框选中即可,效果如图 8.64 所示。

	A	B	C	D	E	F	G	H	I
1	华清有限责任公司人事工资表								
2	编号	名字	级别	基本工资	职务工资	岗位补贴	应发工资	应扣工资	实发工资
7	6	刘 珍	高级	1200	1000	700	2900	65	2835
8	7	风 玲	高级	1200	1000	700	2900	65	2835
9	8	艾 提	高级	1200	1000	700	2900	65	2835

图 8.64　筛选级别为高级的数据

（7）单击选择某一列筛选条件下拉列表中的“全选”复选框，可以取消对工作表该列进行的筛选；单击“数据”选项卡上“排序和筛选”组中的“清除”按钮，可以取消对工作表所有列进行的筛选；再次选择“数据”选项卡上“排序和筛选”组中的“筛选”按钮，取消对工作表所有列进行的筛选，此时，显示在字段名右侧的向下三角按钮也将同步消失。

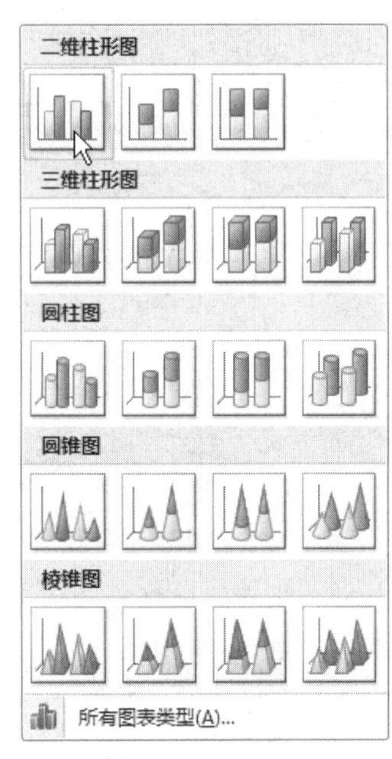

图 8.65　选择子图表类形下拉列表

9．制作二维簇状柱形图表

（1）单击“华清有限责任公司人事工资表”数据中的任一个单元格。

（2）选择“插入”选项卡上“图表”组中的“柱形图”按钮，弹出下拉列表如图 8.65 所示，用于选择子图表类型，本题选择“二维柱形图”列表框中的“簇状柱形图”图标。

（3）单击所制作的二维图表，在选项卡栏中就会出现“图表工具”栏，单击“设计”选项卡中“数据”组中的“选择数据”按钮，系统将弹出“选择数据源”对话框，单击对话框中“图表数据区域”右侧的，单击“工资表（2）”工作表，并选中 G2：G12 单元格，然后在按住【Ctrl】键的同时，选中 I2：I12 单元格，如图 8.66 所示，单击对话框中“数据区域”右侧的按钮，将对话框还原，单击“确定”按钮，关闭对话框。

	A	B	C	D	E	F	G	H	I
1	华清有限责任公司人事工资表								
2	编号	名字	级别	基本工资	职务工资	岗位补贴	应发工资	应扣工资	实发工资
3	3	赵丽芬	中级	800	850	500	2150	27.5	2122.5
4	4	杨 柳	中级	800	850	500	2150	27.5	2122.5
5	5	达晶华	中级	800	850	500	2150	27.5	2122.5
6	9	康众喜	中级	800	850	500	2150	27.5	2122.5
7	6	刘 珍	高级	1200	1000	700	2900	65	2835
8	7	风 玲	高级	1200	1000	700	2900	65	2835
9	8	艾 提	高级	1200	1000	700	2900	65	2835
10	1	李梅	初级	600	650	400	1650	2.5	1647.5
11	2	胡国强	初级	600	650	400	1650	2.5	1647.5
12	10	张 志	初级	600	650	400	1650	2.5	1647.5
13	合计			8600	8350	5300	22250	312.5	21937.5

图 8.66　选择数据源区域

（4）单击“设计”选项卡上“图表布局”组中的“快速布局”按钮，用来改变图表的布局，本例选择了“布局 5”，效果如图 8.67 所示。

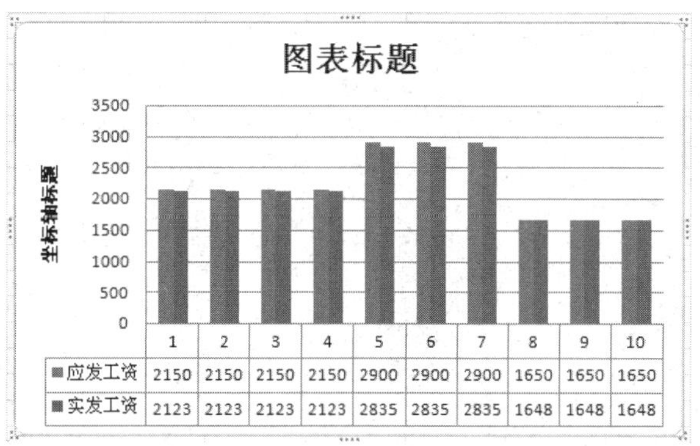

图 8.67　选择“布局 5”后的图表

（5）双击“图表标题”，进入标题编辑状态，输入图表的标题“工资表图表”，双击“坐标轴标题”，进入编辑状态，输入坐标轴标题为“元”

（6）单击“设计”选项卡中“图表样式”组中的选项，可以用来更改所制作图表的样式，本例选择了“样式 44”，效果如图 8.68 所示。

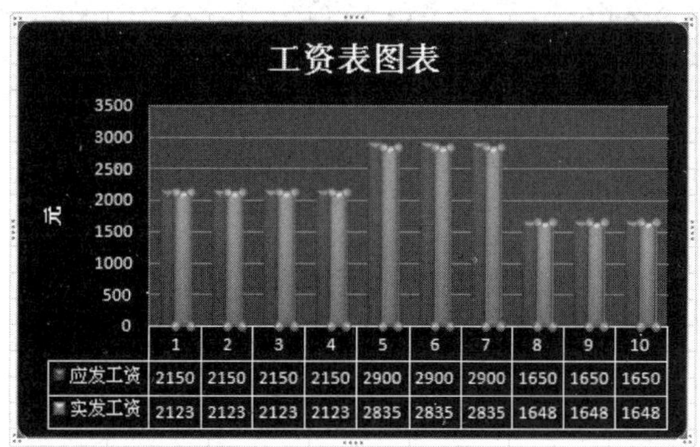

图 8.68　应用“样式 44”后的图表

（7）单击“设计”选项卡中“位置”组中的“移动图表”按钮，系统将弹出“移动图表”对话框，选中对话框中“新工作表”单选框，并在其对应的文本框中输入“工资统计图”，如图 8.69 所示。如果选择对话框中“对象位于”单选框，图表将作为对象插入源数据所在的工作表，对源数据起到补充作用。但无论哪种形式，图表是建立在源数据基础上的，改变工作表中的源数据时，图表也将随之发生变化。

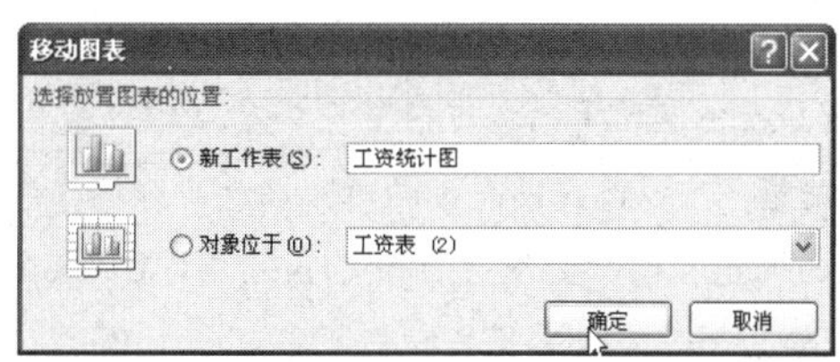

图 8.69　“移动图表”对话框

（8）单击“确定”按钮，即可将工资统计图绘制成一个独立的工作表，如图 8.70 所示。

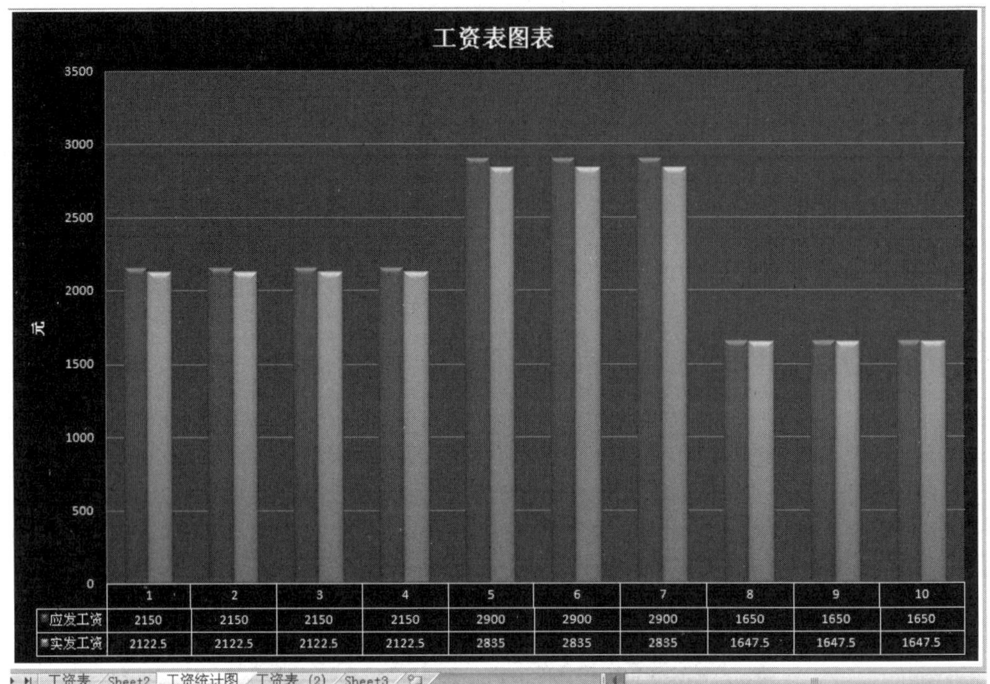

图 8.70　工资统计图绘制成一个独立的工作表

教你一招

① 修饰图表的标题、图例等各个参数

选中所制作的图表，在选项卡栏中就会出现“图表工具”栏，单击“布局”选项卡上“标签”组中的相应的按钮，即可分别对图表的标题、坐标轴标题、图例、数据标签、数据表等各个参数进行相应的设置，同时也可以更改图表的坐标轴的网格线、背景等，如图 8.71 所示。

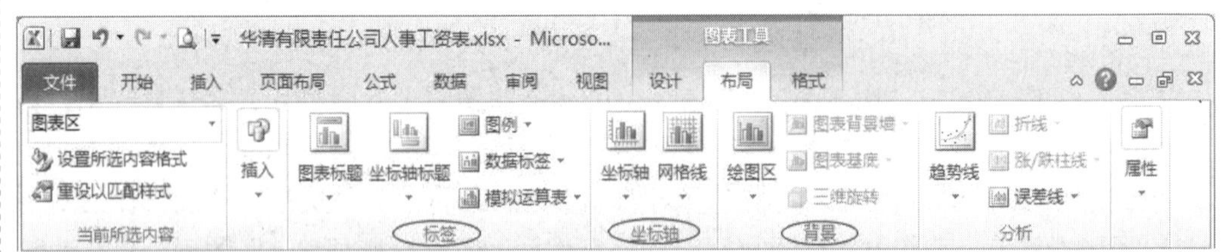

图 8.71　“图表工具”中“布局”选项

② 修饰整个图表区

在图表区右击，在弹出的快捷菜单中选择“设置图表区域格式”命令，系统将弹出“设置图表区格式”对话框，通过该对话框，可以改变图表区的填充颜色，边框颜色、边框样式、阴影、三维格式设置等，本例是将图表区的填充颜色设置为“褐色大理石”纹理，其他保持不变，如图 8.72 所示，单击“关闭”按钮，关闭对话框。

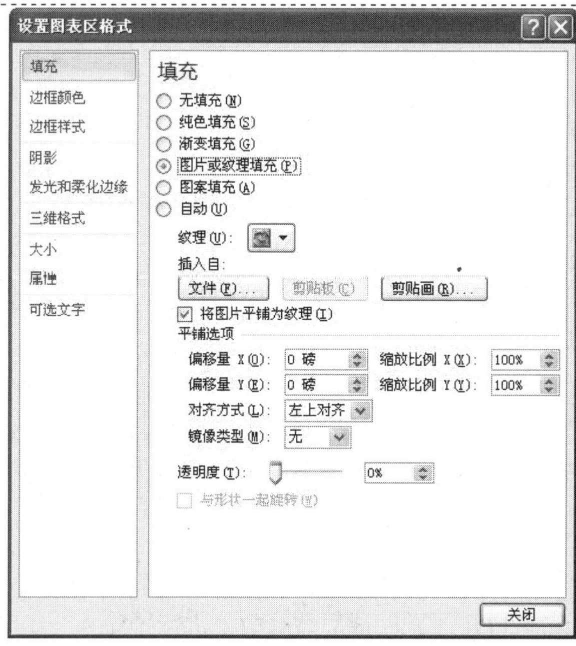

图 8.72 “设置绘图区格式”对话框

③ 删除整个图表

➢ 单击整个图表。

➢ 按下【Delete】键，即可删除整个图表。

10. 后期处理及文件保存

（1）单击“快速访问工具栏”中的“保存”按钮，对工作簿进行保存。

（2）退出并关闭 Excel 2010 中文版。

8.2.4 实例总结

通过本案例的学习，主要掌握利用 Excel 2010 强大的表格处理功能，对数据进行合并计算、排序、分类汇总、自动筛选和制作二维或者三维的图表等的方法和技巧。

8.2.5 知识链接

1. Excel 中提供的函数类型

在利用 Excel 2010 进行数据计算、统计和分析时，需要借助于各种函数来实现，Excel 2010 提供了几百个不同的函数，按其功能分大致可分为以下几类。

（1）财务类函数：主要用于对数值进行各类财务运算，如 DB、DDB、FV、IRR 等。

（2）日期与时间函数：主要用于在公式中对日期和时间类型的数值进行分析和处理，如 DATE、DAY、HOUR、YEAR 等。

（3）数学和三角类函数：主要用于处理各种数学及三角运算，如 ABC、ACOS、ASIN、INT、LOG 等。

（4）统计类函数：主要用于对数据区域进行统计分析，如 AVERAGE、COUNT、MAX、MIN、VAR 等。

（5）查找与引用类函数：主要用于返回指定单元格或单元格区域的各项信息或对其进行运算，如 CHOOSE、COLUMN、RUW、INDEX、LOOKUP 等。

（6）数据库类函数：主要用于分析和处理数据清单中的数据，如 DAVERAGE、DCOUNT、DMAX、DMIN、DSUM、DVAR 等。

（7）文本类函数：主要用于在公式中处理文字串，如 CHAR、CODE、FIND、LEFT、LAN、RIGHT、UPPER 等。

（8）逻辑类函数：主要用于逻辑判断或进行复合检验，如 AND、OR、NOR、FALSE、TRUE、IF。

（9）信息类函数：主要用于确定保存在单元格中如数据的类型，如 CELL、INFO、ISTEXT、TYPE 等。

2. 如何使用“自定义序列”排序

在 Excel 中，除了可以按照升序或降序对数据进行排序外，还可以使用“自定义序列”对数据进行排序，这使得排序操作更加方便快捷，且便于控制。使用“自定义序列”对数据进行排序的具体操作步骤如下。

（1）依次选择“数据”选项卡上“排序和筛选”组中的“排序”按钮，系统将弹出“排序”对话框。

（2）在该对话框中“主要关键字”下拉列表框中选择用于排序的主要关键字。

（3）单击该对话框顶部的“选项”按钮，系统将弹出“排序选项”对话框，如图 8.73 所示。

（4）根据需要在对话框中设置其他选项，单击“确定”按钮，关闭“排序选项”对话框，系统将自动按照“自定义序列”对数据进行排序。

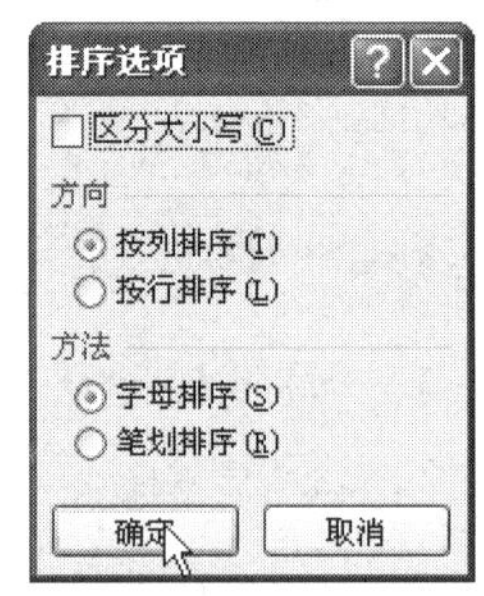

图 8.73 “排序选项”对话框

习 题 8

一、思考题

1. 如何对多列数据进行排序？
2. 如何进行分类汇总？
3. 如何创建一个图表？

二、填充题

1. 一个工作簿最多有________个工作表。工作簿的默认扩展名是_________。

2．在 Excel 中，默认工作表的名称为________、________、________等。工作表中用______标志列，用______标志行。

3．在 Excel 中，被选中的单元格称为______。

4．输入公式时，必须以______符号开头。

5．在 Excel 中放置图表有两种方式，它们是____________和______。

6．计算工作表中一串数值的平均值用______函数。

7．计算工作表中一串数值的总和值用_______函数。

三、选择题

1．在 Excel 中，公式定义的开头符号是（　　）。

A．=　　B．”　　C．:　　D．*

2．若需要在 Excel 中新建一个空白工作簿，快捷键是（　　）。

A．Alt+F2　　B．Ctrl+O

C．Alt+F4　　D．Ctrl+N

3．单元格中（　　）。

A．只能包括数字　　B．只能包含文字

C．可以是数字、字符、公式等　　D．以上都不对

4．在 Excel 中，第 4 行第 2 列的单元格位置可表示为（　　）。

A．42　　B．24　　C．B4　　D．4B

5．工作表的列表为（　　）。

A．1、2、3　　B．A、B、C

C．甲、乙、丙　　D．Ⅰ、Ⅱ、Ⅲ

四、上机操作题

1．新建“练习一”工作簿，并完成以下设置。

（1）在 Sheet1 中录入样表中的数据。

（2）设置工作表行、列：将“部门”一列移到“员工编号”一列之前；在“部门”一列之前插入一列，并输入“序号”及从 1 至 18 的数字；清除表格中序号为 9 这一行的内容。

（3）设置单元格格式。

标题格式——字体：隶书，字号：20，A～H 列跨列居中。

表头格式——字体：楷体，加粗；底纹：黄色；字符颜色：红色。

表格对齐——“工资”一列的数据右对齐；表头和其余各列居中；“工资”一列的数据单元格区域应用货币格式；将“部门”一列中所有值为“市场部”的单元格设置底纹：灰色-25%。

（4）设置表格边框线：外框——粗线，内框——细线。

（5）定义单元格名称：将“年龄”一列中数据单元格区域的名称定义为“年龄”。

（6）添加批注：为“员工编号”一列中 K12 单元格添加批注“优秀员工”。

（7）重命名工作表：将 Sheet1 工作表重命名为“职员表”。

（8）复制工作表：将“职员表”工作表复制到 Sheet2 工作表中。

样表：

	职员登记表					
员工编号	部门	性别	年龄	籍贯	工龄	工资
K12	开发部	男	30	陕西	5	2000
C24	测试部	男	32	江西	4	1600
W24	文档部	女	24	河北	2	1200
S21	市场部	男	26	山东	4	1800
S20	市场部	女	25	江西	2	1900
K01	开发部	女	26	湖南	2	1400
W08	文档部	男	24	广东	1	1200
C04	测试部	男	22	上海	5	1800
K05	开发部	女	32	辽宁	6	2200
S14	市场部	女	24	山东	4	1800
S22	市场部	女	25	北京	2	1200
C16	测试部	男	28	湖北	4	2100
W04	文档部	男	32	山西	3	1500
K02	开发部	男	36	陕西	6	2500
C29	测试部	女	25	江西	5	2000
K11	开发部	女	25	辽宁	3	1700
S17	市场部	男	26	四川	5	1600
W18	文档部	女	24	江苏	2	1400

2．新建“练习二”工作簿，完成以下设置。

（1）在 Sheet1 中录入样表中的数据。

（2）设置工作表行、列：在标题行之前插入一空行；设置 B 列至 F 列的列宽为 8。

（3）设置单元格格式。

将标题行和日期行所在单元格向右移一个单元格。

标题格式——字体：黑体，字号：16，跨列居中（A～F）。

日期行格式——字体：Arial，字号：8。

合并 B3：F3 单元格，内容右对齐。

表格中的数据单元格区域设置为会计专用格式，保留 4 位小数，右对齐。

其他各单元格内容居中。

设置“预计高位”和“预计低位”2 行的字体颜色：红色。

底纹设置：标题和日期行：浅黄色，表头行：浅绿色，“……阻力位”和“……支撑位”6 行：青绿色，“预计……”2 行：灰色-25%。

（4）设置表格边框线。为表格设置相应的边框格式，外边框：粗线，颜色：红色，内部：细线，颜色：蓝色。

（5）定义单元格名称：将“预计高位”单元格的名称定义为“卖出价位”。

（6）添加批注：为“英镑”单元格添加批注“持有”。

（7）重命名工作表：将 Sheet1 工作表重命名为“汇市预测”。

（8）复制工作表：将“汇市预测”工作表复制到 Sheet2 表中。

样表

纽约汇市开盘预测

1996-3-25

预测项目	英镑	马克	日元	瑞朗	加元
第三阻力位	1.496	1.6828	105.05	1.433	1.384
第二阻力位	1.492	1.676	104.6	1.4291	1.3819
第一阻力位	1.486	1.671	104.25	1.4255	1.3759
第一支撑位	1.473	1.6635	103.85	1.4127	1.3719
第二支撑位	1.468	1.659	103.15	1.408	1.368
第三支撑位	1.465	1.6545	102.5	1.404	1.365
预计高位	1.489	1.6828	104.15	1.4305	1.3815
预计低位	1.47	1.67	102.5	1.414	1.376

3．新建“练习三”工作簿完成以下设置。

（1）在 Sheet1 中按样表录入数据。

（2）设置工作表行、列：在标题下插入一行，行高为 12；将“合计”一行移到“便携机”一行之前，设置“合计”一行字体颜色：深红。

（3）设置单元格格式：标题及表格底纹：浅黄色；标题格式：字体：隶书，字号：20，加粗，跨列居中；字体颜色：深蓝；表格中的数据单元格区域设置为会计专用格式，应用货币符号；其他各单元格内容居中。

（4）定义单元格名称：将“便携机”一行“总计”单元格的名称定义为“销售额最多”。

（5）添加批注：为“类别”单元格添加批注“各部门综合统计”。

（6）重命名工作表：将 Sheet1 工作表重合名为“销售额”。

（7）复制工作表：将“销售额”工作表复制到 Sheet2 表中。

（8）插入三张表单，分别命名为“第一季”，“四个季度”，“最大”。

（9）对字段“第一季”进行升序排列，“第二季”，“第三季”进行降序排列，并把排序后的数据复制到表单“第一季”中。

（10）筛选出四个季度销售额均大于 70000 的项，并把筛选出的记录复制到表单“四个季度”中。

（11）筛选出四个季度总销售额最大的前 2 项记录，并把结果复制到表单“最大”

中。

样表：

硬件部 1995 年销售额

类别	第一季	第二季	第三季	第四季	总计
便携机	515500	82500	340000	479500	1417500
工控机	68000	100000	68000	140000	376000
网络服务器	75000	144000	85500	37500	342000
微机	151500	126600	144900	91500	514500
合计	810000	453100	638400	748500	2650000

4. 新建“练习四”工作簿，完成以下设置

定货日期	*售货单位*	*产品*	*数量*	*单价*	*合计*
01/2003	人民商场	冰箱	50	2300	
01/2003	人民商场	彩电	20	4050	
02/2003	北国商城	彩电	40	4000	
02/2003	人民商场	冰箱	20	2250	
03/2003	北国商城	冰箱	40	2290	
03/2003	人民商场	彩电	30	3980	
04/2003	北国商城	冰箱	35	2310	
04/2003	人民商场	彩电	15	4000	

将表中数据复制到 Sheet1、Sheet2 中。

在 Sheet1 中

- 计算“合计”的值，并使用千位分隔符。
- 对“产品”进行分类汇总，并求出合计字段的总和值。

在 Sheet2 中

- 计算“合计”的值，应用货币样式。
- 对“售货单位”进行分类汇总，求出合计字段的总和值
- 清除分类汇总